本书是"新型研发机构建设理论与管理模式研究"课题（国家重点研发计划文化科技与现代服务业专项"新型研发机构创新服务平台技术研发与应用"项目课题一 2021YFF0901101）部分研究成果的编辑呈现，本书的编辑出版有来自全体课题组参与成员及单位的贡献和帮助

新型研发机构 >>>

建设导论

王胜光　胡贝贝　朱常海　韩思源 等◎编著

科学技术文献出版社
SCIENTIFIC AND TECHNICAL DOCUMENTATION PRESS

·北京·

图书在版编目（CIP）数据

新型研发机构建设导论/王胜光等编著.--北京：
科学技术文献出版社，2024.11（2025.10重印）.-- ISBN 978-7-5235
-1800-7

Ⅰ.G322.2

中国国家版本馆CIP数据核字第2024QD4154号

新型研发机构建设导论

策划编辑：胡 群　　责任编辑：邱晓春　　责任校对：王瑞瑞　　责任出版：张志平

出　版　者	科学技术文献出版社	
地　　　址	北京市复兴路15号　邮编 100038	
出　版　部	（010）58882952，58882087（传真）	
发　行　部	（010）58882868，58882870（传真）	
官 方 网 址	www.stdp.com.cn	
发　行　者	科学技术文献出版社发行　全国各地新华书店经销	
印　刷　者	北京虎彩文化传播有限公司	
版　　　次	2024 年 11 月第 1 版　2025 年 10 月第 2 次印刷	
开　　　本	787×1092　1/16	
字　　　数	317千	
印　　　张	20	
书　　　号	ISBN 978-7-5235-1800-7	
定　　　价	120.00元	

序

在全球科技革命的加速推演中，新型科技创新组织迅猛兴起，日益成为新技术经济范式下科技创新组织演化的方向和趋势。在这一潮流中，我国新型研发机构处在潮头位置，它本身是科技与经济"融合"的产物，对引领传统科研组织、技术开发组织和创新服务组织的范式变革，乃至对促进我国科技体制的深化改革，都有极为重要的探索和示范意义。

然而，新型研发机构作为新生事物，目前在我国也仍处在早期萌发阶段，该类组织在体制建设、目标功能、运行发展等诸多方面的规范性和自组织发展逻辑尚未建立，全国上下对新型研发机构"是什么？""怎么建？""如何管？"等问题也远未形成广泛共识。《新型研发机构建设导论》一书对回答这些问题有奠基性贡献。

近年来，我一直关注王胜光老师团队在这一领域的研究工作，也有幸较早看到本书样稿。阅读后的感受是，他们基于三年多深度研究编纂的本书是对新型研发机构这一新生事物的全面解读，是对科技创新组织发展和科技创新运行规律变迁的前瞻性思考，有对我国新型研发机构现实建设的方向探索，也为我国政府如何管理和支持新型研发机构发展提供了框架思路。

本书从创新系统演化的视角探讨了新型研发机构的概念内涵与时代成因，揭示了创新系统与科技创新组织互为因果的演化衍生关系，为我们理解新型研发机构在创新系统中的角色，以及认识在新范式下科技创新组织的形态转变提供了有见地的理论阐释。

本书基于我国现实情景、国内外广泛案例调研，深度揭示了新型研发机构对新时代科技创新的作用和意义，剖析了我国当前发展面临的挑战和问题。对这些案例和问题的解析，既为我国各类科技创新组织的转型发展提供了可借鉴经验，也为目前全国各地的新型研发机构建设提供了方向指引。

本书站在新型举国体制和"有为政府"立场上，深入探讨了政府在新型研发机构建设中的角色与作用。基于组织分类管理、战略分类管理、认定和评价管理、促进政策和支持方式等展开的研究和形成的建议，对当前各地和各级政府如何在新时期加强对新型研发机构宏观管理和开展政策支持提供了框架思路。

总之，《新型研发机构建设导论》集理论性、实践性、前瞻性于一体，为我们理解和认识新型研发机构、推动新型研发机构建设与发展，提供了丰富知识营养和智慧洞见。我相信，本书对创新政策研究领域学者、对一线建设者和参与者、对各级政府相关部门都有启发意义，也对拓展我国创新政策研究领域、建设和完善我国"科技与经济融合"国家创新体系有重要参考价值。

我长期和胜光老师共事，亲眼见证了他们团队过去三年是如何坚持以问题为导向，认真求实，深入调研，扎实工作的。这在今天较为浮躁的学术生态下实属难得，也是我愿意为之作序的重要原因。在此，我衷心祝贺《新型研发机构建设导论》出版，也愿意推荐给各界读者。期待该书呈现的内容有助于促进我国新时期新型研发机构建设，有助于促进新时期国家尤其是区域创新体系建设，对我国加快走上"以科技创新引领现代产业发展"的目标路径有所裨益。

中国科学院原党组副书记

2024 年 7 月于北京

前　言

　　三年前受邀主持开展新型研发机构建设理论研究，接手之初深感困顿。这看似一个平实课题，但正如"你是谁？从哪里来？到哪里去？"难以回答一样，对新型研发机构类似的灵魂拷问，做何回答也不容易。好在近年来我国新型研发机构建设如火如荼开展，现实实践为观察新型研发机构提供了丰富的场景，三年多来课题组也通过调研有幸见证了全国各地各种不同形态和不同类型新型研发机构的建设进展，结合研究过程的思考和研讨，逐步增进了对新型研发机构的理解和认识。在此，对本书呈现的主体内容做简要陈述。

（一）概念内涵与时代成因

　　目前，尽管新型研发机构这一术语已广泛流行，但各界对如何界定这类组织并没有达成广泛一致，本书第一篇"新型研发机构的概念内涵与时代成因"是对这一问题的必要阐释。

　　首先，新型研发机构是一种新生类型的科技创新组织。科技创新组织的始源要从科学研究组织、技术开发组织和创新服务组织谈起。就历史沿革而言，过往科学研究组织主要局限在科教领域，具有政府包办或政府支持的公益事业性质；技术开发组织则主要局限在产业或经济领域，受市场或经济目标驱动；创新服务组织则介于科教领域和产业领域之间，主要发挥把公共知识转化成商业利益的作用，具有广义的社会服务性质。随着时代的演变，这些组织的边界和内涵都在发生变化，这些变化催生了多种新形态科技创新组织，尤其是兼具科学研究、技术开发和创新服务功能的组织。这类组织呈现集"研究、开发、转化、服务"一体化发展的"混成"特征。由于这类组织属于跨领域存在，不宜再按传统科教领域、产业领域和服务领域区分，其在目标定位、体制机制和运行管理等诸多方面都有别于传统的科学研究组织、技术开发组织和创新服务组织，所以有"新型"意义。新型研发机构就属于这类科技创新组织。

新型科技创新组织产生的原因在于全球技术经济范式的不断迭代。在科技革命和产业变革的不断推演下，科学研究、技术开发和产业创新已不再呈线性递进关系，科学发现、技术进步和经济发展三者都越来越需要各类要素交叉融合，创新系统开始从"各类要素的结合关系"向"各类要素的融合关系"演变。这种范式变革的趋势既发生在我国，也发生在西方发达国家，并且处在全球科技创新前列的国家和政府进入新世纪后都在刻意推动这种科学范式和技术经济范式的转变，也即科技创新范式的转变。这是新型科技创新组织在全球得以萌发并野蛮生长的时代背景和底层逻辑。

在我国，把特定部分的新型科技创新组织纳入"新型研发机构"范畴体现的是政府干预，即称为"新型研发机构"有政府意志赋予。毕竟称"机构"需要有官方认可或社会标定，不是任何一个新型科技创新组织都可以称为"机构"。政府之所以要把特定部分的科技创新组织纳入"新型研发机构"范畴，主要是为构建适应新时代发展要求的科技创新体系。就现实情景看，各地认定和建设新型研发机构，都是把其作为建设新时代科技创新体系的组织抓手，通过建设新型研发机构，引领各类科技创新组织发展，从根本上解决科技的产业植入问题，从而促进科技创新与产业发展融通融合，下好"科技创新引领产业发展"先手棋。这也说明，目前尽管各类科技创新组织的目标定位可以多种多样，但纳入新型研发机构建设范畴则需要部分或充分赋予政府目标意志。

（二）建设与发展

本书第二篇"新型研发机构的建设与发展"全面梳理了我国新型研发机构发展状况、国内外建设新型研发机构的实践探索和典型案例，结合实证揭示了建设新型研发机构对促进国民经济发展的作用和意义。

就我国以地方政府为主导的建设路径而言，新型研发机构首先表现为是落地地方的科技研发组织，这种组织能起到根植于产业的研发促进作用。以往我国区域和产业界普遍缺乏高能级科技研发队伍，研发能力薄弱严重制约创新经济发展，新型研发机构建设可有效解决产业领域内的科技研发活动不足问题，这对促进国民经济高质量发展有重大意义。

除研发促进作用外，新型研发机构作为"新型创新主体"，还有更加高效的促进科技成果转化作用，更加高效的创新创业孵化作用，以及更加高效的融入产业链的创新服务作用。之所以这些作用更加高效，是由新型研发机构所兼具的"研发、转化、孵化、服务为一体"的"混成"性质、面向产业开展科技赋能的目标使命决定的。因而，新型研发机构也可以表现为新型转移转化机构、新型孵化器和新型创新服务组织。并且，新型研发机构作为融入产业链的科技创新组织，在区域或地方创新体系中还能有效发挥汇聚资本、人才、网络等创新资源的"结构洞"作用。

这些作用折射出发展新型研发机构的国家意义。首先是新型研发机构具有深化科技体制改革的意义。尽管改革开放以来我国科技体制改革已经取得了非凡成就，但现实中依然存在科技与经济"两张皮"的矛盾，主因是传统科技领域与经济领域组织存在"天然"分治。而新型研发机构是科技与经济两大领域"融合"的组织，这类组织建设从"基因"上解决了科技组织与经济组织的"两分"问题，其建设路径和发展模式能为深化科技体制改革提供试验和示范；其次是新型研发机构对区域建设新时代科技创新体系有奠基意义。这是因为新型研发机构本身就是根植入地方或产业的"创新主体"，这类组织建设能从根本上改变我国地方科技创新源头组织缺乏状况，提升产业集群创新发展的能级和层级，使地方和产业的科技创新有依托和根基。

当前我国国民经济已进入高质量发展新阶段，科技革命和产业变革向纵深推演，需要有响应变革需求和承担新发展使命的新型科技创新组织。新型研发机构的建设和发展，对实现"科技创新引领现代产业"、丰富和完善国家创新体系，以及提升国家创新体系的整体建设效能，都有与时俱进的意义。

（三）宏观管理与促进政策

新型研发机构在我国乃至世界都属于新生事物，在早期阶段，政府的宏观管理和组织的微观运行都在摸索中，必然会存在诸多问题。为此，本书第三篇"新型研发机构的宏观管理与促进政策"，结合问题导向和目标挑战，较为系统阐释了新时期如何更好发挥政府"有为"作用，有效促进新型研发机构发展。

首先是要树立正确发展导向。鉴于目前我国新型研发机构的多样化形态，需要合理界定新型研发机构组织边界，明确新型研发机构主业主责。应基于目标差异和发展阶段性，针对不同发展定位的新型研发机构，建立有预期、有针对性和体现差异化的管理与政策。就促进发展而言，政府的方针导向、规制和加持是动员社会各界力量广泛参与新型研发机构建设的前提。

要全面加强对新型研发机构的组织分类管理。目前，尽管新型研发机构有"混成"性质，但有事业单位、社会服务组织和企业法人三种组织区分。组织属性不同要求要"依法"建立政府与新型研发机构间的不同类型关系，实施有区分的政府宏观管理。应秉承的原则是：事业单位法人类型要强化政府意志；民非法人类型要强调社会力量参与；企业法人类型要引导其承载政府目标使命。在此原则基础上，应大力倡导和鼓励"事业单位＋公司"或"民非＋公司"的"混合"体制建设。

要全面加强对新型研发机构的战略分类管理。鉴于新型研发机构的多样化形态，应按所承载的目标使命、组织建设层级和科技创新能级建立战略分类（课题组建议分为三类：战略领军类、骨干支撑类和基础构成类）；分类实施上下协同的政府宏观管理：战略领军类有引领科技创新和开展全球竞争的国家意义，应纳入国家战略科技创新力量建设范畴，实施由中央政府统筹、省市政府联动的协同管理；骨干支撑类是区域创新体系的引领性和支撑性组织，应由省市级政府主导建设和实施宏观管理；基础构成类是活化地方科技创新、促进当地产业发展的根植性和市场化组织，这类机构应主要由地方政府导向发展、促进建设和实施监督管理。

要全面加强对各类新型研发机构的评价管理。鉴于新型研发机构既需要保有自组织发展特点，也需要承载政府目标使命，对新型研发机构的认定、评价和考核，应作为政府实施宏观管理的主要抓手，各地和各级政府相关部门应配套建立相应的评价管理制度。为促进评价工作开展，课题组结合国内外的评价实践和对新型研发机构的共性要求，提出了由"创新驱动力、产业支撑力、改革示范力、生态组织力和自我成长力"构成的"五力"评价模型，可作为开展评价工作的一般性参考。各地政府应结合本地实际，针对各类不同形态新型研发机构规范开展有针对性和有实效的政策评价，并把评价考核作为导向发展和落实政策供给的基本依据。

要加强政策供给，统筹推进新型研发机构发展。着眼新阶段发展，中央、省、市、地各级政府需要进一步加强顶层设计，完善政策供给，统筹推进新型研发机构发展。在政策部署上，要强化中央和地方，以及同级政府部门间的目标协同，形成政策合力；在政策设计上，要立足分类分级发展，强调政策的针对性和有效性。重点需要在"明确政策的对象与边界、探索差异化财政支持方式、强化体制机制创新和混成功能发展、支持人才队伍建设、构建有利于发展的制度和环境"等方面，进一步加强和完善政策配置；在政策执行方式上，要着眼新型研发机构的公益和市场"混成"特质，强化"有为政府"与"有效市场"结合的促进路径，加快形成我国新型研发机构建设的"新型举国体制"。

　　以上是对本书内容的简要概括，本书是课题组对三年多来主要研究工作的编纂整理。为新型研发机构这一新生事物提供理论解析、为政府的促进建设提供框架思路、为一线建设者的努力提供方向指引，是开启本课题研究的初心。由于能力所限，书中的片面和不足在所难免。现呈现在这里，希望能得到广大读者的批评指正，也希望引发社会各界更多的"见仁见智"。共同助力我国新型研发机构这一新生事物的健康发展。

王胜光

2024 年 7 月 1 日于北京

目　录

第三篇

新型研发机构的宏观管理与促进政策

第四篇
新型研发机构建设研讨专题

第一篇

新型研发机构的概念内涵与时代成因

第一章
新型研发机构的概念内涵

第一节 概念引入

"新型研发机构"是我国特有的概念术语。自 20 世纪 80 年代后，伴随我国科技体制和经济体制改革的逐步深入，社会上出现了许多新类型的科技和创新组织。

这些新类型的科技和创新组织首次被政府冠以"新型研发机构"名义最早出现在 2010 年 12 月北京市出台的《中关村国家自主创新示范区条例》(简称《条例》)中，《条例》首次提出"支持战略科学家领衔组建新型科研机构"。到 2016 年 5 月和 7 月，国务院相继印发《国家创新驱动发展战略纲要》(简称《纲要》)和《"十三五"国家科技创新规划》，两份文件均提出要"培育发展新型研发机构"。此后，2019 年 9 月科技部印发《关于促进新型研发机构发展的指导意见》(简称《指导意见》)，2021 年 12 月，第十三届全国人民代表大会常务委员会第三十二次会议第二次修订的《中华人民共和国科学技术进步法》提出"国家支持发展新型研究开发机构等新型创新主体"。至此，"新型研发机构"作为对一种特定类型科技组织的统一称谓被社会普遍采用。

以新型研发机构为代表的新型科技创新组织也在全国呈迅猛的建设发展趋势。

第二节 内涵解析

围绕"新型""研发""机构"3 个词，以及结合国家相关政府部门的文件指向，对新型研发机构这一特定概念可做如下解析。

（1）新型。"新型"既有时间划分的意义，也有在形态内涵上有别于传统科技组织的意义。在我国特定的语境下，新型研发机构尤指我国进入2000年以后新出现的有别于计划经济时代的传统科技创新组织，这种差别尤其表现在机构的市场化运行机制和面向市场的发展定位。新型研发机构的这种市场属性在《国家创新驱动发展战略纲要》（简称《纲要》）有明确说明，重点指"发展面向市场的新型研发机构。围绕区域性、行业性重大技术需求，实行多元化投资、多样化模式、市场化运行，发展多种形式的先进技术研发、成果转化和产业孵化机构。"例如，我国公认为新型研发机构始源的深圳清华大学研究院，其兴办建设过程中在组建方式、机构属性、功能定位、运行方式等方面都完全不同于计划经济时代的传统科技组织。

（2）研发。"研发"是指"研究+开发"，所以"研发"有"科学研究"与"技术开发"双重语义。"研究"本身强调"求知"目的，而"开发"则强调"求用"目的。《指导意见》提出新型研发机构"聚焦科技创新需求，主要从事科学研究、技术创新和研发服务"，说明"研发"这一简化词组主要强调"求用"或创新目的。因此，新型研发机构不单纯是为了"求知"的"科学研究"，而是为了"求用"或创新目的的"科学研究+技术开发"。

（3）机构。就语义而言，"机构"是一种组织存在，但不是任何组织都可以称其为"机构"。一般而言，"机构"的语义指向有政府赋权或有公共性、社会公益属性的组织。因此，称"机构"一般需要有来自政府或官方的授权、认可或认定。目前，尽管科技部印发了《指导意见》，各地方政府也开始出台有关对新型研发机构的支持政策，但从中央到地方对何谓新型研发机构尚无统一口径，因此各地上报的新型研发机构也存在很大差异，这有待在认定新型研发机构方面进一步规范。

（4）定位于开展"科技创新"的组织。进一步说，新型研发机构与传统科研组织的区别也在于其是多方位开展"科技创新"的组织，这在我国政府部门出台的相关文件中都明确说明。《纲要》提出"发展面向市场的新型研发机构"，是基于"壮大创新主体，引领创新发展"目的；《"十三五"国家科技创新规划》提出"培育面向市场的新型研发机构"，是为"围绕破除束缚创新和成果转化的制度障碍，全面深化科技体制改革"；科技部的《指导意见》提出建设新型研发机构是为"深入实施创新驱动发展战略，推动新型研发机构健康有序发展，提升国家创新体系整体效能"；《中华人民共和国科学技术进步法》进一步明确新型研发机构是"新型创新主体"。这些都旨在说明新型研发机构是开展科技创新和服务于科技创新的机构,是定位于"科技创新"的组织。定位于"科技创新",新型研发机构就不是一个单纯的科学研究组织,而是泛在的"科技+创新"的组织(图1-1)。

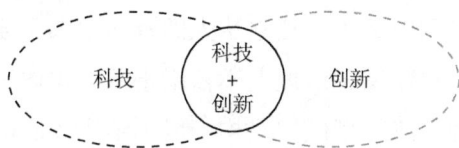

图1-1 科技+创新的组织

第三节 官方语境下的概念界定

结合上述讨论,对我国官方语境下新型研发机构的概念可做如下界定:新型研发机构主要是指我国自改革开放后兴办的,在组建方式、目标使命、功能定位、运行管理等方面区别于传统的以开展科技创新和服务创新发展为目的受政府特别监管或政策支持的科技创新组织。

主要表现在下述方面。

(1)始于"科技"、终于"创新"。始于"科技"是指新型研发机构要有"研发"活动的基本特征。尽管目前各地上报的新型研发机构经常呈"研发、转化、孵化、服务"等多种功能的混成①存在,但"科学研究"和"技术开发"必须是新型研发机构的基本活动形式,要以开展科技研发活动为主业。终于"创新"是指新型研发机构要兼具"研发、转化、孵化、服务"等综合功能,以全链条开展科技创新和服务创新发展为主责。也可以说这样的机构是集成"知识生产、扩散和应用"等综合行为服务于区域或产业创新目的,没有"研发"活动的科技组织(如单纯的转化、孵化或服务组织)不能称为新型研发机构,而单纯的科学研

---

① "混成组织"概念由美国学者亨利·埃茨科威兹提出,其在所著《国家创新模式——大学、产业、政府"三螺旋"创新战略》一书中,提出了由大学、产业和政府构成的"三螺旋"互动创新模型,形成"三螺旋"需要三者的功能和行为发生积极转变,也就是需要造就兼具政府使命和企业行为的创业型大学、体现政府意志并兼具大学功能的创新企业及为适应创新经济需求的政府职能转变,这就导致了不同属性组织的功能和使命"混成"性质,埃茨科威兹把其称为"混成组织"。

究组织也不属于政府导向的新型研发机构范畴。定位科技创新的"研发"是为促进经济发展的研究和开发，其不同于传统科研组织单纯的"求知"或科学探索目的。

（2）体制机制建立主要遵循市场经济的原则和规律。新型研发机构主要是指新近涌现的（尤指进入21世纪后）、面向市场、按市场机制组建和运行的、具有独立法人资格的科技创新组织。独立法人的资格要求主要是因为这样的机构需要有独立的法人意志，在体制和治理上不依附于单一主体，从而能够实施契合市场经济规律发展的治理。故新型研发机构一般不纳入政府的垂直管理，主要表现为政、产、学、研等联合共建的形式和治理方式。这也说明，即便是新建的、但完全承袭传统方式治理的科技组织也不属于"新型研发机构"。

（3）需要纳入政府监管和政策支持范畴。纳入政府监管和政策支持范畴是因为新型研发机构要有公共属性，公共属性主要表现在新型研发机构的发展要吻合政府促进区域和产业创新发展的目标意志。因此，尽管随着时代发展各类新型科技创新组织大量涌现，但确立为"新型研发机构"一定来自政府（不论哪级政府）的认定或认可。所以，不是任何新出现的科技创新组织都可以冠以"新型研发机构"名义，被认定或纳入新型研发机构范畴，一方面会得到政府的扶持或支持，另一方面也需要接受政府始于"公共性"目标的导向发展和规范建设要求。

第四节　案例揭示

深圳清华大学研究院（简称"深清院"）是早期具备新型研发机构特征的典型案例。深清院于1996年由深圳市人民政府和清华大学联合成立，是我国早期出现的并有代表意义的新型研发机构。该机构之所以较早就被称为"新型"科技组织在于该机构的组建方式、组织使命、功能定位和运行管理等方面与我国传统意义上的大学和科研机构等有很大不同（图1-2）。

（1）组建方式不同。深清院由两种不同属性的建设主体（地方政府和大学）共建，属于在深圳市民政部门注册的、无固定政府预算投入、无固定人员编制的事业单位。作为共建的一方，深圳市政府并不对清华大学和深清院实施直接垂直管理，而只作为合作建设的一方通过理事会行使参与决策权力，与我国传统意义上的科技机构建立有性质上的不同。

（2）组织使命不同。设立深清院的目的主要是为服务于深圳市的产业创新，是服务于地方经济发展的目标导向，这与以往我国较单纯致力于科技发展目标的科技机构建设也有很大不同。

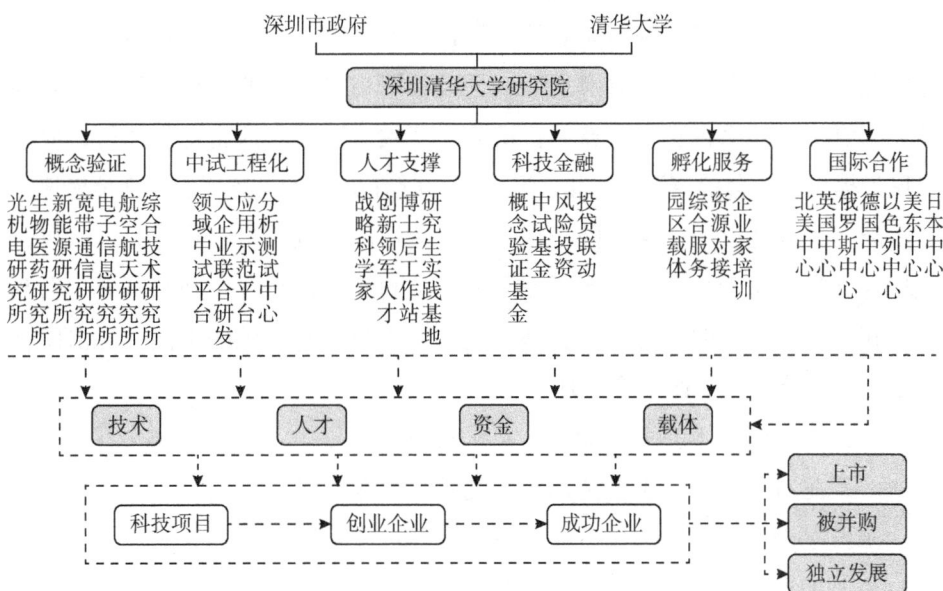

图 1-2　深清院的组织架构和功能板块

（3）功能定位不同。为服务地方经济发展、改善深圳科教资源相对贫瘠的状况，深清院的核心使命是要为深圳产业发展植入创新基因和增加科技源头供给，这就需要深清院必须具备科学研究和技术开发功能。但与以往国家主导建设的传统科技机构不同，促进区域创新的目标导向使深清院仅定位于科学研究和技术开发功能也还是不够的，这就表现出深清院的业务活动需要多功能板块的"混成"构成：

——科技研发功能（对应于图 1-2 所示的"概念验证"和"中试工程化"）；

——科技创业孵化功能（对应于图 1-2 所示的"孵化服务"和"科技金融"）；

——成果转化和产业促进功能（对应于图 1-2 所示的"中试工程化"和"科技金融"）；

——创新合作功能（对应于图 1-2 所示的"孵化服务"和"国际合作"）；

——人才培养功能（对应于图 1-2 所示的"人才支撑"）。

（4）运行管理不同。深清院的运行管理与传统科技机构也有不同。办院方针和自主发展的性质决定了深清院必须依靠自己的"经营"维系自身生存和发展，这与传统科技机构主要依靠政府支持或上级部门稳定投入的运行管理方式有很大差异。深清院需要靠自己所创造的价值换取"收益"来支持自身的运行，而不仅仅表现为提供"社会价值"。由此，深清院的所有功能板块必须建立在能带来"收益"基础上，从这点来说深清院必须是"经营性的"或"市场化的"。所以，深清院尽管不完全属于"企业"或不完全属于"营利"组织，但必须具备"营利"的途径和"市场化"的运行机制。基于这些与传统科研组织的不同，深清院自我总结出了广为流传的"四不像"理论：

——既是大学又不完全像大学，文化不同；

——既是科研机构又不完全像科研院所，功能不同；

——既是企业又不完全像企业，目标不同；

——既是事业单位又不完全像事业单位，机制不同。

（王胜光　胡贝贝　朱常海　韩思源）

第二章

新型研发机构的时代成因

顾名思义，新型研发机构属于广泛范围的科技创新组织范畴。科技创新组织是创新系统的有机构成，其与创新系统呈互为促进的演化关系。一方面创新系统的发展演化促进了新型科技创新组织产生，另一方面科技创新组织的不断变迁又进一步推动创新系统的发展演化。这是新型科技创新组织（包括新型研发机构）产生和发展的背景成因。

第一节　从创新系统（体系）谈起

创新系统（或创新体系）是"知识生产、扩散和应用过程中的各种要素构成及构成要素之间的相互作用关系"系统[①]。不论对哪一类创新系统（国家创新系统、区域创新系统或产业创新系统等）的组成和运行，都可做如下概要解析。

（1）创新过程。知识生产、扩散和应用的过程就是创新过程。创新过程的主要活动方式是研发活动、技术转移和成果转化活动、创业孵化活动和创新服务活动（可简化为：研发、转化、孵化和服务）。

（2）构成要素（也即创新要素）。创新要素主要指政、产、学、研、金、服、用等各类参与创新过程的组织及个体，其中在系统内部起主要作用的是科技要素（包括科技组织、大学和人才团体等）、产业要素（包括企业、公益事业及有经营性的社会组织等）、金融资本要素（简称金资要素，包括金融组织、投资机构和资本市场组织等）、服务要素（包括发生在创新过程中的各类转移、转化、孵化、检测检验等各类中介和服务组织）。在政、产、学、研、金、服、用等各种创新系统构成要素中，政府一般被视为外部影响因素，是各类其他创新要素的核心联

---

① 伦德瓦尔（Lundvall，1992）原本用此定义国家创新体系，此处加以拓展。

结者和资助方。建设创新系统首先要建设和发展这些要素构成组织。

（3）相互关系。创新系统能怎样运行在于创新要素在创新过程中的相互关系。创新要素之间的相互作用关系可以呈不关联、弱关联和强关联等各种不同的状态，这也在很大程度上决定了创新系统的优劣。国家制度、政府政策，以及社会环境等外部因素都会缔造出创新要素不同类型的相互关系，以及绩效程度不同的创新过程。

（4）系统运行。创新系统运行强调按市场规律和机制形成构成要素间的自组织加强关系。例如，我国自改革开放以来一直在大力推动按市场机制和规律建立的创新要素关系。包括面向市场经济体制的不断深化改革，强调运用市场法则主导创新系统运行；增进和强化科技组织与产业组织"面向"与"依靠"的关系[1]；大力发展能有效活化创新系统的创新服务组织和金资要素[2]组织。这些方面都不断在丰富我国创新系统的结构和内涵，提升我国创新系统建设的效能。

基于"创新过程""创新要素""要素关系""系统运行"可构建创新系统简化模型（图2-1）。其中，科技要素组织和产业要素组织是创新系统的自变量或构成基础，没有科技组织和产业组织的存在，创新系统不存在也无从谈起；金资要素组织和服务要素组织是因变量或活化成分，发挥着提升创新过程的效率和强化创新要素关系的作用；创新系统中的要素组织发展是创新系统日臻丰富和发达的标志；而创新要素能否按市场经济的机制和规律充分相互作用决定着创新系统的建设效能。

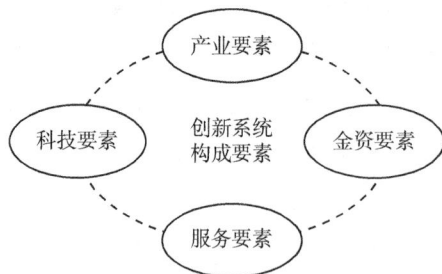

图2-1　创新系统的构成和运行

---

① 1985年3月13日，中共中央发布《关于科学技术体制改革的决定》，提出经济建设必须依靠科学技术、科学技术工作必须面向经济建设的战略方针。

② 指金融资本要素。

第二节　创新系统演变中的科技创新组织

科技组织和产业组织是创新系统的基本要素构成，也先于创新系统而存在。近代科学组织和企业组织都是自 18 世纪出现，始于近代科学产生和第一次工业革命。但在 19 世纪前，尽管有科技组织、工业组织生长和产业经济中的技术创新活动，在国家、区域乃至产业中并不存在明显的创新系统。这是因为早期的科技组织与企业组织呈割离状态，彼此少有交集，创新活动和创新过程也大都仅存在于各个要素组织的内部，不需要、也不明显呈现出结构化或体系化的创新系统运行。

随着时代的发展，创新系统作用日渐显现，能显著观察到创新系统作用是在第二次世界大战以后。第二次世界大战后伴随现代科学技术在工业经济中的普遍应用，不论国家、区域或产业，竞争优势的建立都需要系统性创新力量的发挥。表现出现代经济发展离不开科学技术对产业注入，国家或区域必须通过构建良性运转的创新系统才能有效解决持续增进产业发展的创新驱动力问题。由此，20 世纪 80 年代英国经济学家弗里曼提出"国家创新系统"概念[①]。尽管创新系统的概念提出较晚，但创新系统的雏形和内涵在 20 世纪 50—60 年代的西方发达国家已经显现，到现在创新系统的概念和内涵已经被学界、政府和大众普遍接受。就世界范围看，自 20 世纪 50 年代创新系统大致经历 3 个阶段的发展演化。

一、20 世纪 50—70 年代，是创新系统的萌发或显现阶段

这一阶段创新系统发展的主要表象是伴随科技机构和大学等的大规模建设及现代工业的狂飙发展，产学研界都开始有意识地建立科技与产业的联系和发展二者间的作用关系，尤其政府一方面在大力发展科技组织，另一方面通过制定面向市场及吸纳产业界参与的科技政策或科技计划等增进产学研结合的关系，这一阶段创新系统构成基本呈现如图 2-2 所示的形态。

---

① 弗里曼（Freeman，1987）在研究第二次世界大战后日本经济发展的过程中，发现日本实现经济腾飞的背后原因是"创新系统"在发挥主要的推动作用。

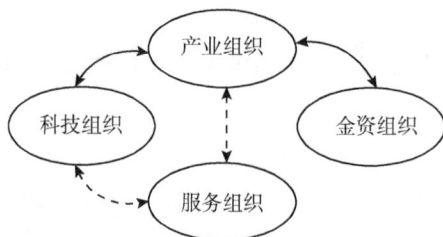

图 2-2　20 世纪 50—70 年代的创新系统

（1）这一阶段在发达市场经济国家，现代科技组织和产业组织日臻发达，二者间开始不断增进紧密合作的机制与关系。在此阶段，我国由于奉行计划经济体制，科技界与产业界基本彼此隔离，所以在 20 世纪 70 年代以前我国的创新系统基本仅表现为科技系统。

（2）在这一阶段，发达市场经济国家已经开始有创新中介和服务组织出现，但创新中介和服务组织的力量和作用尚很弱小，对促进科技成果转移转化和创新孵化等的功能和作用并不显著，科技界对产业界的创新促进作用主要是通过二者间的合作实现的，如欧美等西方国家普遍开始在大学里建设"企业实验室"。

（3）在这一阶段金资组织日渐发达，但在这一阶段的金融组织和资本市场都主要作用于市场机会的创业和产业的规模发展，金资组织很少与科技组织发生联系。

因此，总体来说在此阶段，创新系统在世界范围内都处在要素组织不够丰满和相互作用关系不够密切的状态。

二、20 世纪 70 年代至 21 世纪初，是创新系统基本成形和内涵日臻丰富阶段

这一阶段创新系统发展的主要表现是随着微电子革命、计算机和信息化技术的广泛渗透，工业界对现代科学知识、研发成果和技术创新的现实需求愈发强烈，从促进创新发生和满足创新需求着眼，大量创新中介和服务组织（如技术转移机构、孵化器和创新驿站等），乃至促进创新的金资组织（如科技金融、天使投资人、风险投资公司、服务于科技创业公司的资本市场等）出现，创新系统的组织要素日臻丰富，结构日臻成形，通过系统力量推动创新的渠道和内涵（如产学研结合）也大为丰富（图 2-3）。

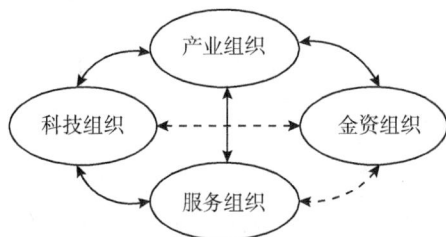

图 2-3 20 世纪 80—90 年代的创新系统

（1）创新中介和服务组织大量涌现，技术转移、成果转化和创业孵化组织等在创新过程中作用发挥日渐突出，创新中介和服务组织一方面成为创新系统的主要要素构成，另一方面也显著成为联结科技要素和产业要素的有效纽带。

（2）金融和资本组织开始大规模在创新过程中发力，天使投资和风险投资等助长创新的经验和方式成为国际共识，金融资本、产业资本和风险市场等逐步开始向科技领域力量进入，在服务组织与金资组织之间也开始积极探索互为加强的互动关系，如大量孵化器和成果转化机构也引进风险投资机构或发展天使投资基金。

三、进入 21 世纪后，创新系统进入融通融合发展新阶段

这一阶段创新系统发展的主要表象是随着信息化、数字化和智能化等科技革命的持续推演，新技术经济范式加速形成，创新系统的要素组织性质和关系构造模式都在发生重大转变，创新系统进入更高层级，也可以说创新系统进入以融通融合为标志的新发展阶段（创新系统 3.0），如图 2-4 所示。

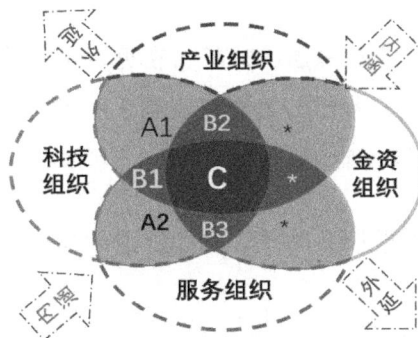

图 2-4 自 21 世纪开始发生的创新系统范式转变

（1）新阶段的标志是"知识产生、扩散和应用过程的要素构成和相互作用关系"开始全面走向融通与融合。这也标志着创新系统从过往阶段"要素构成和相互作用关系"从"相互结合的范式"向"相互融合的范式"演变，直接表现就是创新系统运行从构筑科技与经济结合的关系（如产学研结合）上升到实现科技与经济融合（如产学研融合）的关系，所以也是更高层级或新范式的创新系统（创新系统3.0）。

（2）向新范式创新系统演变的动因是创新组织自身的外延和内涵都在拓展。外延拓展反映了随着科技革命引发的技术经济范式转变，科技、产业和中介服务等组织边界不再清晰；内涵拓展反映了随着新技术经济范式引发的广泛需求，科技、产业、中介服务乃至金融资本等的组织功能和组织使命不断增进。随着网络化、数字化和智能化新技术条件的全新建立，不同类型组织间的功能和行为日渐走向交叉融合。这2个方面都导致不同要素组织间的边界模糊和功能融合。

（3）创新要素构成组织的边界和内涵拓展缔造出了3.0版本的创新系统构成（图2-4）。图2-4阴影部分有2种寓意，一是表明创新要素在相互作用的关系模式上在走向融通，二是表明创新系统中要素融合的新业态组织出现，这类组织美国学者亨利·埃茨科威兹将其称为"混成组织"。

（4）图2-4所示的所有阴影区域都是新型科技创新组织的产生区域或存在区域，尤其A、B、C区内的新业态组织是有"科技"底色的科技、产业、服务和金资要素"混成组织"，这些混成组织都是新型科技创新组织，新型研发机构就来自这些新型"混成组织"。

第三节　美国科技创新组织的发展演变

美国是现代科技创新组织发展的标杆，在近百年尤其第二次世界大战后全球创新系统急剧发展演变的过程中，美国科技创新组织的发展扮演了推动和引领角色。总体看美国现代科技创新组织发展大致呈以下脉络。

一、早期边界相对清晰的科技和创新组织发展（1950—1970年）

第二次世界大战后，尤其到20世纪50—70年代是美国标榜的大科学时代，美国开始缔造和建设形成大规模的现代科学研究组织和技术开发组织，重点表现在 3 个方面。

一是政府导向的现代科学研究组织。主要表现为由政府主导建设的国家实验室、研究型大学、国防和公共目标的研究组织等国立科技机构。国立科技机构主要承担国家战略目标的基础科学和应用科学研究，与市场或产业的组织边界相对清晰。这期间美国国立科技机构的建立和国家科技发展战略政策的制定都主要受曾任美国总统科学顾问 V.布什的《科学——没有止境的前沿》报告影响[1]，即认为政府投资的科学研究所形成的知识会自动流向民用或产业部门，从而转化为产业技术进步和促进经济发展，即如图 2-5 所呈现的政府科学研究与市场技术创新的线性关系模型。

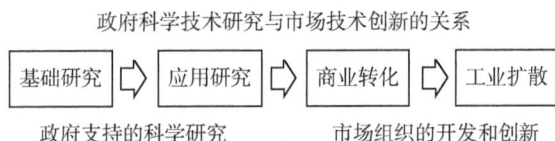

政府科学技术研究与市场技术创新的关系

| 基础研究 | ⇨ | 应用研究 | ⇨ | 商业转化 | ⇨ | 工业扩散 |

政府支持的科学研究　　　　　　市场组织的开发和创新

图 2-5　布什的创新系统线性关系模型

二是市场导向的技术开发组织。主要表现为由产业界或私营部门主导建设的企业性质的"实验室"（如贝尔实验室）、研发企业（如高通）或公司研发部门（如通用）、大学与企业合作建设的"合作实验室"，以及面向产业应用的市场化技术开发组织（如行业协会性质的研究机构）。这些都属于狭义的市场化技术创新范畴，尽管这一时期政府也重视产业技术创新，但限于美国制度背景下的政府与市场关系，政府促进产业技术创新的措施很少表现为直接的组织介入或支持政策，而主要采取实施政府采购计划、规定国立科技部门的财政支持经费按一定比例吸纳企业参与等非直接干预措施。产业技术研发或技术创新等技术开发工作主要由市场中的企业组织完成。

三是大学在创新系统中发挥着链接政府与市场的纽带作用。表现为大学在创新系统中同时兼具自由科学探索导向、政府科研目标导向、市场技术创新导向的组织身份，如既有自身的学科和实验室建设，也承担国家使命的科学研究和托管大部分的美国国家实验室、并广泛开展与企业的研发合作，如大部分的研究型大学都有与企业联合建设的"合作实验室"。

也可以认为，美国在这一时期科技组织和创新组织在组织的存在属性、目标使命、功能定位、运行方式等方面相对边界清晰。

二、创新系统不断强化中的科技创新组织（1970—2000 年）

自进入 20 世纪 70 年代后，伴随以微电子和计算机为代表的科技革命纵深发展，技术创新对工业发展和经济增长的促进作用被学界、政府和经济界广泛认知，创新系统的作用日渐突出，创新系统的结构、功能和要素组织愈发丰满。特别是在彼时新科技革命背景下，突破性的技术创新都必须与科学研究的最新进展结合在一起，这就导致了大量技术创新活动需要与科学研究活动同步开展，使科学研究、应用研究、技术开发等组织的活动边界不断拓展，也导致了各类促进科学、技术和产业紧密结合的金资和创新服务组织等大量涌现，各类不同属性的科技创新组织在相关活动领域日臻加强的相互作用，使创新系统发展到新的层级。表现为：

（1）美国政府从 20 世纪 70 年代起开始明显重视"科技与经济结合"（按中国术语），如强调促进联邦科学研究的商业转化、引导企业参与联邦科学研究提升产业界的研发水平和能力，以及推动联邦科学研究与商业技术创新的过程结合等。政策表现如美国 1977 年开始实施《小企业创新研究计划》（SBIR）[①]、1980年出台《拜杜法案》[②]、1992 年出台《小企业技术转移计划》（STTR）[③] 等，这就使美国政府从比较单纯着力国家战略目标下的科学组织建设和科学政策制定，

---

① SBIR：SBIR 项目根据 1982 年《小企业创新发展法案》（*Small Business Innovation Development Act*）设立，要求外部研发资金超过 1 亿美元/年的联邦政府部门（2020 年为 11 个），将其中的 1.25% 用于支持小企业的创新研发活动。1992 年，这一比例提升至 2.5%；2017 年，进一步提高至 3.2%。

② 拜杜法案：《拜杜法案》由美国国会参议员 Birch Bayh 和 Robert Dole 提出，1980 年由国会通过，1984 年又进行了修改。后被纳入美国法典第 35 编（《专利法》）第 18 章，标题为"联邦资助所完成发明的专利权"。《拜杜法案》使私人部门享有联邦资助科研成果的专利权成为可能，从而产生了促进科研成果转化的强大动力。

③ STTR：1992 年颁布的《1992 年小企业技术转让法案》（*Small Business Technology Transfer Act of 1992*），为促公私部门之间的技术共享，设立了 STTR 计划，要求外部研发资金超过 10 亿美元/年的联邦政府部门（2020 年为 5 个），将其中的 0.45% 用于支持小企业与其他部门（主要是高校和联邦研发机构）间的创新成果转化。

扩展到向全面促进科学、技术与创新的组织发展和相关政策的设计，也即从单纯的"科学政策"发展到"科学+创新的政策"。

（2）在同一时期，源自于技术创新对促进经济发展无极限的作用发挥，自20世纪70年代后技术创新全链条的各类金资和服务等要素组织（如技术转移、科技创业孵化、技术检验检测、天使投资等）大量涌现，并日臻成为创新系统中不可或缺的要素构成。尤其是自20世纪70年代开始，美国继20世纪50年代就大力倡导的风险投资（参见美国SBIC[①]）大规模迁移到科技企业和科技创业领域，使风险投资和天使投资等成为创新系统的重要要素构成。

（3）《拜杜法案》实施后，接受联邦政府资助的大学和独立研究机构更为重视科技成果的商业转化，大学与产业间的组织合作和项目合作愈发紧密。

（4）在工商界，企业技术创新的活动和组织愈发呈现出需要基础科学研究的功能成分，使国立部门的科学研究活动与市场或产业界的技术开发活动日渐交融和交织。

这些方面都表现出自20世纪70年代后美国创新系统的要素构成日渐丰富，科技组织、产业组织等的活动边界和行为方式日渐拓展，创新要素的相互作用关系更加紧密，日渐形成科学研究、技术开发、产业创新等组织向交叉融合方向发展的趋势。对这一变化趋势的有力解释是1997年美国普林斯顿大学司托克斯（Stokes）提出的"巴斯德象限"[2]，其在出版的《基础科学与技术创新——巴斯德象限》一书中揭示了大量基础研究是由应用研究引发（图2-6），政府支持的科学研究与市场中的技术创新不能仅仅局限于万尼瓦尔·布什强调的线性关系模型（图2-5），政府和商业界都需要致力于促进"以求知为目的的科学研究"和"以实用为目的的技术开发"的交叉融合。

---

① SBIC：美国于1958年出台《小企业投资法》，开始实施小企业投资公司（Small Business Investment Company）计划。SBIC计划的目的是让政府有限的财政资金最大限度撬动民间资本，为创新型、创业型小企业提供融资支持，解决小企业创新创业面临的资金约束问题。

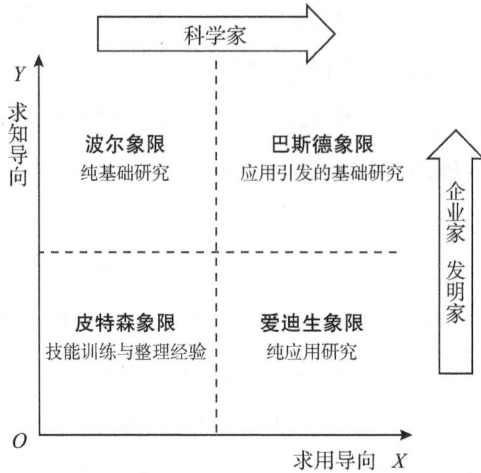

图 2-6 司托克斯解释的基础研究与技术创新的关系

三、类比于我国的新型研发机构建设（2000 年后）

自进入 2000 年后，伴随新一轮科技革命，尤其是数字化和智能化科技革命的纵深推演，科技和创新组织加速走向交叉融合和互联互通的发展。尤其伴随平台化网络化大潮，"资源共享"和"价值共创"的创新模式日渐成为常态，创新组织间的融通融合也愈发普遍，平台化、网络化的新业态科技和创新组织纷纷涌现，由大学、经济发展组织和企业衍生的新型科技创新组织也日新月异。

与我国类比，美国政府也亲自下场参与我国新型研发机构同等性质的新型科技创新组织建设。这主要表现在为应对日趋激烈的国际竞争（尤其是中国的崛起）和重塑美国的制造业创新竞争优势，美国联邦政府开始扬弃"不干预"市场的传统理念，亲自下场参与市场中的创新活动和创新组织建设。例如，自 2012 年奥巴马起的三届美国政府都进行新型科技创新组织的国家布局，奥巴马政府出台的"全美制造业网络计划"具有显著意义。

"全美制造业网络计划"的要义是围绕全美主要制造业集群建设"美国制造业创新研究院"（Institutes for Manufacturing Innovation，IMIs），如图 2-7 所示，该计划提出时计划建设的 IMIs 有 45 个。

IMIs 是不同于传统美国科技机构的新业态组织：

第一，其与以往致力于国家战略目标和社会公益目标的科技计划不同。"全美制造业创新网络计划"是政府完全服务于商业或市场目标的计划。计划中的"美国制造业创新研究院"由美国政府部门主导设立，早期由联邦政府出资一部分，后期必须自我建立起维持持续发展的机制，由此该中心的运营必须采取商业化模式。

第二，其与以往国立科技机构由政府包办的组织建设不同。IMIs采取由学术界和国家实验室、联邦政府、州政府和经济发展组织、产业界等多方联合共建，由政府和市场参与主体共同投资，并多方参与的董事会和形成以董事会为决策中心的商业化治理模式。

第三，是不像传统科技创新组织的目标纯粹和功能单一。IMIs是集"研究、开发、转化、孵化、技术服务乃至人才培养和职业培训"等为一体，因此是一种典型的集成多元综合目标和功能行为的"混成组织"。

到特朗普执政时期，美国政府在"全美制造业创新网络计划"基础上再推行"区域创新网络计划"，把IMIs建设理念推广到全美各州，计划在全美建设十几个"区域创新中心"。到拜登政府上任，为应对中美日趋激烈的创新竞争，美国于2022年3月已经由参议院表决通过了《美国创新与竞争法案》。根据该法案，美国政府会进一步加大对"制造业创新研究院"和"区域网络创新中心"投资支持和建设促进，联邦政府计划投入100亿美元左右的财政资金要在全美建设上百家"制造业创新中心"或"区域创新中心"。

可以看出，美国由联邦政府参与建设的"制造业创新中心"和"区域网络创新中心"在我国语境下就是典型的"新型研发机构"，其与我国现阶段正大力推进建设的"国家技术创新中心"、"国家制造业创新中心"和"国家产业创新中心"在目标使命、功能内涵、建设方式和运行机制等方面的表现都表现一致性。

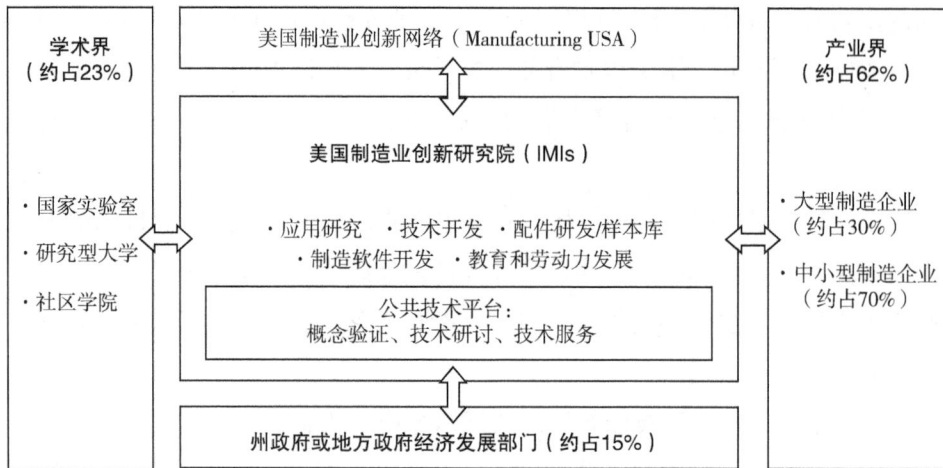

图2-7 美国制造业创新研究院示意

（资料来源：根据 MANUFACTURING USA HIGHLIGHTS REPORT . A summary of 2020 Accomp-lishments and Impacts，November 2021.信息绘制）

第四节 我国的科技创新组织与新型研发机构

一、改革开放前我国的创新系统和科技组织

在新中国成立后至改革开放前，我国不存在按市场经济规律和机制运行的创新系统，创新系统中的科技组织和产业组织完全呈割裂状态。科技组织基本完全表现为隶属于政府的科技机构，由中国科学院、国防科研机构、高校、中央各部委科研机构和地方科研机构等五路大军构成。其基本特征是：

——完全附属于政府的组织属性；

——完全体现政府意志的目标使命；

——完全由政府包办的组建方式；

——完全由政府规制的运行管理；

——完全依赖政府财政经费的发展模式。

按"传统科技组织"和"新型科技组织"区分，此阶段我国科技组织可以视为完全"传统型"科技组织。由于奉行计划经济体制，这一时期基本不存在市场化或社会独立属性的科技组织。从这种视角出发，改革开放后新涌现的和"非完全隶属于政府"的科技组织也可以视为"新型"科技组织。

二、改革开放后的科技创新组织发展

20 世纪 80 年代起，我国全面开启了改革开放的伟大进程，推动科技与经济结合，以及建设适应市场经济发展的国家创新体系是科技体制改革的核心使命，由此开启了我国科技和创新组织新的发展。

（一）传统科技机构向科技创新组织转变

自 1985 年中共中央发布《关于科学技术体制改革的决定》[①] 至今长达近 40 年的时间里，科技体制改革在持续推动我国的传统型科技组织的发展定位向"科技＋创新"的多元目标和功能转变。以国立科研院所的改革为例，主要推进举措有：

办院（所）方针改革。科研院所改革在 20 世纪 80 年代就开启，改革初期的总体目标是推动科技组织面向国民经济建设"主战场"，这就使得科技组织从改革前主要追求"科学价值"和完成国家下达任务的办院（所）方针，转变到主动树立面向国民经济建设的目标使命。

管理方式改革。自 20 世纪 80 年代开始探索院（所）长负责制，并一度把"院（所）长负责制"写进了《中华人民共和国科学技术进步法》[②]。院（所）长负责制部分弱化了科技组织"完全按政府规制的运行管理"，日渐增进了科技组织可按"独立法人意志"实施的治理。

运行机制改革。运行机制改革先是从推行经费拨款制度改革开始，经费拨款制度改革使改革前完全依靠政府拨款的科技组织运行，转变到改革后主要依靠获取竞争性经费的生存方式，这就促使科技组织需要面向市场、遵循市场机制和规律的运行机制。

科研院所转制。伴随科技体制改革的逐步深化，到 1999 年国务院进一步推动国家应用开发类科研院所转制，到 2000 年参与转制的 242 家科研院所大部分转变为科技企业或进入国企，并且这一改革举措也同步传导到大部分的地方科研

---

① 《关于科学技术体制改革的决定》提出改革的主要内容是转变科技工作运行机制、调整科学技术系统的组织结构、改革科学技术人员管理制度等。这一阶段以改革研究机构的拨款制度、开拓技术市场为突破口，使科学技术机构增强自我发展的能力和主动为经济建设服务的活力，鼓励科技人员以多种方式创办、领办企业等。

② 1993 年版《中华人民共和国科学技术进步法》在第五章第三十四条中明确"研究开发机构实行院长或者所长负责制"。

机构。

就国家科技机构而言，大部分改革后的科技机构，在目标使命、管理方式、运行机制等方面都呈现出"新型"发展的形态和内涵。尽管这些机构不属于新型研发机构，但机构本身是在从"传统型科技组织"向"科技＋创新"的组织转变。在这方面，中国科学院西安光机所的改革发展就有代表意义。

（二）产业类、服务类科技创新组织的产生与发展演化

伴随改革开放和市场经济发展，我国自 20 世纪 80—90 年代开始迅猛生长出各类新型市场化的产业创新组织（如研发企业和创新企业）和创新服务组织（如技术转移机构、成果转化机构、科技企业孵化器、检验检测和创新中介服务机构等），这些组织都属于宽泛意义上的科技创新组织。并且，随着改革开放的不断深入，这些组织的形态和内涵也随时代发展在不断向高层级演化，重点表现在如下方面。

（1）技术转移和成果转化组织向更高层级的发展转化。随着科技革命和产业变革的不断推演，新时代高层级的技术创新愈发离不开通过科学研究产生的即时性新知识，这就导致大量现实发生的技术创新不能等候已经形成确定性科技成果后的转化，而是转化过程就需要参与到知识创造、成果的中试试验、技术再开发等活动。并且现实中存放在"楼阁"里的可转化成果也日渐稀缺，这就导致大量从事技术转移或科技成果转化的中介机构需要在转移转化的过程中提升自身的"科技赋能"能力。转移转化机构向兼具研发功能的科技组织方向发展，就使自身从单纯的科技中介组织转化为具有"混成功能"的"新型科技创新组织"。目前，在各地向科技部上报的"新型研发机构"中，有许多都属于此类源于技术转移和成果转化基因的组织。

（2）创业孵化和创新服务组织向高能级的发展转化。我国自 20 世纪 90 年代起，孵化器、创业服务中心、大学科技园、生产力促进中心等各类创新服务组织迅猛发展，并随国民经济结构的不断升级日渐拓展自身的功能内涵。尤其在数智革命的新时代背景下，创新服务组织仅基于提供一般性服务已经远远不能满足现代科技创新创业的新发展需求，各类创新服务组织普遍需要增进自身对创新创业主体提供的"科技赋能"乃至"产业赋能"和"资本赋能"等能力。"科技赋能"需要这些组织强化自身的科技条件和研发组织等能力，使其向兼具整合科技资源

和提供研发支撑能力的平台组织方向转化，从单纯的"服务"功能发展成为有"科技"行为或功能的组织，如目前各地的专业孵化器都普遍强调要具备整合科技资源的能力和提升自身的科技条件，能够为创新创业的主体提供"科技赋能"，由此也带来传统创新服务组织向"新型科技创新组织"的发展转变。在目前上报科技部的新型研发机构统计里，有许多机构也更多表现为此类"新型"创业孵化或创新服务组织。

（3）企业创新组织和产业联盟组织等向新的形态内涵发展。改革开放后，我国产业界的创新活动和组织大量涌现，而在以数字化和智能化为标志的新技术经济范式下，这些创新活动和组织也进入到新发展层级。主要表现是，大量企业的创新活动开始从主要靠"内置"研发部门拓展到建设与"内置"研发部门紧密关联的"外置"研发组织，这些"外置"研发组织主要表现为与大学和科研机构等共同建设的联合创新体。就产业而言，以往产业界为共同应对竞争挑战所建立的各类联盟组织也在向高层级发展，主要表现是这些联盟开始从联合开展行动的"虚拟"或"协议"组织向"实体化"运营的联合体组织转变。例如，近年来新兴的"创新共同体""创新联合体""产业综合体"等都表现为此类有"实体运营"的联盟组织。这些联盟运营实体很多都属于"新型科技创新组织"。目前，各地上报的大部分"新型研发机构"，其兴办和建设本身实际上也是在发展更高层级的"创新联盟"组织。

三、从科技创新组织到新型研发机构

综上所述，改革开放和我国创新系统的发展演变，以及创新系统演变中的科技创新组织演化衍生，是新型研发机构的背景成因。

（一）基本逻辑关系

（1）改革开放丰富了我国科技创新组织形态。改革开放使我国在计划经济时代建设的科技组织基础上发展出了大量科技创新组织，这些科技创新组织或是由传统型科技组织的改革、转型及"衍生"而来，或是由于我国市场经济的不断发展催生。比较与计划经济时代组织形态和功能相对单纯的传统型科技组织，这些科技创新组织伴随改革的不断深入有所在时点的"新型"意义。

（2）我国创新系统向高层级的发展演变催生了新型科技创新组织。进入21

世纪后，随着我国国民经济的不断升级和新科技革命的不断深入，各类科技创新组织也在向更高的发展阶段演化，尤其兼具"研发、转化、孵化和服务"等综合功能的混成组织出现，成为新时代背景下科技创新组织的"新型"发展方向和趋势。包括传统科技组织的体制机制改革转化或衍生出"新型科技创新组织"；技术转移、成果转化、创业孵化等创新服务组织的边界和内涵拓展催生出"新型科技创新组织"；企业研发活动的"外置化"和产业联盟组织的"实体化"诱致出"新型科技创新组织"。

（3）"新型研发机构"是新时代背景下这些新型科技创新组织中经政府特别认定的部分。政府之所以要认定"新型研发机构"，是因为"新型研发机构"是这些新型创新组织的优势部分或引领者，是各级政府建设本区域创新体系的重要抓手，其对推动创新体系（国家创新体系、区域创新体系乃至产业创新体系）向更高层级的发展演化，以及更加高效地提升创新体系的效能效率有极为重要的意义。

新型研发机构的"新型"寓意主要表现在：①是具有研发功能的组织，因此其首先是"新型"科技组织；②是兼具技术转移和成果转化功能的组织，因此也是"新型"技术转移和成果转化组织；③是兼具创业孵化和创新服务功能的组织，因此也是新型"创业孵化和创新服务组织"；④是服务企业创新和推动产业集群创新发展的组织，因此也是"新型"产业创新联盟或产业创新组织。

（二）西安光机所改革探索的案例揭示

西安光机所是中国科学院下属的科研院所，于1962年成立。在改革开放前一直按"传统型"国立科技机构运行，改革开放后积极响应国家号召在办所方针、管理方式和运行机制等方面展开大胆探索改革，面向经济建设（始于研发、开展创新和服务创新）的作用日渐突出，逐步从单纯科研机构的组织形态转变成为科技创新组织的建设形态，发展到今天已成为区域创新系统的重要组织构成（图2-8）。改革举措主要表现在：

——目标使命。从单纯追求科学技术进步导向，发展到成为支撑产业和区域创新发展的平台或创新赋能组织。

——功能定位。从单纯的研究功能，发展到集"研发、转化、孵化、服务"为一体的综合功能。

——运行机制。从单纯的科研机构运行，发展到有科技企业、科技服务和科技投资等按市场机制的灵活运行。

——建设方式。新发展的单元基本采取联合共建的方式，并结合实际灵活采取能有效实施法人治理的体制。

尤其西安光机所近10年来"衍生"或发展起的"增量"组织成分，如"西科控股""光电子集成电路先导院""陕西军民融合创新研究院"都成为区域内重要的"科技创新组织"，其中"西科控股"已经被陕西省纳入重点建设的"新型研发机构"。

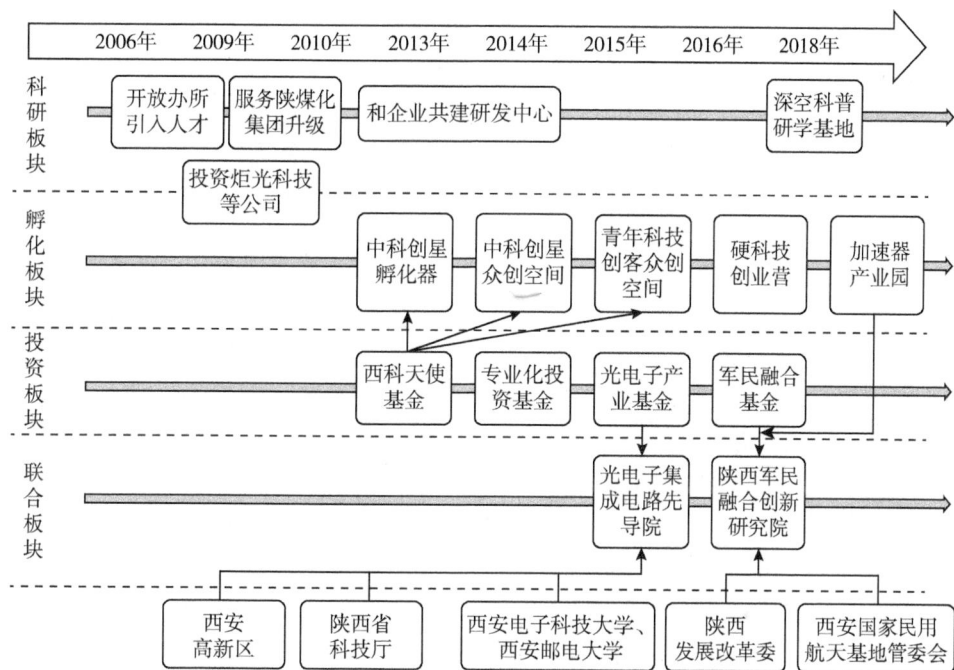

图2-8 西安光机所的改革探索和"增量"发展

（王胜光　朱常海　韩思源　胡贝贝）

参考文献

[1] 布什.科学：没有止境的前沿[M].范岱年，译.北京：商务印书馆，2004.

[2] 司托克斯.基础科学与技术创新：巴斯德象限[M].周春彦，谷春立，译.北京：科学出版社，1999.

第二篇

新型研发机构的建设与发展

第三章
我国新型研发机构发展概况

受科技部《指导意见》和国家《中华人民共和国科学技术进步法》指引，目前全国各地都在大力度促进新型研发机构建设。结合课题组的调研，以及参与编写的《新型研发机构发展报告 2022》（简称《发展报告》），对当前我国新型研发机构的建设与发展做简要阐述。

第一节　新型研发机构组织建设

截至 2021 年年底，我国各地纳入统计上报新型研发机构（属摸底统计，不意味着这些组织都完全符合《指导意见》对新型研发机构的建设要求，以下不做重复说明）有 2412 家。这些新型研发机构主要在 2011 年后成立，2011 年后注册成立的新型研发机构约占总数的 80%，尤其 2016 年后成立的新型研发机构占总数 50% 以上。

一、法人类型构成

按科技部《指导意见》"新型研发机构可依法注册为科技类民办非企业单位（社会服务机构）、事业单位和企业"要求划分，2412 家各地上报的新型研发机构的基本组织类型有：

——事业单位类型。498 家，占上报总数的 20.65%。

——社会服务机构类型（即民非，在新的《中华人民共和国民法典》中归于社会服务机构类型[①]）。178 家，占上报总数的 7.38%。

---

① 参见《中华人民共和国民法典》第三章"法人"。

——企业类型。1736家，占上报新型研发机构总量的71.97%（图3-1）。企业法人新型研发机构占比最大，属于目前上报最多的新型研发机构类型。

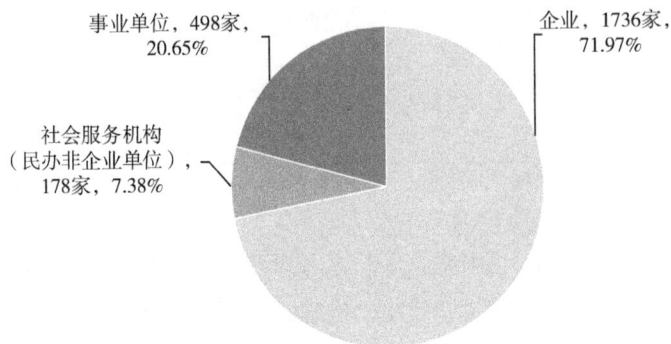

图3-1 新型研发机构法人类型构成情况

二、人才队伍与治理结构

从人才队伍看，《发展报告》统计的2412家新型研发机构从业人员总量达到22.18万人，机构平均从业人员为91.97人，中位数为41人，19.57%的新型研发机构从业人员规模在100人及以上（图3-2）。其中研发人员（R&D人员）占新型研发机构从业人员总量的64.60%。

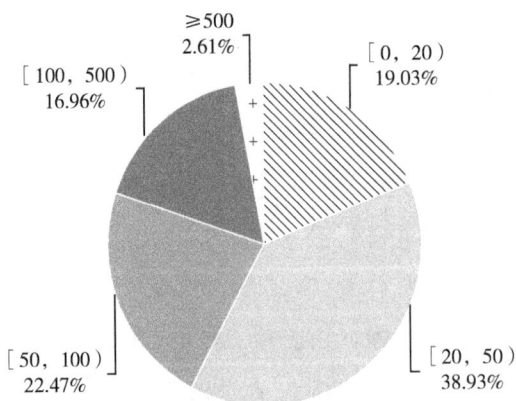

图3-2 新型研发机构从业人员数量分布情况（单位：人）

这些新型研发机构中有2067家按《指导意见》要求建立了理事会、董事会制度，占新型研发机构统计总量的 85.70%。其中，董事会制度的新型研发机构为1601 家，占比为 66.38%；理事会制度的新型研发机构为 466 家，占比为 19.32%。

三、兴办条件与建设主体

从兴办条件看，《发展报告》统计的 2412 家新型研发机构注册资本[①]均值为5641.41 万元，中位数为 1000.00 万元。其中，有 1385 家新型研发机构注册资本在 1000 万元及以上，占比为 57.42%（图 3－3）。

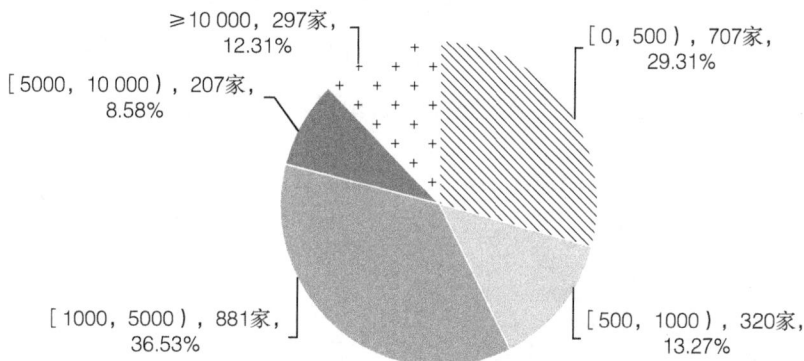

图 3－3　新型研发机构注册资本规模分布情况（区间数值单位：万元）

这些新型研发机构的兴办基本体现了地方政府、高校和科研院所、企业、社会服务机构、其他事业单位乃至个人等的广泛参与（图 3－4）：

——投入主体包含了企业、高校或院所两类主体的新型研发机构占全国新型研发机构总量的比例为 10.59%。

——投入主体包含了地方政府、企业两类主体的新型研发机构占比为 6.70%。

——投入主体包含了地方政府、高校或院所两类主体的新型研发机构占比为7.71%。

——投入主体包含了地方政府、高校或院所、企业三类主体的新型研发机构占比为 2.32%。

---

① 企业类型新型研发机构为注册资本，事业单位和社会服务机构类型新型研发机构为开办费，此处统称注册资本。

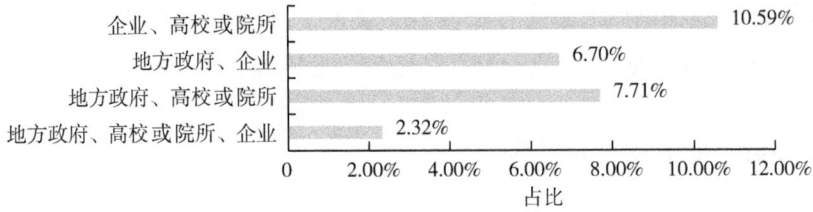

图3-4 新型研发机构投入主体的类型构成情况

四、各省（自治区、直辖市）及高新区建设

从各地建设情况看，目前全国有30个省（自治区、直辖市）上报了新型研发机构，江苏省、山东省、湖北省、广东省和重庆市上报的新型研发机构最多（图3-5），这5个省（市）总数达到1553家，占我国新型研发机构总量的64.39%。

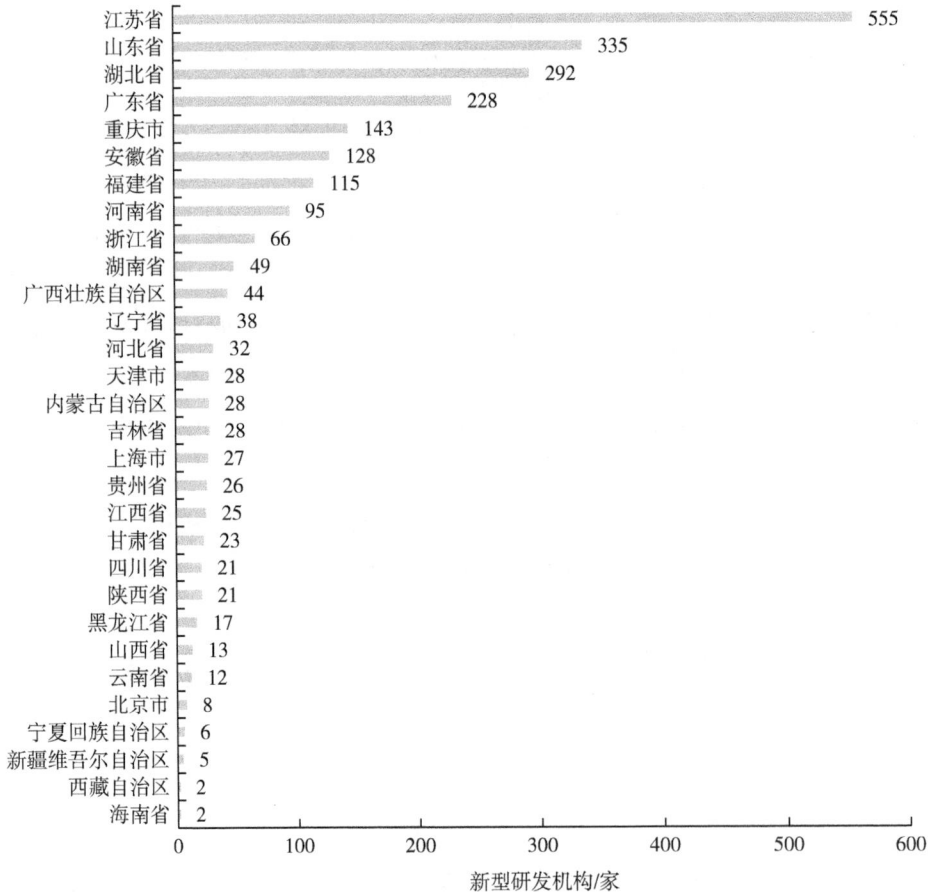

图3-5 新型研发机构省域分布情况

按城市统计，我国共有 240 个城市（自治州）上报了新型研发机构。其中，南京市、重庆市、苏州市、青岛市、广州市等前 20 位城市拥有的新型研发机构数量总计达到 1179 家，占我国新型研发机构总量的 48.88%（图 3-6）。

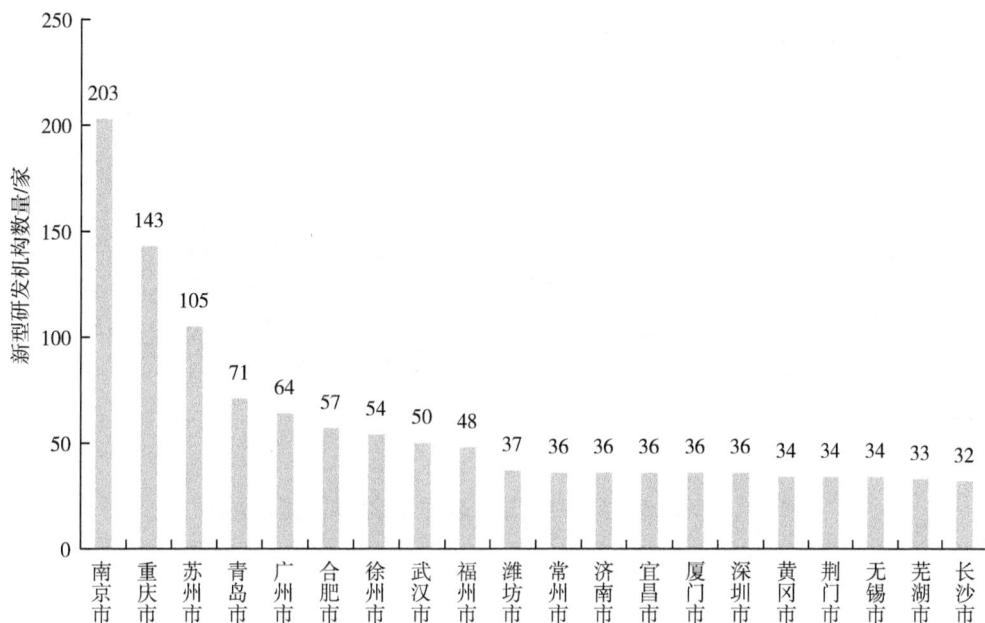

图 3-6　新型研发机构数量排名前 20 位的城市情况

从国家高新区分布看，我国国家高新区有 125 家上报了新型研发机构，总数达到 850 家，占全国新型研发机构总量的 35.24%。其中，南京高新技术产业开发区、合肥国家级高新技术产业开发区、广州高新技术产业开发区、苏州工业园区、济南高新技术产业开发区等 27 家国家高新区新型研发机构数量超过（含）10 家（图 3-7）。

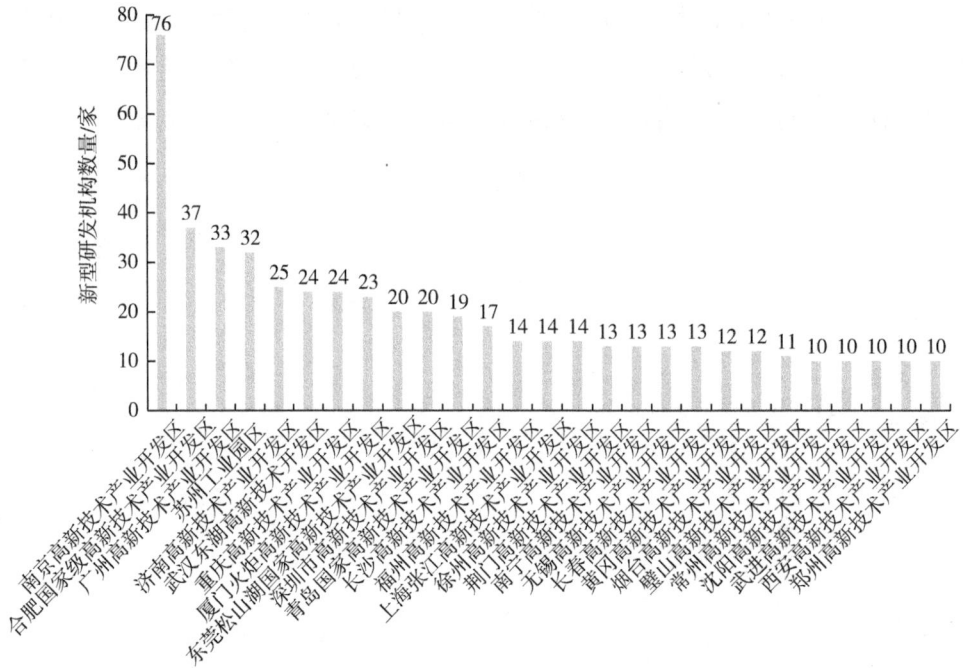

图 3-7　新型研发机构数量排名前列的国家高新区情况

第二节　新型研发机构的功能与运行

一、创新活动领域

总体来看，我国新型研发机构的创新活动主要集中在新一代信息技术、高端装备制造、新材料、生物医药、节能环保、新能源汽车、新能源、数字创意等产业领域。

按九大领域统计：从事新一代信息技术产业领域新型研发机构数量最多，为799家，占总量的33.13%；其次为高端装备制造产业和新材料产业领域，机构数量分别为618家和612家，占我国新型研发机构总量的比例分别为25.62%和25.37%（图3-8）。

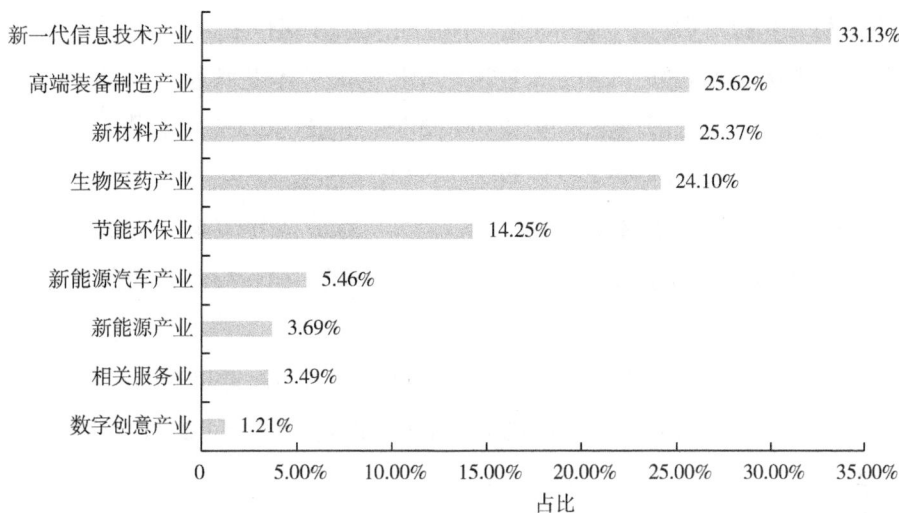

图 3-8　新型研发机构产业领域分布情况

　　其中，有 36.18% 的新型研发机构涉及 2 个及以上产业领域（图 3-9），基本体现了新型研发机构交叉融合的学科和领域发展。

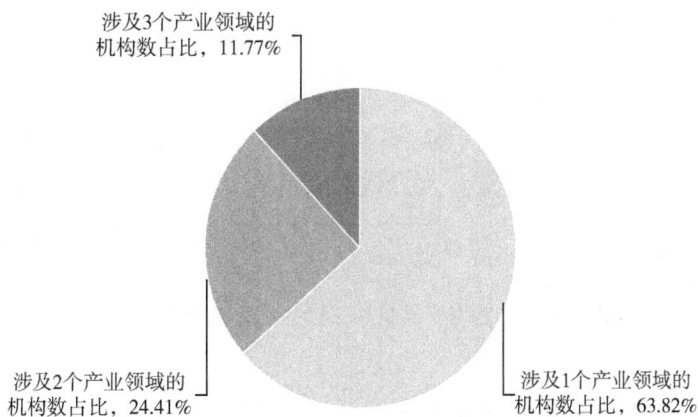

图 3-9　新型研发机构跨产业领域发展情况

二、业务属性与"混成功能"发展

　　新型研发机构具有集"研发、转化、孵化、服务"为一体的"混成功能"发展，按"混成功能"的业务活动细化分类，一般可分为开展基础研究、应用研究、技术开发、研发和技术服务、成果转化、创业孵化六大属性业务类型。

按六大业务类型观察，2412家新型研发机构的具体表现是：

——主要开展基础研究的机构数为693家，占比为28.73%；

——主要开展应用研究的机构数为1677家，占比为69.53%；

——主要开展产业技术开发的机构数为988家，占比为40.96%；

——主要开展其他研发服务（含科技成果中试、检验检测认证等服务）的机构数为861家，占比为35.70%；

——主要开展科技成果转化的机构共1748家，占比为72.47%；

——主要开展科技创业孵化的机构为1308家，占比为54.23%（图3-10）。

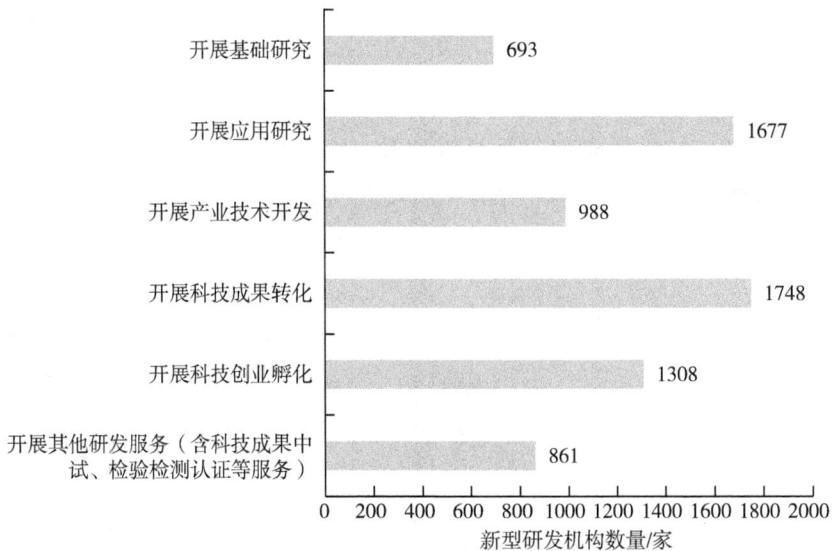

图3-10 新型研发机构主责主业的内容构成情况

新型研发机构的业务开展基本体现出了集"研发、转化、孵化、服务"为一体的混成功能。其中，同时开展科学研究、产业技术研发和研发服务的机构数量为590家，占我国新型研发机构总量的24.46%。

三、市场化运行机制建立

尽管目前我国新型研发机构尚处在起步建设阶段，但按科技部《指导意见》"运行机制市场化"要求，大部分新型研发机构已经建立或尝试建立"市场化"的运行机制。表现为：

（1）以"非政府收入"为主的机构运行。2021年，我国2412家新型研发机构总收入共计1807.39亿元。总收入构成来自政府的收入为494.34亿元，占总收入的27.35%；来自非政府收入的为1313.05亿元，占总收入的72.65%。其中有1064.81亿元为来自企业的收入，占非政府收入的81.09%（图3-11）和占总收入的58.91%。

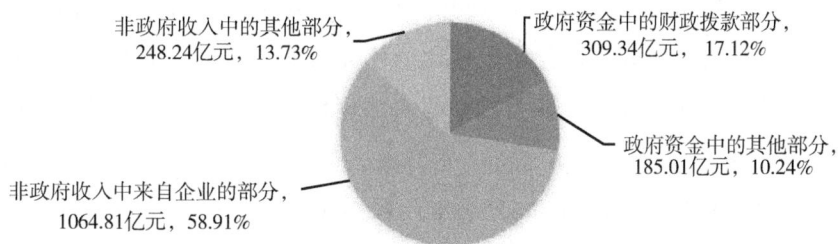

非政府收入中的其他部分，248.24亿元，13.73%

政府资金中的财政拨款部分，309.34亿元，17.12%

政府资金中的其他部分，185.01亿元，10.24%

非政府收入中来自企业的部分，1064.81亿元，58.91%

图3-11　2021年新型研发机构总收入来源构成情况

（2）面向市场的研发业务开展。2021年，我国新型研发机构科研项目收入[①]为414.74亿元，占总收入的比例为22.95%，有"研发为主业"的基本表现。其中，承担政府科研项目收入为141.52亿元，来自企业的科研项目收入为255.73亿元，来自企业的科研项目数量占当年承担科研项目总量的51.46%（图3-12）。来自企业的科研项目已经占主体地位，在"研发"主业上已经建立起了"市场化运行机制"。

———————————

① 以政府科研项目和企业科研项目收入进行计算。

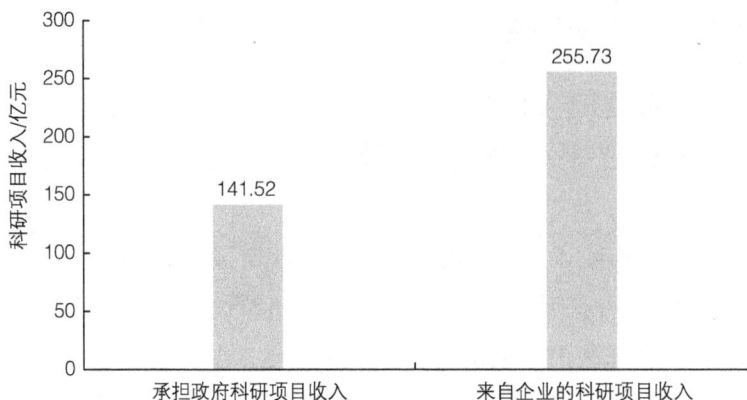

图 3-12　2021 年新型研发机构来自政府和企业的科研项目收入情况

（3）面向市场的创新服务业务展开。基于现场调查，绝大多数新型研发机构都同时开展成果转化和创业孵化等市场化的业务活动，体现了新型研发机构以"创新为主责"的混成功能发展。从技术性收入数据统计，2021 年我国新型研发机构的技术性收入总量达到 501.26 亿元，占总收入的 27.73%。其中，技术服务收入占比最高，占技术性收入总额的 60.10%（图 3-13）。

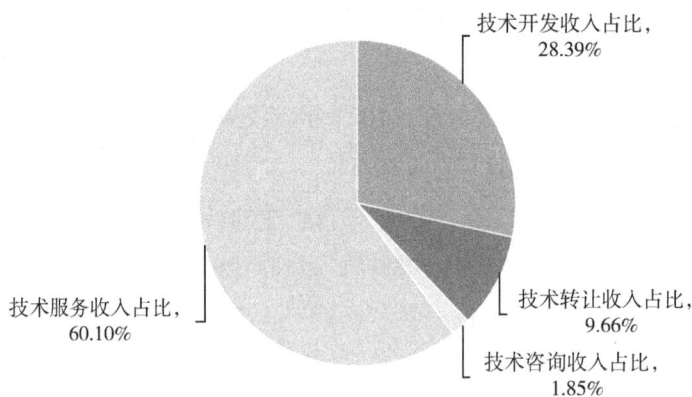

图 3-13　2021 年新型研发机构技术性收入构成情况

截至 2021 年年末，2412 家新型研发机构总收入已达 1807.39 亿元（中位数收入 1195.54 万元），"市场化运行"的机制和绩效逐步彰显（图 3-14）。

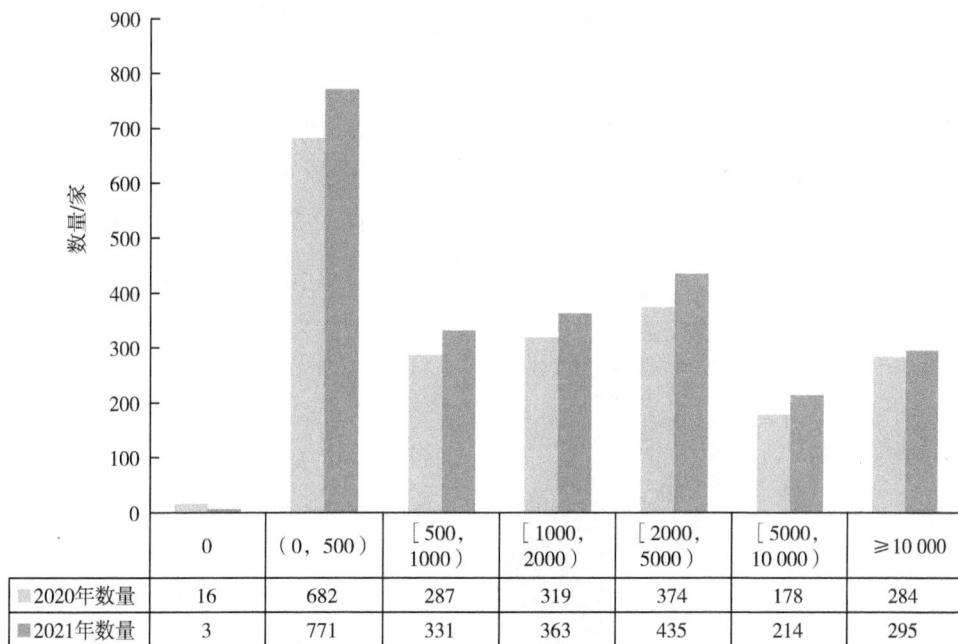

	0	（0，500）	［500，1000）	［1000，2000）	［2000，5000）	［5000，10 000）	≥10 000
2020年数量	16	682	287	319	374	178	284
2021年数量	3	771	331	363	435	214	295

图 3-14　2021 年新型研发机构总收入规模分布情况（区间数值单位：亿元）

第三节　新型研发机构的作用和意义

就本质而言，新型研发机构是各级政府（包括国家、省、市乃至园区等政府部门）为构筑本地域科技创新体系而着力建设和促进发展的科技创新组织，《中华人民共和国科学技术进步法》将其确立为"新型创新主体"。在新发展背景下，这些新型科技创新组织对推动我国创新体系（尤其是区域或产业创新体系）发展升级有极为重要的作用和意义。

一、根植于区域和产业的研发促进作用

新型研发机构首先是根植于区域和产业的研发组织。以往在我国国民经济建设中，区域和产业普遍存在高能级科技研发组织缺乏问题，尤其在国民经济高质量发展新阶段，经济或产业领域中科技研发组织的匮乏严重制约现代经济发展。新型研发机构是以"研发为主业"的组织，可起到有效改善区域或产业创新系统中研发组织匮乏和研发活动贫瘠的作用。

（1）从研发活动看：2021年，我国新型研发机构承担的在研科研项目总数达34 888项，平均每家机构承担14.46项，机构承担科研项目的中位数为7项。其中，共承担企业科研项目17 954项，占当年承担科研项目总量的51.46%；承担政府科研项目11 220项，占当年承担科研项目总量的32.16%（图3-15）。平均每家新型研发机构承担企业科研项目7.44项，是承担政府科研项目均值（4.65项）的1.6倍。

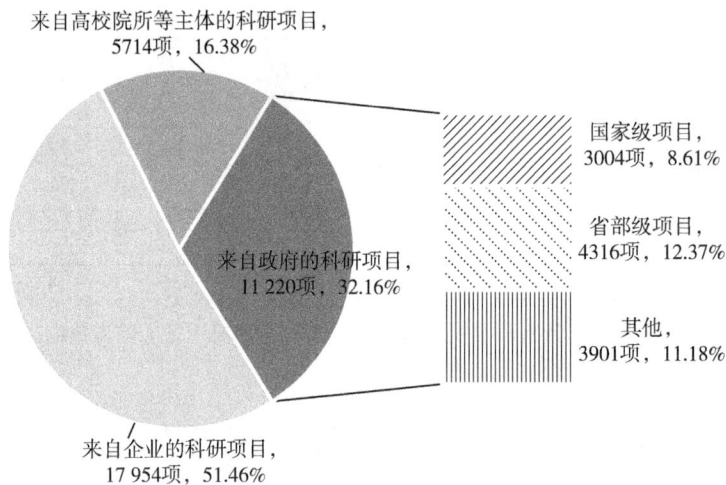

来自高校院所等主体的科研项目，
5714项，16.38%

国家级项目，
3004项，8.61%

省部级项目，
4316项，12.37%

来自政府的科研项目，
11 220项，32.16%

其他，
3901项，11.18%

来自企业的科研项目，
17 954项，51.46%

图3-15　2021年新型研发机构承担科研项目构成情况

（2）从研发层级看：2021年有43.95%（1060家）的新型研发机构承担了国家级和省部级科研项目（图3-16），承担国家级和省部级科研项目数为7320项，占来自政府的科研项目数的65.24%，占全部科研项目数的20.98%。此外，还有101家新型研发机构承担了218项国际合作科技项目。

（3）从研发的创新价值看：2021年度81.59%（1968家）的新型研发机构都进行了专利申请。有1756家（72.80%）新型研发机构获得专利授权，专利授权总量达24 212件，其中授权发明专利13 008件，欧美日专利245件；截至2021年年底，共有1990家（82.50%）新型研发机构拥有106 703件有效专利，其中拥有有效发明专利47 243件，平均每家新型研发机构拥有有效专利44.24件；截至2021年年底，有569家（占新型研发机构总量的23.59%）主导或参与形成了国际、国家或行业标准，累计主导或参与形成国际标准 201 项，国家或行业标准 6897 项（图 3-17）。

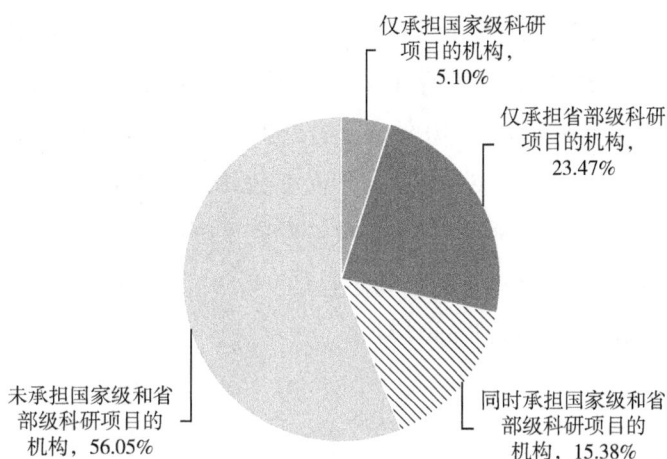

图 3-16　2021 年承担政府科研项目的新型研发机构情况

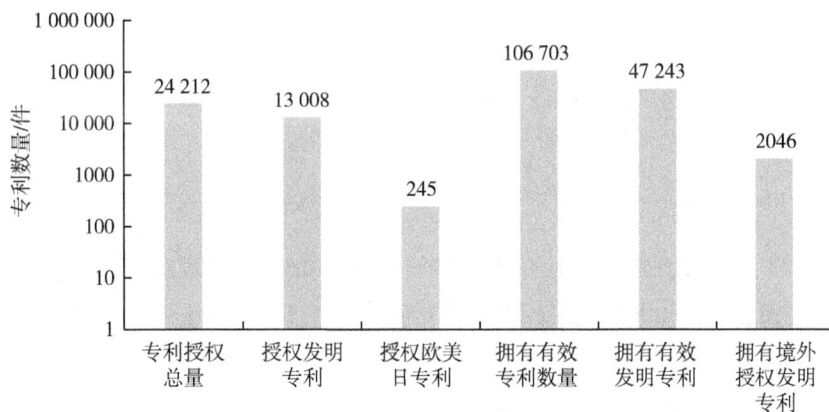

图 3-17　2021 年新型研发机构专利授权和拥有情况

二、更加高效的科技成果转化作用

作为"新型创新主体"，新型研发机构也是新型"科技成果转化机构"。之所以其在科技成果转化方面比传统类型的转化转移组织更加高效，是因为新型研发机构的目标定位也是要促进科技与经济融合，并且其既有面向市场的运行机制，也有始于研发并优于传统科技中介型组织的科技资源配置。

在我国新型研发机构的发展中，大部分机构自建立初期就表现出了促进科技成果转化的优势（图3-18）：2021年当年新型研发机构的专利所有权转让数及许可数总量达到2333项，专利所有权转让收入及许可收入达到19.32亿元；有287家新型研发机构发生了专利所有权转让及许可，其中有54家新型研发机构年度专利所有权转让及许可数在10件以上；2021年共有144家新型研发机构开展了技术作价入股活动，年度技术作价入股企业数共计268家。

并且，截至2021年年底，主导或参与形成了国际、国家或行业标准的新型研发机构有569家，占新型研发机构总量的23.59%，累计主导或参与形成国际标准201项，国家或行业标准6897项。

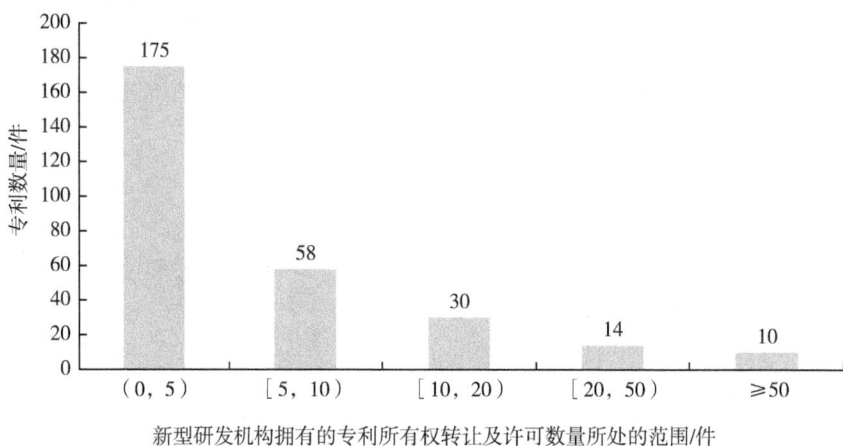

图3-18 2021年新型研发机构专利所有权转让及许可数量分布情况

三、更加高效的创新创业孵化作用

作为"新型创新主体"，新型研发机构也是新型"创新创业孵化机构"。之所以新型研发机构的孵化要比传统创新创业孵化组织更加高效，主要是因为新型研发机构本身属于科技研发组织，因此相比于传统孵化组织天生具备"科技赋能"资源、条件和能力。而随着科技经济的不断发展，"科技赋能"是孵化高能级创新创业必须具备的资源和能力。

现阶段，我国新型研发机构充分表现出了这一优势（图3-19），如截至2021年年底，2412家新型研发机构中，有1308家新型研发机构开展了创业孵化服务业务，占新型研发机构总量的54.23%。开展创业孵化服务业务的新型研发机构累计孵化企业22 492家，累计孵化企业均值17.2家。

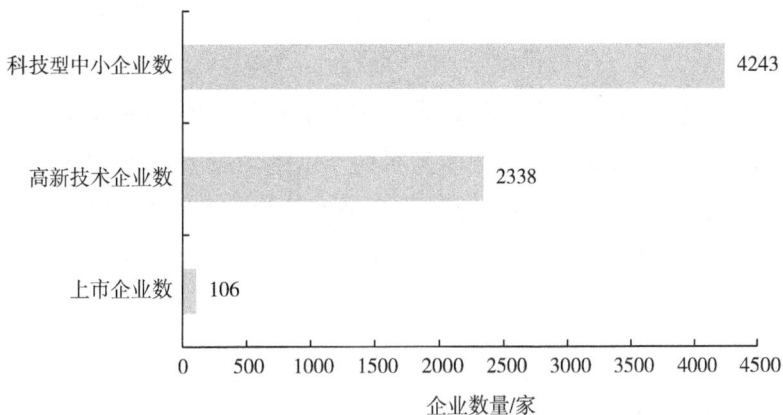

图3-19 新型研发机构累计孵化优质企业情况

尤其值得指出的是，许多老牌新型研发机构已经发展成为产业孵化的平台和高技术产业集群的缔造者（图3-20）。例如，深圳清华大学研究院至2022年累计孵化企业达3000余家，在这些被孵化的企业中累计产生了30余家上市企业。

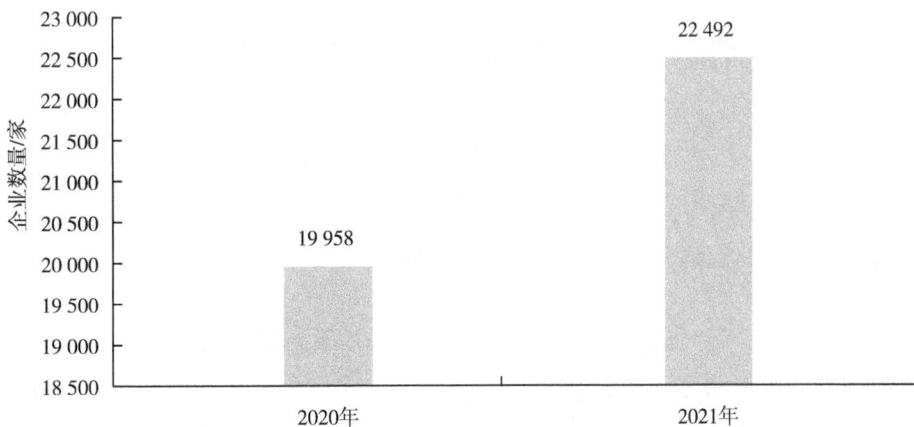

图3-20 2020年和2021年新型研发机构累计孵化企业数量对比情况

四、融入产业链的创新服务作用

作为"新型创新主体",新型研发机构也是融入产业链的创新服务组织。新型研发机构由于自身具备知识储备、科研条件、人才队伍和广泛联结科技资源的能力,因此更加具有更广泛开展创新服务的优势,包括研发服务、技术服务、中试试验及检验检测等服务优势。目前,在各地产业链或产业集群发展中,新型研发机构基本表现为多方位提供创新服务的平台。2021 年,全国共有 1604 家新型研发机构面向企业开展了检验检测认证、中试试验和科技咨询等创新服务,全年共服务企业超过 124 426 家;新型研发机构年度平均服务企业 77.57 家,中位数为 5 家,有 188 家新型研发机构年度服务企业数量超过 100 家(图 3-21)。因此,相比较于传统型创新服务组织,新型研发机构的创新服务更加多元和高效。

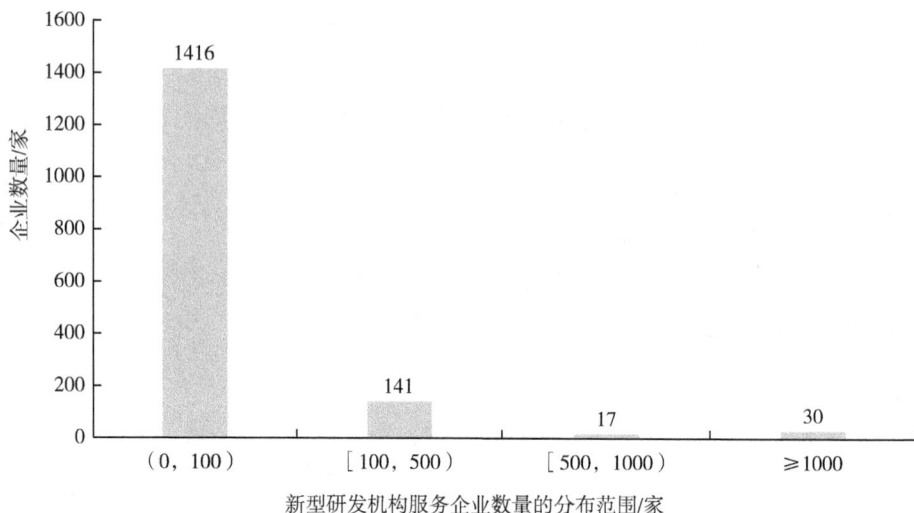

图 3-21 2021 年新型研发机构服务企业数量分布情况

五、汇聚资本和人才的"结构洞"作用

(1)汇聚资本。作为"新型创新主体",大部分领先发展的新型研发机构通过加强科技创新与资本要素的融合,已经成为区域创新生态的资金"结构洞"组织,是新形态的创新投资组织,具有显著的汇聚、黏结和放大创新资本价值的作用。例如,截至 2021 年年底,全国已有 135 家新型研发机构设立了投资基金,

新型研发机构参与设立的投资基金总数达 195 只，总规模 162.00 亿元。这些投资基金已累计投资企业 1450 家，累计出资 92.1 亿元。

（2）聚集人才。作为"新型创新主体"，新型研发机构也成为在区域和产业中汇聚人才、培养人才和输出人才的"结构洞"。在聚集人才方面，截至 2021 年年底，我国新型研发机构研发人员中具有研究生及以上学历（位）的人员占比为 44.12%（图 3-22），有 18.87% 的研发人员拥有高级职称，有 30.39% 的新型研发机构拥有两院院士、长江学者等行业领军人才。在培养人才方面，至 2021 年年底有 814 家新型研发机构（占比达 33.75%）通过联合培养等方式开展了研究生培养工作，招收的在读研究生人数为 1.40 万人，累计培养毕业研究生达 6.23 万人。新型研发机构同时也为开放创新和国际人才交流合作提供了平台。至 2021 年年底，我国新型研发机构拥有留学归国人员和外籍常驻人员的新型研发机构已达 1017 家，占新型研发机构总量的 42.16%，共拥有留学归国和外籍常驻研发人员 6705 人，其中外籍常驻人员为 807 人。

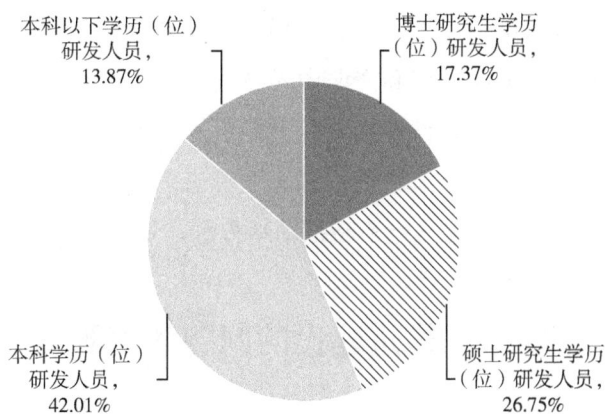

图 3-22　新型研发机构研发人员学历构成情况

六、新型研发机构的建设意义

新型研发机构建设有如下重要意义。

1. 新型研发机构建设具有促进新时代国家创新系统升级发展的意义

在我国国民经济已进入高质量发展新阶段，科技革命和产业变革的纵深发展需要有响应变革需求、拓展科技与产业融合的新型科技创新组织。新型研发机构就是这种科技创新组织,它的建设与发展对实现以"科技创新引领现代产业发展"、对丰富和完善国家创新体系的要素构成,以及对提升国家创新体系的建设效能都具有与时俱进的意义。

2.新型研发机构建设有推动深化科技体制改革的意义

改革开放以来我国科技体制改革已经取得了非凡成效,但现实中依然存在科技与经济"两张皮"的矛盾与问题,主要原因是传统科技领域与产业经济领域组织行为的"天然"割裂状态很难改变。新型研发机构是科技与经济两大领域"融合"的组织,也是推动"围绕产业链部署创新链、围绕创新链布局产业链、推动产业链创新链资金链人才链深度融合"的载体。因此,这类组织的建设与发展本身解决了科技与经济"结合"的问题,也为我国各类科技组织的深化改革提供了引领和示范。

3.新型研发机构建设尤其对提升区域或产业的创新发展水平、夯实地方创新系统的要素构成有奠基意义

这主要是因为新型研发机构是植入市场的"创新主体",这类组织建设能有效促进市场化科技创新组织发展。重点表现在:其是根植于区域和产业的研发组织,能从根本上改变我国在区域和产业中科技创新源头组织缺乏的状况;建立在更便于搭建和链接科技资源条件基础上,其能更加高效地促进科技成果转化和创业孵化;其在开展创新服务、汇聚资本和人才等诸多方面,都对地方和产业的创新生态发挥着"结构洞"作用,能不断推动地方和产业创新生态的演化升级。

第四节　推进建设的问题和着眼点

一、推进建设的基本途径

目前,各地促进新型研发机构建设发展一般经由2种途径:一是由政府倡导或出资新建的新型研发机构(以下简称"新建板块");二是把一些业已存在并符合《指导意见》要求的科技创新组织纳入新型研发机构建设范畴(以下简称"促进板块")。

这两大板块是目前我国新型研发机构群体的主要组织来源。按"新型研发机构的建设理论与管理模式研究"课题组参与的调查统计,截至2021年年底,

我国成立 3 年及以内的新型研发机构为 984 家，占我国新型研发机构总量的 40.80%；成立 4~7 年的新型研发机构为 698 家，占我国新型研发机构总量的 28.94%；成立 8 年及以上的新型研发机构为 730 家，占我国新型研发机构总量的 30.26%。

（一）新建板块

新建板块主要指自 2019 年后各地政府倡导或出资兴办的新型研发机构，尤其《指导意见》和《中华人民共和国科学技术进步法》颁布后，各地兴办新型研发机构的情况愈发多见。总体而言，近年来各地举办的"**实验室""**创新中心""**产研院""**概念验证中心"等大都属于新建板块范畴。

各地兴建新型研发机构的主要目的是围绕区域产业链或产业集群植入科技"研发"的资源和能力，为区域或产业植入科技创新的源头引领性组织。新建新型研发机构可以为区域或产业植入高能级科技创新平台，这些平台组织的建立能够对区域或产业创新体系建设发挥战略支撑作用，使区域创新体系真正成为有"根植性研发"的科技创新体系。因此，一般新建板块机构目标明确，普遍具备新型研发机构的形态和内涵。

（二）促进板块

促进板块主要来源于地方政府按一定标准把一些业已存在的科技创新组织纳入新型研发机构范畴。纳入范围主要包括市场化存在的创新服务组织、地方政府过往兴办的转移转化孵化组织、改革转制后的地方科研院所，以及符合要求的研发服务类企业等。在目前各地上报的新型研发机构群体中，促进板块的新型研发机构占绝大多数。

促进板块新型研发机构是地方加快发展根植性研发组织的有效途径。从有地方根植性的科技创新体系建设着眼，尽管目前已经存在大量各种形态的创新平台和服务组织（产学研合作组织、成果转化和技术转移组织、创新服务和科技赋能组织等），但这些平台组织过往主要集中在创新"中介"环节，自身并非"科技研发"主体，有"创新"无"研发"是常态，这就使得地方的产业创新体系严重缺乏"科技研发"这一前置环节。通过"认定"和促进新型研发机构发展，可使过往主要致力于创新"中介"的平台组织加快转型成为有"研发"的新型科技创新组织，从而夯实地方的科技研发能力。但由于目前各地对何谓"新型研发机构"

的把握尺度不一，上报的新型研发机构有鱼龙混杂现象，有许多被认定或纳入新型研发机构范畴的组织并不完全符合《指导意见》要求。

二、当前存在的普遍性问题

当前存在的普遍性问题主要表现在三大方面。

1. 认识方面

我国新型研发机构主要由地方政府在推进建设，在地方建设推进过程中，不同程度存在对新型研发机构的认识和把握问题。目前，各地对"新型研发机构"的概念、边界、内涵及作用意义等有认识偏差，对如何把握和识别"新型研发机构"缺乏共识。例如，各地对新型研发机构的"认定"存在"各自为是"现象，有些地方甚至把"认定"当成对科技创新组织的一种"评优"活动开展，这就导致当前全国上报统计的2412家新型研发机构有许多并不完全吻合《指导意见》的要求。这种状况不利于新型研发机构这一新生事物发展，也往往会造成政府管理上的混乱和政策支持上的错配。

2. 建设方面

由于目前我国新型研发机构尚处于起步建设阶段，各类新型研发机构都存在组织和能力建设问题。在组织建设方面，由于缺乏相应的制度规范，新型研发机构的决策架构设计、组织治理、运行机制等存在各行其是现象，大量不同法人类型新型研发机构的组织定型尚在探索过程中。在能力建设方面，现阶段新型研发机构的"研发"主业、研发条件、创新绩效、人才队伍和自我造血能力等参差不齐，大量机构距稳态成长有很大差距，如2021年上报的新型研发机构约半数总支出大于总收入。新型研发机构的组织和能力建设任重道远。

3. 管理方面

我国新型研发机构由多元复杂形态的群体构成，每一机构的组织性质、发展程度和作用意义等各不相同，存在如何实施政府管理的问题。目前，各地和各级政府尚未建立起行之有效的管理规范，采取的支持方式简单，也缺乏自上而下的顶层设计和宏观指导，造成许多地方存在财政资金使用不当和政策支持效果不理想现象，这些方面问题都亟待在今后的发展中加以解决。

三、推进建设的方向和着力点

结合现阶段建设进展，当前推进建设的方向和着力点需主要着眼于 3 个方面。

（1）就新建板块而言，当前普遍面临的是建设什么样的机构和怎样建设问题，这需要各地和各级政府部门对新建机构的目标定位、体制机制、条件供给、评价管理等诸多方面要加强引导和支持，尤其对一些有重要意义的机构，政府需要深度参与其组织建设并加强管理。

（2）就促进板块而言，当前各地存在的主要问题是如何引导传统型科技创新组织向新型研发机构的形态和内涵转变问题，政府促进建设的着力点主要在于：建立符合新型研发机构发展要求的"认定"程序；制定特殊支持政策，通过资源配置和资金激励等手段培植机构的研发能力；建立科学评价导向机制，引导其向真实具有新型研发机构形态和内涵的方向发展。

（3）就促进两大板块的群体发展而言，各级政府相关部门要加强顶层设计、宏观管理、精准施策和统筹推进各类新型研发机构的建设与发展。现阶段尤其要对新建板块的新型研发机构寄予高度重视，各级政府，尤其地方政府需要通过新建板块打造标杆和树立示范，引领带动新型研发机构群体发展。

（胡贝贝　王胜光　朱常海　韩思源）

第四章

地方发展新型研发机构的实践探索

新型研发机构作为自下而上开展的科技创新组织模式探索，其快速成长和发展壮大在很大程度上得益于地方政府的大力推动。本章将选取广东、浙江、江苏等省份作为案例对象，对地方政府组织推进新型研发机构的建设和发展工作进行分析和经验总结。

第一节 广东省发展新型研发机构的实践探索

广东省作为中国改革开放的前沿和经济发展的引领者，是中国最早开展建设新型研发机构的省份，其开放的经济环境、有竞争力的产业集群和政策优势为新型研发机构的发展提供了良好的土壤。通过多年的建设，广东省发展形成了具有规模的新型研发机构群体。这些新型研发机构与区域产业紧密对接，以产业需求为导向开展科学研究、技术开发、研发服务和创业孵化等业务，成为推动产业技术进步和地方新经济业态发展的重要"引擎"。

一、广东省新型研发机构建设发展历程

（一）自我探索阶段（2014 年以前）

改革开放以来，广东省依靠"三来一补"和外商投资，经济总量保持了高速增长。20 世纪 90 年代，传统劳动密集型产业高污染、低技术含量的不可持续，加之全球产业转移与升级的趋势，迫使广东省开始对加工贸易型产业进行调整。为此，广东省大力实施"科教兴粤"战略，并将高新技术产业作为发展方向，出台《中共广东省委、广东省人民政府关于扶持高新技术产业发展的若干规定》（粤发〔1993〕9 号）、《中共广东省委、广东省人民政府关于依靠科技进步推动产

业结构优化升级的决定》（粤发〔1998〕16号）及《印发广东省产学研联合开发
工程实施方案》（粤府办〔1999〕49号）等政策文件，以谋求新发展道路。为解
决创新发展的底子薄、支撑不足，科技与经济结合不紧密等问题，广东省从2个
方面进行了尝试和探索：一是开展校地、院地合作，以增强产业发展的科技支撑；
二是对传统院所进行改革，以加强企业与科研院所的合作。而这两条路径都促成
了广东省新型研发机构的产生和发展。

在开展校地、院地合作方面。广东省着力从科教发达地区引进人才团队和科
技创新资源，通过校地、院地合作方式嵌入区域创新体系，赋能区域产业发展的
新路子，并成功吸引了国内几十所重点高校和院所到广东开展院地、校地产学研
合作，并逐步建立了"三部两院一省"①产学研合作模式。落地机构在成长中，
围绕支撑广东省产业创新发展目标，开展了建设模式与运行机制的积极探索，新
型研发机构应运而生。1996年12月成立的深圳清华大学研究院（简称"深清院"）
为规避传统事业单位属性带来的种种约束，实现科技成果的有效转化，大胆采取
"四不像"建设运营模式，搭建研发、转化、投资和孵化为一体的组织体系，有
效激发了科研机构和科技人才创新活力，被称为我国第一家新型研发机构。随后，
涌现出北京大学香港科技大学深圳研修院（1999年）、中国科学院深圳先进技术
研究院（2006年）、广东华中科技大学工业技术研究院（2007年）、广州中国
科学院先进技术研究所（2011年）等一批采用新的运行机制和模式的校地、院地
合作机构。

在传统院所改革方面。为促进科技与经济结合，从20世纪90年代起广东省
开始面向经济发展开展科技体制改革，并于1999年出台《广东省深化科技体制
改革实施方案》。广东省将科研机构及其运行机制改革作为科技体制改革的主要
内容，着力解决单纯依靠行政手段管理科技工作、科研机构经费来源渠道单一、
政产学研各主体缺乏协同等问题。为科研机构引入竞争机制，采取了所长负责制、
岗位责任制、经济核算制和课题承包制等措施，使其开始转变为更加综合的研发

---

① 2006年，广东省率先在国内开展省部产学研结合工作，联合教育部出台了《关于加强产学研合
作提高广东自主创新能力的意见》，鼓励部属高校在广东设立研究院。2009年，出台《广东省人民政府、
中国科学院全面战略合作规划纲要（2009—2015）》，正式拉开了广东"省院合作"的序幕，提出
要将中国科学院创新资源与广东区域创新体系建设有机结合。逐渐形成了"三部两院一省"（科技部、
教育部、工业和信息化部、中国科学院、中国工程院）产学研合作模式。

生产型机构，与企业之间的合作也更加紧密，促进一批省属科研机构向新型研发机构转型发展。例如，广东省电子技术研究所（1973年）和广东省中药研究所（1955年），分别于2015年和2019年被认定为广东省新型研发机构。

（二）鼓励发展阶段（2014—2018年）

自我探索阶段，广东省形成了一批与产业紧密融通的科研机构，并显示出对产业发展的重要促进作用。2014年，广东省新型研发机构建设现场会在东莞市召开，时任广东省委书记胡春华充分肯定了新型研发机构发展情况，指出"当前广东省正处于产业转型升级的关键时期，全省要积极行动起来，采取切实措施推进新型研发机构发展"。由此，新型研发机构开始作为一类科研机构纳入广东省科研机构的管理和支持序列。广东省围绕新型研发机构的组建、运行、创新、人才等关键环节和要素，统筹推进"省、市、区（县）"新型研发机构建设，加大培育力度，规范机构管理。

2015年，广东省先后出台《广东省人民政府关于加快科技创新的若干政策意见》《广东省科学技术厅等十部门关于支持新型研发机构发展的试行办法》，率先在全国范围内开展省级新型研发机构的认定与支持工作，第一批共认定124家新型研发机构。2016年，《广东省自主创新促进条例》修正出台，以立法的形式要求各级人民政府应给予新型研发机构多方面的扶持政策。2017年，《广东省科学技术厅关于印发〈广东省科学技术厅关于新型研发机构管理的暂行办法〉的通知》（粤科产学研字〔2017〕69号）印发实施，是全国首个省级新型研发机构建设发展的规范性文件，明确了新型研发机构的主要功能与管理部门职责，细化省级新型研发机构申报认定条件与程序、管理与评估等相关规定。

（三）规范引领阶段（2018年至今）

经过多年发展，广东省形成了省、市、区（县）三级新型研发机构梯队，其中仅省级新型研发机构就有近300家。在新型研发机构群体规模形成的基础上，广东省进一步加重对机构质量的关注。由此，着眼区域产业发展和协调发展，促进新型研发机构的高质量发展成为这个时期广东省新型研发机构建设和管理的核心目标。广东省主要开展了如下方面的建设活动。

对新型研发机构进行分类发展。一方面进行区域分类，2018年，广东省在促进新型研发机构高质量发展的专项中新增了支持粤东西北新型研发机构建设专题，对珠三角和粤东西北地区的省级新型研发机构进行分类认定和支持，以促进区域平衡发展；另一方面进行层级分类，2018年，广东省开始推进建设粤港澳大湾区国际科技创新中心，并将深圳清华大学研究院、中国科学院深圳先进技术研究院、广东华中科技大学工业技术研究院等一批新型研发机构纳入粤港澳大湾区国际科技创新中心体系，以期集成广东省高水平新型研发机构构筑区域创新体系骨干支撑，并承担国家战略使命和任务。

支持新型研发机构进一步开展探索。2019年，广东省实施《关于进一步促进科技创新的若干政策措施》，在突破新型研发机构体制机制障碍方面提出多项创新型举措，加快推进新型研发机构高质量发展。

引导和支持新型研发机构进一步聚焦区域主导产业。2021年，广东省出台的《广东省科技创新"十四五"规划》指出，围绕广东省战略性支柱产业、新兴产业发展需要，引导支持国内外高校、科研机构和行业龙头企业汇聚高端创新资源建立新型研发机构。

强化新型研发机构发展的制度保障。2016年，《广东省自主创新促进条例》修订通过，以立法形式要求地市加快推进新型研发机构建设。2022年，修订《广东省新型研发机构管理办法》，基于前期建设发展经验，对新型研发机构的功能定位、认定条件、管理评价、支持方式等内容进行系统完善和更新。

二、广东省新型研发机构的建设路径与举措

回顾广东省新型研发机构的建设与发展历程，可以看出，广东省各级政府在新型研发机构的发展中起着重要作用。总体来看，广东省在新型研发机构建设中主要采取了如下的措施来推进建设。

（一）结合产学研合作积聚科创资源共建新型研发机构

如前所述，广东省基于产业和经济发展需求，在全国大规模推动产学研合作。早在2005年，广东省委、省政府就携手教育部、科技部启动了省部产学研结合试点工作。2006年，省部联合出台了《广东省人民政府　教育部关于加强产学研合作提高广东自主创新能力的意见》，鼓励部属高校在广东设立研究院；2009年，出台《广东省人民政府　中国科学院全面战略合作规划纲要（2009—2015）》，正式拉开了广东"省院合作"的序幕，提出要将中科院创新资源与广东区域创新

体系建设有机结合。在此基础上，逐渐形成了"三部两院一省"（科技部、教育部、工业和信息化部、中国科学院、中国工程院）产学研合作模式。这成为推动广东新型研发机构建设的重要途径。目前，广东全省277家省级新型研发机构中，大部分都是为推动产学研合作而建设的组织。

在合作共建过程中，往往采取地方政府与高校、院所共同作为发起建设单位的方式开展建设。地方政府在建设过程中提供建设用地、给予启动资金、支持办公条件建设等；高校和科研院所则提供研发团队、师资力量、科技成果等科技创新资源。在机构运营中，往往通过高校院所、地方政府以及产业界代表共同组成理事会的方式开展决策管理。

如广东华中科技大学工业技术研究院（简称"华科工研院"），即是在这种背景下，于2007年由广东省科技厅、华中科技大学和东莞市政府联合建立。建设过程中，华科工研院按照"事业单位，企业化运作"的新模式组建，东莞市以土地、建筑物作价投入1.2亿元，华中科技大学以技术、知识产权和人才入股，双方各占50%股份，广东省科技厅发挥协调、支持和监督作用。机构运行中，华科工研院实行理事会领导下的院长负责制，理事长由中国科学院院士、华中科技大学校长担任，理事会成员由华中科技大学及东莞市相关部门负责人组成，院长由华中科技大学副校长担任，日常管理由常务副院长负责。理事会下设技术咨询委员会、院务委员会和企业顾问委员会。在业务开展方面，华科工研院根据设立初衷，基于东莞市制造业转型升级的发展需求，早期以华中科技大学的专业优势为基础，将学校的科研成果进行工程化开发，为当地新产业的培育播下"秧苗"，提升广东省制造业的技术创新能力和综合竞争力，促进产业转型和升级。经过多年发展，如今华科工研院已发展成为集基础研究、技术开发、技术服务、产业孵化与人才培养于一身的综合性科技创新平台，拥有一支600余人的研发团队和1000多人的工程化团队，发表高水平论文190余篇；累计承担国家级项目8项，省级项目93项，市级项目37项；累计申请各类知识产权600余件，参与起草了云制造、射频、车间制造执行数字化通用要求等标准40余项；累计建设了30个科研与成果转化平台，其中国家级13个、省级12个、市级5个；发起了全国数控一代机械产品创新应用示范工程，建设了全国电机能效提升示范点、全国智能制造现场会唯一示范点，为10 000余家企业提供了完善规范的高端技术服务；建成9个工业园区，累计孵化898家，其中包含70家自主创办企业、62家高新技术企业（占松山湖总数 10.6%）、1 家创业板上市企业、7 家新三板挂牌企业（占松山湖总数 22%）和 2 家上市后备企业（占松山湖总数 8.8%）。

（二）支持传统科技创新服务组织转型发展为新型研发机构

由于广东省产业空间集聚呈现出"经济特区＋专业镇"的分散化布局，为了加快专业镇传统特色产业的转型升级，在各级科技部门的引导下，专业镇通过与高校、科研机构的合作，结合中小企业的创新需求，组建了公共技术平台，为企业提供技术研发、检测、知识产权等服务。部分平台随着业务的发展，进一步创新合作机制与模式，通过产业技术创新联盟、行业协会升级为新型研发机构，推进产业共性技术的研发与推广。例如，中山大学与古镇镇政府联合创建了中山大学（古镇）半导体照明技术研究中心，打造专业创新平台，建立院士工作站、特派员工作站等引导创新要素与专业镇对接，推动专业镇加快布局战略性新兴产业，在发展中，逐渐具备了稳定的研发队伍和研究实力，具有面向企业服务、围绕市场配置资源的新型管理体制和运行机制，以及通过提供相关服务促进机构本身良好运转和发展的能力，能切实解决中山市产业共性技术问题，于 2016 年被认定为中山市新型研发机构。

（三）构建省、市、区三级联动的新型机构管理体系

为充分发挥新型研发机构在促进产业转型升级中的作用，广东省陆续制定一系列管理措施，通过认定管理、绩效评价、立法保障，统筹并高效推进"省、市、区"三级新型研发机构的管理工作。

省级层面，广东省科技厅作为全省新型研发机构的主管部门，负责全省层面新型研发机构建设发展相关工作。一是进行省级新型研发机构的认定；2017 年，广东省印发《广东省科学技术厅关于印发〈广东省科学技术厅关于新型研发机构管理的暂行办法〉的通知》（粤科产学研字〔2017〕69 号），这是全国首个省级新型研发机构建设发展的规范性文件，对新型研发机构的申报与认定工作进行了说明。此后，广东省结合新的发展形势及新型研发机构实际管理要求于 2022 年 10 月重新制定了《广东省新型研发机构管理办法》，在新型研发机构的功能定位、认定条件、管理评价、支持发展等方面进行了补充完善和明确。二是开展省级新型研发机构绩效评价；2017 年出台全国首个省级新型研发机构建设发展的规范性文件，明确每 3 年开展一次动态评估。三是完善新型研发机构发展的法律保障；广东省 2016 年、2019 年两次修订《广东省自主创新促进条例》，以立法的形式要求各级人民政府给予新型研发机构多方面的扶持政策。

市级层面，在省政府的指导下，各地市结合本区域产业发展需求开展新型机构的建设工作。近年来，全省 21 个地级以上市中，广州、珠海、汕头、惠州、汕尾、东莞、佛山、江门、阳江、湛江、茂名、肇庆、揭阳和云浮等多地市，开展了市级新型研发机构的建设和管理工作，明确管理主体，结合地市产业创新发展要求，有针对性地出台认定标准和扶持办法。

区级层面，广州市荔湾区、深圳市罗湖区等部分市辖区已开展区级新型研发机构认定管理，与省、市开展联动。例如，2019 年，广州市荔湾区人民政府印发《广州市荔湾区扶持研发机构及研发平台发展实施办法》，对区级新型研发机构认定条件、扶持标准进行了明确，新型研发机构建设补助最高达 2000 万元。

（四）建立"综合性政策+专项政策"的新型机构政策体系

广东省作为新型研发机构的发源地，自 2015 年以来，陆续出台了一系列走在前列的支持政策和措施。2015 年，广东省在省科技计划项目中设立了"新型研发机构"专项，采用后补助方式，从研发费、设备、成果转化等方面支持省级新型研发机构的发展。目前已形成了"综合性政策+专项政策"的政策支撑体系，出台涉及启动经费支持、评估优秀奖励、授予投资决策权、管理机制改革、科研设备采购、职称评审权限的支持举措（表 4-1）。

表 4-1　广东省新型研发机构支持政策

序号	类型	政策内容
1	启动经费支持	对在粤东西北地区建设的高水平新型研发机构，省财政给予启动经费支持
2	评估优秀奖励	支持国内外知名高校、科研机构、世界 500 强企业、中央企业等来粤设立研发总部或区域研发中心，在新一代通信与网络、量子科学、脑科学、人工智能等前沿科学领域布局建设高水平研究院，并直接认定为省新型研发机构，评估优秀的省财政最高给予 1000 万元奖补。对在粤东西北地区建设的高水平新型研发机构，经认定为省新型研发机构且评估优秀的，最高给予 2000 万元奖补

序号	类型	政策内容
3	授予投资决策权	对省市参与建设的事业单位性质新型研发机构,省或市可授予其自主审批下属创投公司最高3000万元的投资决策权
4	管理机制改革	试点实施事业单位性质的新型研发机构运营管理机制改革,允许新型研发机构设立多元投资的混合制运营公司,其管理层和核心骨干可以货币出资方式持有50%以上股份,并经理事会批准授权,由运营公司负责新型研发机构经营管理;在实现国有资产保值增值的前提下,盈余的国有资产增值部分可按不低于50%的比例留归运营公司
5	科研设备采购	允许涉及国有资产的新型研发机构在符合国家相关法律法规的前提下,精简科研仪器设备采购流程,结合自身实际制定采购管理办法及设备运营管理办法,报理事会批准实施
6	职称评审权限	按规定向符合条件的新型研发机构下放企业主体系列的职称评审权限,开展单位主体系列或专业职称评审

资料来源:粤府〔2019〕1号文件、粤科规范字〔2022〕10号文件。

广东省积极支持各地级以上市、县(区)政府根据区域创新发展需要,研究制定促进新型研发机构发展的政策措施,在开展技术创新、基础条件建设、支持孵化培育企业、人才团队建设、公共技术服务供给等方面给予支持。

在支持成果转化方面,广州市2023年6月印发《关于促进新型研发机构高质量发展的意见》(简称《意见》①),鼓励新型研发机构建立健全科技成果收益分配激励制度,积极输出技术和知识产权等科研成果,明确科技成果转化净收入、科技成果形成的股份可以奖励给为成果转化做出贡献的人员,而不仅仅是只给到科技成果完成人(团队)。《意见》还明确了奖励的具体比例,事业单位性质的新型研发机构科技成果转化净收入的70%以上,或者科技成果形成的股份、出资比例70%以上可以奖励给科技成果完成人(团队);科技成果转化净收入的5%以上或者科技成果形成的股份、出资比例5%以上可以奖励给为成果转化做出贡献的人员。

在支持孵化培育企业方面,东莞市科学技术局2022年印发《东莞市新型研发机构管理暂行办法》,从企业孵化奖励、企业落地奖励、孵化器建设奖励、股权转让奖励等4个方面提出支持新型研发机构孵化培育企业的支持措施,最高给

---

① 文件名缩写指就近一份文件对应名称。

予 500 万元奖励。

在支持人才队伍建设方面，佛山市科技局 2023 年出台《佛山市科学技术局关于促进新型研发机构人才队伍建设的指导意见（试行）》（简称"意见"），从新型研发机构人才管理体制改革、改进新型研发机构人才培养支持机制、创新新型研发机构人才评价机制等六大方面提出一系列具有突破性的新举措。在人才评价机制方面，该《意见》提出要建立人才职称评审"绿色通道"。做出突出贡献的科研人员可不受学历、资历、当前职称等限制，直接申报高级别职称。科技成果转化创造的经济效益纳入科技人员晋级考核和职称评聘体系。

在公共技术服务供给方面，珠海市出台《珠海市科技创新平台建设管理办法》，提出鼓励新型研发机构对外提供研发类公共技术服务，对其上年度面向珠海提供研究开发、设备共享、成果转移等获得的技术性收入，按最高不超过 30% 的比例给予奖励，最高不超过 100 万元。

除政策文件之外，各地市还通过推动协同创新联盟等方式，促进新型研发机构与企业、科技金融机构、科技服务机构供需有效对接、加强联动深度，嵌入区域产业创新生态，如 2023 年广州市新型研发机构协同创新联盟正式揭牌成立，首批成员单位包含 38 家新型研发机构。通过联盟加强新型研发机构与产业上下游的资源对接，成为新型研发机构链接产业资源的桥梁和纽带。

三、广东省新型研发机构发展成效

经过二十多年的发展，广东省新型研发机构已达 277 家，为广东省推进粤港澳大湾区国际科技创新中心建设战略目标提供支撑。主要发展成效包括如下 3 个方面。

（一）机构规模稳定增长

近年来，广东省新型研发机构的数量及人才集聚规模持续增长。一是机构数量稳定扩张，截至 2022 年年底，广东省新型研发机构数量已达 277 家，较 2019 年增长了 224 家，年均增长率达到 62.40%。二是人才队伍建设卓有成效，截至 2022 年年底，全省 277 家省级新型研发机构从业人员总量达 3.4 万人，其中专职科研人员 2.3 万人，占从业人员的 67.65%。研发人员素质较高，拥有博士学位的人员占比 22.2%，硕士学位人员占比 26.6%，拥有高级职称的人员占比为

16.8%，形成了一支稳定而富有活力的研发团队。

广东省新型研发机构展现出多样化的法人结构，包括企业、事业单位、科技类民办非企业 3 种类型。其中，企业类型新型研发机构占比约 45%，事业单位类型占比约 35%，民办非企业类型约占 20%，不同性质机构发挥自身优势，引进科研机构、高等院校、地方政府、企业、社会资本等多元投资主体，集聚多种创新资源，形成校地共建型、院地共建型、科研院所自建型、企业自建型、专家自建型、高校自建型等多样化建设模式。

同时，广东省现有新型研发机构地域分布结构呈现出明显的集中特征。初步形成了以广州和深圳为主引擎、珠三角地区为核心、粤东西北地区协调发展的格局。珠三角地区集聚 221 家新型研发机构，占比 79.78%，粤东西北地区新型研发机构共计 56 家，占比 20.22%，这一分布模式与地区的经济实力和科技资源密切相关。在全省 21 个地级以上市中，广州（73 家）、深圳（39 家）、东莞（18 家）、珠海（17 家）、佛山（15 家）五个城市的新型研发机构的数量达到 162 家，占到全省总量的 58.48%，是广东省科技创新的主力军。

（二）创新活动成效显著

广东省新型研发机构开展了高质量的创新活动，在研发活动、经营活动、产业化活动上取得突出成效。研发活动活跃，科技成果产出丰富，截至 2022 年年底，广东省新型研发机构承担超 1.4 万项企业科研项目，超 2000 项政府科研项目，累计申请发明专利超 6000 件，授权超 4000 件。创业孵化成效显著，截至 2022 年年底，广东省新型研发机构累计创办企业 1757 家，其中高新技术企业 631 家，上市企业数 57 家。收入结构良好，截至 2022 年年底，广东省新型研发机构总收入 233 亿元，其中有 65 家新型研发机构 2022 年总收入超过 5000 万元。

（三）覆盖和支撑多个产业领域

从产业领域来看，广东省新型研发机构涉及领域广泛，面向区域产业发展需求，涵盖了先进装备制造、新材料、新一代电子信息、生物医药等战略性新兴产业，有 44.5% 的机构涉及 2 个及以上产业领域；涉及生物医药产业的机构数最多，占比达 13.1%；新一代信息技术、高端装备制造、新材料产业机构数占比分别为 11.9%、11.4%、10.2%。

截至 2022 年年底，广东省新型研发机构已累计服务企业 41.6 万家，为地区产业发展提供了强大动力。广东省新型研发机构发挥自身优势，面向市场解决前沿技术研发、企业共性技术、地方产业需求等问题，为产业升级和经济发展注入新动力。例如，广州工业智能研究院与广东省针织印染龙头企业互太公司合作，针对传统的加药、曝气、助剂输配送等多个痛点，为企业量身打造了一套智能制造和绿色制造技术的整体解决方案体系，有效地推动了针织印染产业的转型升级，同时也为制造业信息化、智能化和绿色化提供了强大的技术支撑。

第二节　浙江省发展新型研发机构的实践探索

浙江省是我国较早开启新型研发机构建设的地区，并培育和发展出了一批具有代表性的新型研发机构。

一、浙江省新型研发机构建设发展历程

（一）积极探索阶段

2003年开始，浙江省实施"引进大院名校共建创新载体"战略，集中力量引进共建一批重大战略性创新载体，加大力度引导共建一批产业引领性创新载体，鼓励多元投入共建一批研发应用型创新载体，省市县三级累计建设创新载体近1000家，其中以企业为主共建的占52%，以地方政府为主共建的占37%，以高校院所为主共建的占11%。创新载体充分依托浙江省体制机制和特色经济优势，打通创新链和产业链，不断提升自身"造血功能"，在这个过程中，就建设了一批具有新型研发机构内涵的科研组织，2020年认定的首批36家省级新型研发机构中超过1/3为引进国内顶尖的高等教育机构和科研院所共建创新载体。

2018年，浙江省政府出台《关于全面加快科技创新推动高质量发展的若干意见》，2019年印发《全面加强基础科学研究的实施意见》，分别提出要"加快培育发展面向市场的新型研发机构"和"引育基础研究类新型研发机构"。在此阶段，浙江省政府对新型研发机构建设发展进行了积极的探索，从而涌现出一大批蓬勃发展的新型研发机构，在推动区域创新发展、产学研深度融合方面发挥了重要作用。

（二）高水平建设阶段

为进一步加大对新型研发机构的扶持力度，实现从重数量到数量质量并举，

加速推进三大科创高地建设，围绕产业布局优化重组区域创新资源，规范新型研发机构建设发展，形成更加完备的创新体系，逐步向高质量、高水平迈进，浙江省人民政府办公厅于 2020 年 7 月研究出台了《关于加快建设新型研发机构的若干意见》，明确了浙江省新型研发机构建设的标准要求和目标任务，进一步强化推动新型研发机构发展的政策保障和工作举措。

近年来，浙江省深入实施人才强省、创新强省首位战略，按照"政府加强引导、高校院所支撑、企业积极参与"模式，大力推进新型研发机构培育建设。截至 2021 年年底，全省累计建设新型研发机构 206 家，其中省级新型研发机构 68 家，形成了省实验室和省技术创新中心为引领，省级新型研发机构为核心力量，地方新型研发机构为重要支撑的总体布局。自此，浙江省新型研发机构建设发展已迈入高水平建设的新阶段。

二、浙江省新型研发机构的建设路径与举措

（一）围绕重点产业布局和发展新型研发机构

基本围绕本地重点产业链布局，具有明确的产业创新导向。浙江省省级新型研发机构瞄准世界科技前沿和省内"互联网＋"、生命健康、新材料等三大科技创新高地建设，紧扣传统产业升级和未来产业培育发展。对照浙江省十大标志性产业链和重点领域来看，已认定的 100 家省级新型研发机构主要集中在新一代信息技术、生物医药、新能源汽车、高端装备制造、新材料、新能源、节能环保等产业领域，主要研发领域涉及生物与新医药、新能源与节能、先进制造与自动化、电子信息、高分子材料、高技术服务等，浙江省新型研发机构布局的产业导向明确。

（二）构建"四个一批"建设模式

按照"引进共建一批、优化提升一批、整合组建一批、重点打造一批"的方式，优化创新要素配置，推进建设高水平新型研发机构。"引进共建一批"即吸引国内外一流高校、科研机构或高层次人才团队等来浙设立新型研发机构，或与省内高校、科研机构等联合组建新型研发机构，如北京大学信息技术高等研究院；"优化提升一批"即支持高校、科研机构、产业创新服务综合体等向新型研发机构转型，如浙江省特种设备科学研究院；"整合组建一批"即对全省研究方向相近、关联

度较大、资源相对集中的研发机构进行优化整合，联合建设新型研发机构，如宁波工业互联网研究院有限公司；"重点打造一批"即在省级新型研发机构中择优打造一批国内一流、国际领先的标杆型新型研发机构，如之江实验室。

在具体的建设过程中，按照组建主体来看，浙江省新型研发机构主要有以下3种发展模式。一是高校院所主导：以高校和科研院所为母体发起设立，或者与地方政府共建新型研发机构是主流模式。其在基础研究和创新研究方面具有强大优势，如浙江大学滨江研究院、北京航空航天大学杭州创新研究院。二是政府主导：作为强化省级战略科技力量、参与科技强省建设的主平台和主力军，以政府单独组建或政府、高校和科研院所联合创建但以政府为主导，致力于开展前沿基础研究，或者为新兴产业发展和转型升级提供技术支撑。例如，之江实验室、浙江省特种设备科学研究院。三是龙头企业主导：由企业独建、联合其他单位共建或转制升级为新型研发机构，具有较强的市场导向性，产业化应用快、科技成果转化顺畅。例如，浙江巨化技术中心有限公司、杭州三花研究院有限公司。

（三）省市县三级联动推进

坚持上下协同联动、梯度培育，推动新型研发机构体系化布局。省级层面，积极开展省级新型研发机构认定管理工作，明确标准条件，按照"创建制"要求，先后组织开展2批省级新型研发机构评估认定工作；市、县（市、区）层面，聚焦地方新旧动能转换、块状经济转型升级和未来产业培育发展，制定地方新型研发机构认定的具体标准条件，杭州、温州、绍兴等地研究出台新型研发机构建设专项支持政策，出台文件包括《杭州市新型研发机构管理办法》《温州市新型研发机构创新链与产业链融合提升三年行动方案（2023—2025年）》等。

（四）出台专项支持政策

浙江省人民政府办公厅印发《浙江省人民政府办公厅关于加快建设高水平新型研发机构的若干意见》，打造具有多元化投入机制、现代化管理机制、市场化运行方式、企业化引人用人机制的高能级创新载体，形成涵盖机构、人才、资金、项目的全方位政策支持体系，强化新型研发机构建设制度保障。包括省级新型研发机构纳入省属科研院所管理序列，享受各类科技计划、科技成果转化收入分配等政策；省财政对符合条件的重点引进和建设的省级新型研发机构给予最高3000万元支持；省科技厅对省级新型研发机构定向征集重大科技项目需求等。

三、浙江省新型研发机构的建设发展成效

（一）产出一批重大原创成果，成为关键核心技术攻关的主力军

2021 年，省级新型研发机构科研投入累计达 78.98 亿元，平均每家科研投入达 1.2 亿元。授权发明专利 1188 件、PCT 专利 61 件，涌现出一批标志性重大科研成果。之江实验室成功研制了全球神经元规模最大的类脑计算机，打造了具有完全自主知识产权的天枢人工智能开源平台。中国科学院医学所牵头承担"公共安全风险防控与应急技术装备"国家重点专项，推动了 ECMO 等高端医疗设备的研发制备。

（二）集聚一批一流人才团队，成为高端创新要素汇聚的引力场

68 家省级新型研发机构共集聚院士近 50 人、长江学者 40 余人、国家"万人计划" 21 人、省领军型创新创业团队 15 个。良渚实验室形成了 369 人规模的高层次研究团队，入选"鲲鹏计划"专家[①] 2 名，国家杰出青年基金获得者 2 名、长江学者特聘教授 1 名。

（三）推广一批新技术新业态，成为科技成果转化应用的主引擎

面向三大科创高地和"碳达峰、碳中和"等重点领域技术需求，开展共性技术研发和高质量成果转化应用，有力支撑产业升级和区域发展。省级新型研发机构累计创办企业 266 家，孵化培育上市企业 6 家、高新技术企业 106 家、科技型中小企业 259 家，成果转化总收入累计 32.44 亿元。

（四）推进一批体制机制创新，成为科技体制改革的试验田

将新型研发机构作为深化科技体制机制改革、构建高效现代科研组织体系的重要抓手。一是建立现代化管理制度。探索实行理事会(董事会)决策、院所长(总经理)负责的现代管理体系。45 家省级新型研发机构建立了理事会(董事会)管理制度(占比达 66.2%)。二是建立市场化用人机制。坚持以平台聚人才，通过组合使用全职聘用、"双聘双挂"、报备员额制等多种形式引进人才。三是建立多元化投入机制。由 2 种及以上性质的主体共同投入新型研发机构的有 51 家（占比近 75%）。

---

① 2020 年，浙江省正式启动实施顶尖人才"鲲鹏计划"，目标是在未来 5 年，在数字经济、生命健康、新材料、先进制造等领域集聚 100 位左右具有全球影响力的"灵魂人物"。

第三节 江苏省发展新型研发机构的实践探索

江苏省是目前我国新型研发机构数量最多的省份,截至 2021 年年底,江苏省新型研发机构数量已达到 555 家,占全国新型研发机构总量的 23.01%。这些新型研发机构在支撑江苏区域经济转型升级和创新驱动发展中发挥了重要作用。

一、江苏省新型研发机构建设发展概况

江苏省从 2009 年起就通过实施产学研联合重大创新载体建设项目支持新型研发机构发展,推动各地聚焦科技战略部署和区域创新需求,积极引进海内外高校院所、人才团队等创新资源共建新型研发机构。

2013 年,江苏省政府成立了江苏省产业技术研究院,采用"总院 + 专业研究所"的模式,围绕重点产业领域布局建设新型研发机构性质的专业研究所,为产业发展提供持续的技术支撑。自此,江苏省新型研发机构建设进入有组织有布局的新发展阶段。

在此基础上,江苏省针对新型研发机构发展持续完善管理办法和支持政策,以支持机构群体的有序和健康发展。包括设立支持新型研发机构建设的专项计划,加强新型研发机构的监测评估等。目前,江苏省已形成面向国家和区域重大需求开展攻关、面向区域产业创新发展提供支撑及以企业研发和转化服务为主业的,三个层级的新型研发机构分类体系,成为江苏省区域创新体系的重要力量构成。

二、江苏省新型研发机构的建设路径与举措

(一)政产学研协同,多种模式建设新型研发机构

按照主导建设主体来看,江苏省新型研发机构主要有 4 种建设发展模式。

一是高校院所与地方政府共建。即江苏省各级政府(含省、市、园区等)与省内外高校合作共建新型研发机构。这类机构以事业单位居多,但也有的设立或改制为企业法人、民办非企业法人。在机构目标定位上,部分以服务国家重大任务为核心,如未来网络研究院、中科能源动力研究中心、清华大学苏州汽车研究院等;部分以发挥高校院所知识和科技成果的"外溢"作用,打通基础研究与产业化之间的通道,带动区域产业转型升级为核心,如同济大学江苏盐城环保产业

工程研发服务中心、南京航空航天大学苏州研究院、北京化工大学常州先进材料研究院、浙江大学苏州工业技术研究院等。

二是江苏省产业技术研究院与人才团队共建。即江苏省产业技术研究院（简称"江苏产研院"）作为政府的专门建设和管理平台，依据政府意志，与高校院所的人才团队合作共建新型研发机构。这种模式下，由江苏产研院与地方园区、人才团队共同组建研究所，各方共同现金出资组建研发团队控股的运营公司。建设过程中，江苏产研院探索形成了八项改革举措：一所两制、合同科研、项目经理、团队控股、拨投结合、股权激励、三位一体、集萃大学。截至 2024 年 9 月，江苏产研院已在先进制造、新材料、生物医药、信息技术和能源环保等领域建有专业研究所 80 余家。

三是央企和地方政府共建。即江苏省各级政府与央企联合设立新型研发机构。建设过程中，央企充分发挥产业链供应链资源集成优势，为地区产业发展和转型升级提供支撑，如中国机械总院集团江苏分院有限公司、中国电子科技集团公司第十四研究所无线通信与信息传输技术研究所等。

四是企业或社会组织自发建设。即由企业独建、联合其他机构共建为新型研发机构，具有较强的市场导向性，产业化应用快、科技成果转化顺畅。

（二）分级分类管理，形成功能互补的新型研发机构梯队

江苏省着眼区域创新体系的发展和完善，在新型研发机构群体建设中，通过不同模式的建设和发展思路，形成三大类别的新型研发机构，并针对每类机构采取不同的管理和支持方式方法。

第一类是高能级的战略任务导向型新型研发机构，主要承担国家和区域的重大战略任务。这种类型的新型研发机构由高校院所（不含二级学院、科研团队）与地方政府签订协议共建，江苏省创新能力建设计划中设立了新型研发机构建设专项（10 亿元）进行支持。截至 2023 年年底，共立项支持了 122 家新型研发机构，安排省拨款近 12 亿元，带动社会投入 190 多亿元。

第二类是以促进科技成果转化，支撑区域产业转型升级为核心任务的新型研发机构。这种类型的新型研发机构主要是江苏产研院遴选全球科研团队，合作共建。江苏省政府通过江苏省产研院平台，以建设经费、资源整合服务等方式进行支持，并开展绩效评价。

第三类是以产业研发和转化服务为核心的新型研发机构。这类新型研发机构为市场自发建设。江苏省主要采取后补贴方式进行支持。

（三）省市联动整合资源，促进新型研发机构发展

江苏省对于新型研发机构形成了立体化的政策支持体系。从支持级别上，既有省级层面的专项支持，也有市级及区级层面的配套支持。形成了既有传统的资金、人才、税收、设备、土地等方面的优惠，也有对于新模式探索的鼓励和包容；既有对面向国家和省战略部署的高水平新研机构的支持，也有对嵌入在庞大产业内部、解决现实发展需求的新研机构的引导的政策体系。

江苏省省级层面，一是在江苏省创新能力建设计划中设立新型研发机构建设专项，重点支持中国科学院和国内外著名高校院所等战略科技力量与地方共建、研发领域符合国家重大科技部署和江苏省发展需求、具备承担国家重大战略任务能力的新型研发机构落地建设。二是开展新型研发机构奖补。对符合条件的新型研发机构，按照其上年度非财政经费支持的研发经费支出额度给予奖励，支持新型研发机构开展研发创新活动。三是面向新型研发机构开放省级科技计划项目。将新型研发机构纳入省科技成果转化专项资金、省重点研发计划、省基础研究计划等项目申报主体范畴，2021年全省新型研发机构承担各类计划项目近千项，其中承担国家和省部级科技计划项目占1/3。四是给予新型研发机构与国立科研机构同等政策待遇。例如，2016年江苏省政府出台"科技创新40条"政策，明确提出新型研发机构在项目承担、职称评审、人才引进、建设用地、投融资等方面可享受国有科研机构待遇，提供有关优惠政策；2021年，江苏省科技厅等五部门研究制定了《江苏省"十四五"期间享受科技创新进口税收政策的科研机构名单核定操作细则》，对新型研发机构享受免征进口税收方面给予支持。

市级层面，江苏省多数城市制定了支持新型研发机构的相关政策。其中苏州市在全省率先出台新型研发机构支持政策，2017年制定了《苏州市支持新型研发机构建设实施细则（试行）》；2020年，制定《苏州市推进新型研发机构集群发展的实施细则》，推进新型研发机构"集群工程"建设，机构补助市、市（县）联动支持，比例为1：2；2023年，苏州市五部门联合印发《苏州市新型研发事业单位发现与培育管理办法》，率先在全国构建新型研发事业单位从发现培育到设立登记、评估监管、注销退出的全周期全链条服务管理模式；《苏州市科技创新促进条例》也提出聚焦本市重点产业创新集群及未来产业牵头或者参与建设新型研发机构，赋予新型研发机构更大的科研自主权，探索市场化运作机制与科技创新治理新方式。南京市出台《南京市关于推动新型研发机构高质量发展的管理服务办法（试行）》，江北新区也出台了专门的支持新型研发机构的管理服务办法。泰州市出台《泰州市推进新型研发机构改革发展意见》，计划到2023年，实现重点产业领域、创新关键环节和重点园区新型研发机构"全覆盖"。

（四）鼓励体制机制创新，激发新研创新创业活力

江苏省支持新型研发机构在体现公益性的基础上，进行一系列市场化机制的探索。尤其是依托江苏省产业技术研究院，打造了科技体制改革的"试验田"，在人才引进、科技资金使用、税收缴纳、技术成果分配等方面均进行了先行试验。江苏省政府办公厅还在2023年印发了《关于支持江苏省产业技术研究院改革发展若干政策措施》，提出12条措施支持和推动江苏省产业技术研究院改革发展，进一步提高科技成果转化和产业化水平。江苏产研院主要探索了以下新机制。

"二合一"的组织架构保障公益性和灵活性。江苏产研院本部的"事业单位"身份保障了政府投入建设经费的合法性和科技平台的公益性，也便于提供各类政府支持和指导。但新型研发机构的运作需要借助市场化手段，产研院通过成立平台公司，使院所投资、平台投资等市场化工作开展更加顺畅，从而在竞争中提高决策效率和灵活性，便于抢抓各类机遇。

建立灵活的科研人才引进机制。一是专业化引进创新领军人才。例如，江苏产研院通过项目经理人制度整建制引进产业领军人才在江苏创新创业，在选择项目经理人时，制定了严格的选择标准，要求科研领头人要有产业报国之心和行业影响力，科研团队要复合化和结构化，研发内容要紧密结合地方需求和问题。二是给予科研团队充分自主权。赋予项目经理组建研发团队、决定技术路线、支配使用经费的充分自主权。江苏产研院指派专人服务项目经理团队，提供专业化的市场调研、商业模式论证及项目落地资源对接等服务，帮助项目经理完善团队结构、明确首批研发项目等，与地方园区共建专业研究所或联合实施重大原创性技术创新项目。将企业中常见的项目经理制用于新型研发机构的技术研发上，充分赋权给项目经理，让其按照自己的节奏把控项目，极大激发项目团队的主观积极性。

　　机构运行方面，在全国首创"轻资产运营"模式，保障研究团队的运营权。地方园区、产研院共同提供场地、设备、启动资金等硬条件支持，所有权归属国有；团队、地方园区和江苏省产研院共同现金出资，组建团队控股的轻资产研究所运营公司，研发收益归运营公司所有，增值收益按股权分配；创新团队主要提供技术或服务，打造共性技术平台，但机构若要上市，也可以上市前再回购设备等，为机构的灵活发展创造空间。探索"团队控股"的运行机制，保障研发人员成果所有权、处置权和收益权。践行"研发人员创新劳动同其利益收入对接"的要求，成果所有权、处置权和收益权归属由团队控股的运营公司和科研人员享有更多技术研发升值收益。不仅给予高端研发团队激励，也帮助研究所解决中层团队激励不足的问题，如产研院支持一级合伙公司控股二级合伙公司，调动中层团队的积极性。

　　金融支持方面，通过"拨投结合"实现"解决市场失灵""提高财政资金使用效率""保障研发团队主导权"3个方面目标。在科技项目应用技术研究与产品研发中试阶段，以科技项目立项拨发财政支持资金，充分发挥财政资金在重点产业技术创新项目中的引导作用，解决创业早期难估值和研发资金需求难确定、项目融资难等问题；在项目后期进行市场融资时将项目投入资金与市场同价转成股权，循环支持企业创新，改变财政资金支持科技项目缺乏容错机制、回报收益可持续机制的情况。通过"拨投结合"，先拨后投、适度收益，适时退出的模式，既解决了颠覆性、引领性技术创新项目早期募资市场机制失灵的问题，帮助团队承担创新项目早期研发风险，跨过"死亡之谷"；又充分利用市场机制来确定项目支持强度和获利研发成果的收益，有效提升财政资金使用效率；还将技术增值部分赋予项目团队，以保证团队在项目发展中的主导权。

　　建立紧密结合产业需求的人才联合培养机制。科教融合培养产业创新人才，江苏产研院开展了集萃研究生计划，与多所高校签了战略合作协议，采用校内校外联培模式，并以产业真需求、技术真难题作为人才培养课题，实施校内校外"双导师"、理论实践"双平台"的培养机制，联合培养与产业发展深度融合的实用性人才。

专栏 4–1 江苏省产研院支持研发人员享有科技成果转化收益的相关举措

江苏产研院独立法人性质的专业研究所、产业重大技术创新项目公司使用财政资金取得的科技成果，不涉及影响国家安全、国防安全、公共安全、经济安全、社会稳定等事关国家利益和重大社会公共利益的，成果使用权、处置权、收益权归相应院所、公司所有。科技成果转化收益可依法依规自行处置，不需履行相关报批手续。省产研院及专业研究所转化职务科技成果并以股份或出资比例等形式给予个人奖励时，获奖人可暂不缴纳个人所得税；取得按股份、出资比例分红或转让股权、出资比例所得收入时，按规定缴纳个人所得税。

企业委托省产研院专业研究所进行技术研发所发生的支出，按规定享受企业研发费用加计扣除政策。省产研院、专业研究所和产业重大技术创新项目公司取得的财政拨款，符合规定的，计入不征税收入管理。

（五）加强跨区域和跨领域合作，融入国际创新网络

引导新型研发机构跨区域合作。充分发挥长三角国家技术创新中心的中枢作用，加强长三角内部不同研究机构之间的协同，促进相互学习借鉴，并引导加强与北京、广东等省份的科研平台合作。

引导新型研发机构跨领域合作。引导场景驱动的新型研发机构向学科驱动延伸，结合区域产业发展涉及的重要学科，加强学科方面的布局，促进基础研究和应用基础研究的发展。积极引导应用导向的新研机构，如江苏省产研院与紫金山实验室等省实验室相互合作，形成"学科+场景"联合驱动、"国家战略需求+地方发展需求"双向响应的格局。

三、江苏省新型研发机构的发展成效

（一）围绕产业发展形成了具有规模的新型研发机构群体

根据调研数据，截至 2023 年 3 月，江苏省全省累计培育建设新型研发机构573 家。从类型看，事业单位有 100 多家，民非有 8 家，企业类的有 400 多家；从区域分布看，苏南 400 余家，苏中 60 余家，苏北 100 余家，南京市数量最多，达 200 余家，南京、苏州、徐州、常州、无锡的新型研发机构列入统计名单的数量居全省前 5 位。

这些新型研发机构主要分布在战略性新兴产业领域。其中新一代信息技术产业领域为 159 家，代表性机构为中科南京软件技术研究院、无锡物联网产业研究院、南京紫金山人工智能研究院、常州市工业互联网研究院、北京大学长三角光电科学研究院等。高端装备制造领域 93 家左右，代表性机构为常州固高智能装备技术研究院、大连理工江苏研究院等。新材料领域 81 家，代表性机构为长三角先进材料研究院、北京大学分子工程苏南研究院、江苏集萃先进高分子材料研究所有限公司等；节能环保领域 59 家，生物医药领域 55 家，新能源领域 14 家，新能源汽车 9 家，其中清华大学苏州汽车研究院 10 多年来在技术研发、产业服务、成果转化和企业孵化 4 条赛道上持续深耕，转化 80 多项高市场占有率的科技创新成果，孵化 150 余家创新型企业，市场估值超 400 亿元，成为全省新型研发机构的"排头兵"。

（二）成为区域创新发展的重要支撑力量

江苏省新型研发机构已经形成上可顶天、下能立地的科技力量，为科技强省建设和经济社会发展提供了重要支撑。

产出原创性基础研究成果。部分新型研发机构开展基础研究，获取原创性研究成果。紫金山实验室围绕未来网络、普适通信、内生安全等布局一批重大科研任务，开展基础性、前沿性研究；华中科技大学苏州脑空间信息研究院面向脑与类脑智能研究的重大科学前沿，开展以自主原创技术为核心的规模化高分辨全脑连接图谱研究，为攻克脑疾病与发展类脑智能技术提供支撑。

供给产业共性技术。部分新型研发机构聚焦产业发展需求，攻关产业共性技术，解决"卡脖子"问题，如中科南京软件技术研究院针对开源软件供应存在的风险，联合中国科学院软件研究所共同建设开源软件供应链重大基础设施"源图"，建设国内首个开源软件采集存储、开发测试、集成发布、运维升级一体化设施，打造服务全球的开源代码知识图谱开源软件供应链体系，已实现芯片、操作系统、机器人等 11 个重大产业的软件供应链安全保障，实现通信、智能制造、金融等 12 个重要行业的开源软件供应链推荐优化。

孵育产业创新集群。新型研发机构发挥带动和集聚效应，聚焦产业发展进一步吸引集聚创新资源和产业要素，完善创新服务链，为产业创新集群培育发展提供支撑。苏州工业园围绕纳米产业引进了东南大学苏州研究院、西安交通大学苏州研究院、中国科学院电子学研究所苏州研究院等 20 多家新型研发机构，集聚纳米领军人才 300 多人、企业 700 多家，成为全球八大纳米技术产业集聚区之一。无锡高新区吸引了中科院系统与物联网相关的 10 多个研发机构进驻，物联网研发机构总数达 40 余家，引进物联网高层次人才 2000 余人，产业营收超过 2000 亿元，成为国家创新型集群试点产业。

服务企业创新发展。新型研发机构以企业需求为导向，开展合同研发、成果转化、技术服务、技术转移和人才培养，全省新型研发机构集聚研发人才近 2 万人，年开展技术服务 5 万多次，有力促进了企业创新能力提升，对于全省产业转型升级提供了重要支撑。

（胡贝贝　朱常海　韩希萌　张路娜　朱　江　魏洋楠）

第五章
我国新型研发机构建设案例

第一节 广东华中科技大学工业技术学院

一、基本情况

（一）建院背景

2007年，广东省科技厅、华中科技大学和东莞市政府联合建立东莞华中科技大学制造工程研究院（简称"华科工研院"）。华科工研院按照"事业单位，企业化运作"的新模式组建，东莞市以土地、建筑物作价投入1.2亿元，华中科技大学以技术、知识产权和人才入股，双方各占50%股份，广东省科技厅发挥协调、支持和监督作用[①]。华科工研院的设立旨在推动区域创新体系建设，提升广东省制造业的技术创新能力和综合竞争力，促进产业转型和升级。

为扩大服务范围，提升服务能级，从原来主要服务东莞制造工程产业，拓展至服务广东工业技术产业转型升级，华科工研院于2015年8月19日正式更名为"广东华中科技大学工业技术研究院"（图5-1）。

---

① 数据来源：曾铁城.东莞华中科技大学制造工程研究院创新发展的经验与启示［J］.科技和产业，2017，17（7）：116-119.

图 5-1 广东华中科技大学工业技术研究院大楼外景[①]

（二）使命与定位

作为东莞市在松山湖建设的首批重大科研机构，华科工研院的目标使命是满足东莞市制造业转型升级的发展需求，同时以华中科技大学的专业优势为基础，将学校的科研成果进行工程化开发，为当地新产业的培育播下"秧苗"。华科工研院定位为集科技创新、技术服务、产业孵化与人才培养于一身的公共平台，始终坚持"创新是立足之本、创造是生存之道、创业是发展之路"的理念，在发展建设上突出"团队建设专职化、产品研发高端化、技术服务规模化、产业孵化链条化、体制机制灵活化"的特色[1]。

---

① 图片来源：刘启强，黄丽华.广东华科大工研院：创新机制体制创造无限可能 [J].广东科技，2018，27（4）：30-33.

（三）组织架构

华科工研院实行理事会领导下的院长负责制，理事长由中国科学院院士、华中科技大学校长担任，理事会成员由华中科技大学及东莞市相关部门负责人组成，院长由张国军教授担任，日常管理由常务副院长负责①。理事会下设技术咨询委员会、院务委员会（院务会）和企业顾问委员会（图5-2）。

院务会下设以下几个功能板块：

①在技术研发板块，作为广东省制造装备数字化重点实验室的建设主体，下设基础研究部、无人艇团队、3C团队、陶瓷团队和自动化事业部；

②在技术服务板块，下设检测服务中心和测量服务中心；

③在成果转化板块，主要有东莞华科工研高新技术投资有限公司（工研投资）、产业化实体公司东莞松湖华科产业孵化有限公司（松湖华科）等成果转化平台，以及东莞小豚智能技术有限公司、广东思谷智能技术有限公司等产业化实体公司；

④在人才培养板块，下设博士后工作站、省博士工作站、东莞研究生工作站和大学生实习基地；

⑤在公共服务板块，下设院务部、项目管理部、财务部、投资部和对外合作部。

（四）发展历程

2007年5月，华中科技大学校长李培根院士、东莞市常务副市长冷晓明主持召开华科工研院第一届理事会第一次会议，李斌教授任院长。

2008年10月，华科工研院被认定为"广东省教育部产学研结合示范基地"。

2009年9月，华科工研院研发大楼及技术服务大楼竣工。

2009年11月，华科工研院院长邵新宇教授荣获"首届中国产学研合作创新奖"。

2010年9月，华科工研院产业园区动工建设。

2012年7月，中央电视台《焦点访谈》将华科工研院作为新型研发机构的典型进行了专题报道。

2013年6月，华科工研院首支股权投资基金诞生。

2014年12月，华科工研院牵头成立广东智能机器人产业技术创新联盟。

---

① 资料来源：曾铁城.东莞华中科技大学制造工程研究院创新发展的经验与启示［J］.科技和产业，2017，17（7）：116-119.

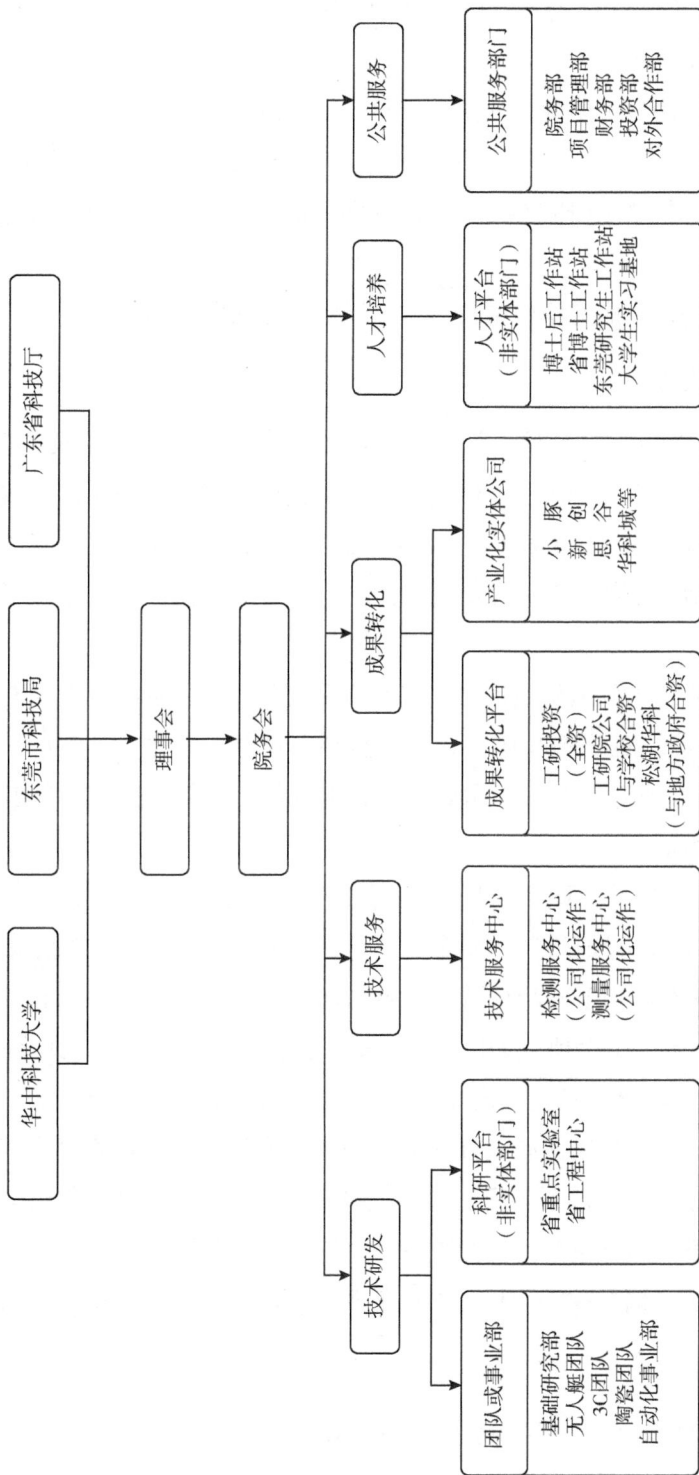

图 5-2 华科工研院组织架构

（资料来源：华科工研院官网，引用日期 2024 年 4 月 11 日）

広东省科技厅

东莞市科技局

华中科技大学

理事会

院务会

技术研发

团队或事业部
- 基础研究部
- 无人艇团队
- 3C团队
- 陶瓷团队
- 自动化事业部

科研平台
（非实体部门）
- 省重点实验室
- 省工程中心

技术服务

技术服务中心
- 检测服务中心（公司化运作）
- 测量服务中心（公司化运作）

成果转化

成果转化平台
- 工研投资（全资）
- 工研院公司（与学校合资）
- 松湖华科（与地方政府合资）

产业化实体公司
- 小豚
- 思创
- 新合
- 华科城等

人才培养

人才平台
（非实体部门）
- 博士后工作站
- 省博士工作站
- 东莞研究生工作站
- 大学生实习基地

公共服务

公共服务部门
- 院务部
- 项目管理部
- 财务部
- 投资部
- 对外合作部

2015 年 6 月，华科工研院正式更名为"广东华中科技大学工业技术研究院"，成功升级为省级研究院。

2015 年 9 月，华科工研院获批博士后科研工作站。

2015 年 12 月，参与共建横沥协同创新中心，李克强总理做出重要批示。

2017 年 1 月，华科工研院参与建设的横沥镇协同创新中心喜获广东省科技进步奖特等奖。

2017 年，东莞市政府与华中科技大学开展研究生联合培养合作。

（五）发展成效

经过 15 年发展，华科工研院成就卓著。2012 年，《人民日报》、中央电视台《焦点访谈》专题介绍了华科工研院在体制机制等方面的积极改革和卓越成效，华科工研院被誉为"全国新型研发机构的典型代表"。《科技日报》赞誉其"给广东科研体制带来了活力和新风"，《南方日报》则高度评价是"真正融合了科研与生产的'两张皮'"。

在人才集聚上，华科工研院持续引进高水平海外团队，拥有一支 600 余人的技术团队和 1000 余人的产业化团队，其中包括国家领军人才专家、长江学者、国家杰出青年、海外创新人才等高层次人才，同时获批 1 支国家重点领域创新团队，7 支广东省创新团队[①]。

在技术创新上，华科工研院累计承担国家级项目 8 项，省级项目 93 项，市级项目 37 项；累计建设了 30 个科研与成果转化平台，其中国家级 13 个，省级 12 个，市级 5 个；累计申请各类知识产权 600 余件，参与起草了云制造、射频、车间制造执行数字化通用要求等标准 40 余项，其中 19 项国家标准、1 项军用标准、1 项行业标准、在自然杂志子刊 *Nature Physics* 等国内外核心期刊上发表高水平论文 190 余篇[②]。

在平台建设上，华科工研院获批东莞第一个国家创新人才培养示范基地，建成东莞第一支国家重点领域创新团队，东莞第一个国家技术转移示范机构，东莞第一个教育部产学研结合基地，东莞唯一一个连续 5 年获评 A 类的国家级科技企业孵化器。发起了全国数控一代机械产品创新应用示范工程，建设了全国电机能

---

① 数据来源："两院"来广科，合作再升级！ https://mp.weixin.qq.com/s/UI522SqQNLT69p2bWioyLQ.

② 数据来源：张国军和他的"苹果军团"，https://new.qq.com/rain/a/20191127A09YAH00.

效提升示范点、全国智能制造现场会唯一示范点，为 10 000 余家企业提供了完善规范的高端技术服务 ①。

在企业孵化上，华科工研院创建华科城科技孵化器品牌，截至 2021 年年末已建成 9 个工业园区，孵化面积达到 500 000 平方米，已累计孵化 898 家，其中包含 70 家自主创办企业、62 家高新技术企业（占松山湖总数 10.6%）、1 家创业板上市企业、7 家新三板挂牌企业（占松山湖总数 22%）和 2 家上市后备企业（占松山湖总数 8.8%）②。华科工研院是全国拥有 4 家国家级孵化器（华科城·松湖华科、华科城·大岭山、华科城·道滘、华科城·石碣）的十家单位之一。

二、华科工研院的五个模式创新

（一）"三无三有"的体制运作模式

华科工研院重视以体制创新激发组织活力，提升发展绩效。华科工研院在"事业单位、企业化运作"的基本模式之上深化探索，提出了 "三无三有"的体制运作模式，即无级别、无编制、无固定运行费；有政府大力支持、有市场化盈利能力、有"创新创业与创富相结合"的激励机制（图 5-3）。

"创新创业与创富相结合"的激励机制方面，华科工研院通过"产权和经营权分开"的制度设计，激励科研队伍的工作热情。华科工研院还在松山湖率先出台无形资产评估激励制度，"在科研团队孵化企业时，知识产权形成的无形资产价值 50% ～ 70% 归创造该知识产权的团队所有"。华科工研院的这些探索极大地提高了研发人员的积极性，释放了人才价值。

---

① 数据来源：再出发丨工研院：聚焦"科技创新＋先进制造"，服务东莞产业发展，https://mp.weixin.qq.com/s?__biz＝MjM5NzQ1Mjc3OQ＝＝&mid＝2659268623&idx＝5&sn＝729fddb9d3afea83816802289291665f&chksm＝bdac568b8adbdf9d8ee8bc4013ed8b923b1c3288355317a4d7c0a4f08bd223a3333c3fc9d2cb&scene＝27.

② 数据来源：《叶青看财经：16 家研究院：华科大火力全开》，https://mp.weixin.qq.com/s?__biz＝MzIzNzc3NjY0NQ＝＝&mid＝2247536661&idx＝1&sn＝9e41bcc42b8520591bda6b71eb1cc33d&chksm＝e8c16a7fdfb6e369ccdf47b3ff218948af38ca460e8e4fb348bf32b92c4e1a16937ad6e8e6bf&scene＝27.

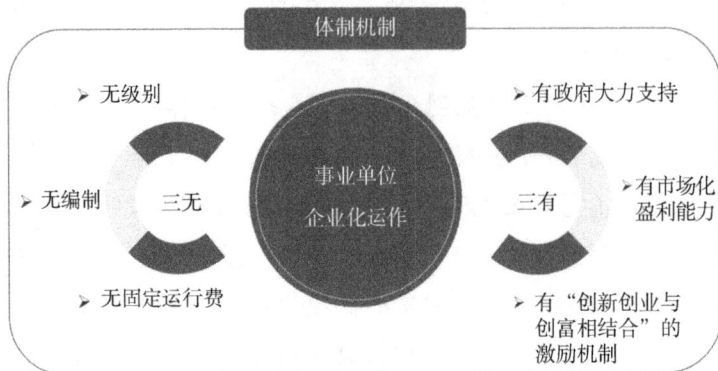

图 5-3　"三无三有"的新型体制机制

（二）"青苹果-红苹果-苹果林"的科技创新模式

华科工研院高度重视科技成果的工程化应用，提出了"青苹果-红苹果-苹果林"的"苹果论"。"青苹果-红苹果-苹果林"即对应"样品-产品-产业"。这一科技创新模式是指打通创业服务链条，把高校好看不好吃的"青苹果"变成好看又好吃的"红苹果"，在"红苹果"的基础上，通过延链补链，发展系列化、多元化配套产品，形成"苹果树"，再变成产业集群的"苹果林"，甚至进一步发展"苹果商"。

那么"青苹果"是怎样走出实验室、变成货架上的"红苹果"的？现任华科工研院院长张国军曾讲过一个故事[2]。2014 年的广交会上，有一款备受青睐的智能机器人产品"易步车"，它的雏形是华中科技大学学生的小发明。华科工研院为该项目组织了一个 20 多人的科研团队，经过两年攻关，"青苹果"终于成熟，一位希望从传统模具行业转型的东莞老板看中了这个"红苹果"，出资 500 万元与华科工研院一起成立了易步机器人公司。"易步车"2011 年开始量产，至今已形成 3 亿元以上产值，产品在全球 80 多个国家销售。

"红苹果"又是如何形成"苹果树"的？以华中科技大学的一项国家"863"重大专项成果——RFID 全自动封装生产线的样机为例[2]，华科工研院将这个"青苹果"开发成为"红苹果"。在珠三角企业投入使用后，华科工研院又结合广东省发展物联网产业的需求，自主开发了电子标签、超高频读写器等核心产品，从而使单个"红苹果"转变为物联网产业的"苹果树"，形成了全方位研发和产业化体系。

（三）"近亲-远亲-远邻"的人才汇聚模式

在产学研合作中，华科工研院探索出了独具特色的"近亲-远亲-远邻"人才汇聚模式[3]，吸引了一批高端人才团队的研究成果转化落地松山湖，构成"院士牵头、专职队伍为主、海外团队补充"的队伍体系[4]（图5-4）。

图5-4　"近亲-远亲-远邻"的人才汇聚模式

"近亲"：华科工研院刚刚成立时的30余名员工大多是学校的老师和研究生，这属于"近亲"，主要是指华中科技大学院士教授牵头的技术团队。

"远亲"：华科工研院作为开放式的研发和产业化平台，随着规模和品牌的壮大，逐渐吸引了华南理工大学、中国科技大学、哈尔滨工程大学、西安交通大学等全国各大高校优秀人才来此发展，这些来自非华中科技大学的其他高校科研院所系统的人才，属于"远亲"。

"远邻"：在上述人才储备的基础上，华科工研院还积极引进中国香港、美国等地的创新团队共同为地方经济服务。华科工研院先后引进了以香港科技大学李泽湘教授为带头人的运动控制创新团队，COGNEX公司第一代工业相机发明人、美国乔治亚理工学院李国民教授牵头的智能感知团队，IEEE计算智能大会总主席、香港中文大学王钧教授牵头的无人艇团队……，这些国际化的人才团队称之为"远邻"人才。

（四）"近距离-零距离-负距离"的技术服务模式

华科工研院旨在推动区域创新体系建设，提升广东省制造业的技术创新能力和综合竞争力，但如何将华中科技大学在制造学科的优势资源服务广东本地呢？为解决这一问题，华科工研院创建了"近距离－零距离－负距离"的技术服务模式[3]，打通了武汉到东莞之间的地理距离。

"近距离"：华中科技大学在建设华科工研院的同时，把制造学科的六大国家级研究平台，包括制造装备数字化国家工程研究中心、国家数控系统工程技术研究中心、国家CAD支撑软件工程技术研究中心等引入广东，在东莞建立分中心或分室，拉近了学校成果与企业需求的距离，拉近了科技与经济的距离，此谓"近距离"。

"零距离"：研究院还建设了东莞科技平台唯一一个省级重点实验室，牵头组织建设了广东战略性新兴产业（物联网）基地。随后华中科技大学和华科工研院又派遣了一批科技特派员，长期入驻企业，开展端对端科技服务工作，实现"零距离"服务。

"负距离"：华科工研院除了主动走向企业，同时还通过组建产品设计、精密加工、性能检测和物联网应用等技术服务中心，集合设备、技术、人才等优势，为企业提供集中式全过程高端技术服务，并实现了企业主动联系上门的"负距离"技术服务。目前，华科工研院通过集中式服务中心，已为华为、美的、劲胜等龙头企业及4000多家中小微企业提供了新产品设计、精密加工、出口检测等高端服务。其中的注塑机节能改造在东莞的市场占有率达60%，服务企业数量名列榜首。

（五）"保姆－伙伴－向导"的产业发展模式

从作为支撑地方产业转型升级的"保姆"，支持传统产业做"企业做不好的事"；到紧贴新兴产业发展趋势，作为"伙伴"协同创新做"企业做不了的事"；再到开展前沿技术研究，作为"向导"引领区域科技创新发展，做"企业想不到的事"，华科工研院总结摸索了一套"保姆－伙伴－向导"的产业发展模式[3]。

"保姆"：在助推传统产业升级上，华科工研院就像是"保姆"一样，着力为企业做好服务，帮助企业改造设备，提升管理。例如，"一体化毛纺编织机""高速木材复合加工中心"等装备，就是华科工研院专门针对东莞大朗的纺织业和厚街的家具生产等传统产业设备落后的现状自主研发的，在一定程度上改变了传统产业生产设备严重依赖进口的局面，降低了企业成本，提升了企业生产效率。

"伙伴"：在发展新兴战略产业上，华科工研院将自身的技术优势与企业的市场开拓能力和生产管理经验结合起来，双方结成"伙伴"共同发展。例如，华科工研院针对东莞发展 LED 的战略需求，与广东志成冠军有限公司联合起来组建了广东志成华科光电设备有限公司，进行了 LED 检测机、LED 分选机的产品研发与生产，并在塘厦建设了生产基地。

"向导"：华科工研院不仅推动产业升级转型，还扮演"向导"角色，积极引领未来产业发展。华科工研院利用自身多通道融合显示技术优势，致力于图形图像显示和集中控制技术的应用研究，自主研发的"机电控制与多媒体融合系统"，不仅在 2010 年世博会北京馆成功应用，使得北京馆成为世博会唯一具备"变形"功能的展馆，同时在世博会中国国家馆、阿根廷馆、安哥拉馆、非洲五国联合馆、新疆馆等 15 个场馆中也进行了成功应用。

三、经验启示

（一）新型研发机构如何激发人才活力？

1. 出台无形资产评估激励制度

2010 年，华科工研院首次提出了无形资产评估激励制度，即对无形资产的奖励机制，并由理事会审议通过，"以科研团队为单位进行企业孵化时，知识产权形成的无形资产价值的 50%～70% 归属于创造该知识产权的科研团队所有"[①]，新型研发机构的很多资产，尤其是科研人员的才能都是无形资产，对无形资产价值的认可，是新型研发机构发展的前提，也是关键，华科工研院探索的对无形资产的评估激励制度，实际上是所有新型研发机构都需要探索建立并不断完善的基础制度安排。

2. 推行团队股权激励机制

对团队以技术成果入股的，经评估后，华科工研院可将最多达 70% 的股权给予团队或个人[5]。这一政策最大限度地保证了创新团队的利益，使创新人才不仅拥有荣誉和地位，也同样拥有财富。

---

① 数据来源：新型研发平台"聚木成林"孕育新动能，https://new.qq.com/rain/a/20210422A035QJ00.

新型研发机构的发展绩效，本质上来自平台上人才的聪明才智，谁能够更有效地激励人才，谁才能有可能将人才价值转变为产业价值、经济价值和社会价值。因此，新型研发机构要持续探索人才激励的"好办法"，通过实行股权激励，将创新绩效直接与利益分配挂钩，有利于建立利益共享的工作机制，有效激发科技人员的积极性。

3.实施多元化人才评价机制

华科工研院打破传统人才评价模式，秉持"不唯学历看能力、不唯职称看技术、不唯资历看业绩、不唯身份看素质"的原则，建立了一种以能力和业绩为导向的多主体、多角度、多形式的多元化评价机制。为此，华科工研院组建了技术专家委员会、产业专家委员会、投资专家委员会，在引进创新人才和团队考评时进行多角度评价[5]。

新型研发机构要"不拘一格降人才"，在考查创新人才时，除了业务技能、科研能力外，其他影响人才发展潜力的因素，如人才的诚信度、创造力、实践力等也应列入考量的范围，同时针对不同类型、不同领域、不同层次的创新人才应采取差异化、多元化的评价机制。

（二）新型研发机构如何服务产业发展？

1.瞄准市场，提供需求导向的研发

华科工研院专门针对东莞大朗的纺织业、厚街的家具生产等传统产业设备落后的现状，自主研发了"一体化毛纺编织机""高速木材复合加工中心"等装备，助推传统产业升级。此外，华科工研院还瞄准东莞发展 LED 的战略需求，与广东志成冠军有限公司联合组建了广东志成华科光电设备有限公司，进行 LED 检测机、LED 分选机的产品研发与生产[3]，充分结合自身的技术优势与企业的市场经验。

新型研发机构的最终落脚点是产业发展。瞄准市场需求，提供需求导向的研发，新型研发机构才能掌握市场化运作和"自我造血"的秘诀。在具体方式上，新型研发机构可通过与行业龙头企业共同成立研发中心、联合组建公司、深入走访企业、派遣科技专员长期入驻企业等方式准确把握市场需求，提供更有针对性的技术服务。

2.搭建公共（共性）技术服务平台

针对东莞制造业企业的共性需求，华科工研院在松山湖建立了设计、检测、测量、知识产权等六大集中式技术服务中心，为企业提供一站式技术服务，获得国内外检测资质 2000 余项，资质居东莞首位，全省前三位，为 20 000 多家企业提供了高端技术服务 [①]，实现了有品牌、规模化、有影响的技术服务。

在更好地疏通产学研合作壁垒，以此解决行业共性问题上，搭建专业的公共技术服务平台是一种破题思路。新型研发机构依托高校院所、金融机构、服务机构等资源，聚焦地方产业共性技术需求搭建公共技术服务平台，能有效帮助企业规避技术风险、降低开发成本、缩短研发周期和提高创新效率，更好地服务区域产业发展需求。

第二节　中国科学院深圳先进技术研究院

一、基本情况

（一）成立背景

中国科学院深圳先进技术研究院（简称"深圳先进院"）于 2006 年 2 月成立，是经中国科学院、深圳市人民政府及香港中文大学三方谋划共建的事业单位，是深圳首个国立科研机构，也是国内首家以集成技术为学科方向的从事现代服务业、自主创新研发的科研机构 [6]。时任中国科学院计算技术研究所副所长的樊建平受命出任深圳先进院筹备组组长，联合香港中文大学全职或兼职引进的多名国际知名的香港教授，组建集成技术研究所，成立研究中心。

深圳先进院在建设发展中采用了新型管理体制和运行模式。坚持事业单位企业化运作模式，既作为中国科学院下设研究单元，由其任命委派院长、遵从相应规章制度，实行理事会领导下的院长负责制，同时又注册为深圳市事业单位法人，实行企业化管理，采用定编不定人的全员聘用制。深圳先进院形成了以科研为主，集科研、教育、产业、资本为一体的功能体系，不但作为中国科学院院所担当国家任务，同时作为地方新型研发机构，在区域创新发展中发挥出重要的作用和价值，已然成为我国新型研发机构的一面旗帜。

---

① 数据来源：工研院 | 筑梦前行，智造未来，http://imtonline.cn/news/115.html.

（二）使命愿景与目标定位

深圳先进院作为科研院所、高等院校和地方政府联合共建的科研机构，是中国科学院科技布局调整、深圳建设创新型城市、加深香港与内地合作的重大举措[7]。自成立之初，深圳先进院就结合中国科学院办院方针，针对深圳经济特区的背景，将自身使命和愿景设定为"提升粤港地区及我国先进制造业和现代服务业的自主创新能力，推动我国自主知识产权新工业的建立，成为国际一流的工业研究院"。

同时，深圳先进院还制定了"一个引领，两个接轨，三个一流，四个能力"的发展目标。"一个引领"是高屋建瓴的宏伟目标，提出深圳先进院作为深圳第一个国立科研机构[7]，要在国家和区域创新活动中发挥引领作用。"两个接轨"明确了深圳先进院要始终坚持"顶天立地"，在学术上与国际接轨，同时研发成果要与区域产业接轨的发展思路。"三个一流"是指深圳先进院要发挥中国科学院、深圳市、香港中文大学三方共建优势，筑牢国际一流工业研究院建设三大根基。"四个能力"则在实施层面提出了提高先进制造业和现代服务业自主创新能力的实施路径。

一个引领：在国家创新体系和区域源头创新活动中起骨干和引领作用，包括核心技术、产业共性技术、人才教育、企业孵化等多方面的示范作用，成为新型国家研究机构的典范。

两个接轨：与国际学术水平接轨、与珠三角的产业接轨，是实现"一个引领"的前提条件，"顶天"才能"立地"。

三个一流：人才一流、科研一流、管理一流，是实现"两个接轨"的基础。

四个能力：发挥学科交叉特色，形成集成创新优势，建立经济预测机制，培养市场拓展能力。

（三）发展历程与发展成效

自成立以来，深圳先进院围绕主责主业，一步一个脚印，蓄势发展。

2006年1月10日，中国科学院院长路甬祥与深圳市委书记李鸿忠决策共建深圳先进院；2006年2月24日，中国科学院、深圳市人民政府签署共建深圳先进院备忘录；2006年9月22日，中国科学院、深圳市人民政府签署《中国科学院、深圳市人民政府共建中国科学院深圳先进技术研究院协议书》，中国科学院、深圳市人民政府、香港中文大学三方签订了《中国科学院、深圳市人民政府、香港中文大学共建中国科学院香港中文大学深圳先进集成技术研究所协议书》。

2006年9月，深圳先进院在西丽园区划拨的5.1万平方米的土地上，陆续组建高性能计算研究中心、智能仿生研究中心、集成电子研究中心等。深圳先进院的发展开始以"深圳速度"步入快车道。

2009年3月，院市双方达成协议，启动先进院新工业育成中心建设。2010年8月，中国科学院深圳现代产业技术创新和育成中心在蛇口正式开园，并设立10亿元产业基金，开始面向产业提供育成服务。

2009年3月，由深圳先进院牵头建设的深圳市机器人协会正式成立；2014年，深圳先进院牵头创立了中国第一个机器人产业协会及产业联盟，建立了中国第一个机器人孵化器，创立了中科创客学院，打造服务机器人产业集群和孵化基地，有效催生和壮大机器人新工业[8]。

2013年，深圳先进院建设深圳北斗应用技术研究院，自此开启外溢机构建设。

2013年6月，中国科学院大学第一所揭牌的专业学院——"中国科学院大学深圳先进技术学院"正式成立；2015年，获批全国博士后工作站[9]，深圳先进院的人才教育培养体系初步形成。

2018年11月16日，深圳市人民政府与中国科学院在深签署《合作共建中国科学院深圳理工大学协议书》，依托深圳先进院及中国科学院在粤科研力量建设中国科学院深圳理工大学（暂定名，简称"中科院深理工"）。这是深圳先进院进一步发挥产学研深度融合创新优势的重要举措。

经过十几年的发展，深圳先进院在人才引聚和培养、科研成果产出、成果转化和创业孵化等方面取得了显著的成绩。

在科研活动及成果产出方面，深圳先进院已从早期以集成技术活动为主，到今天布局机器人与人工智能、生物医学工程、生物医药、脑科学、合成生物学、先进材料、碳中和等前沿学科，承担项目经累计超140亿元①，且在众多科技领

---

① 数据来源：中科院深圳先进院公众号.《深圳先进院这十年：从新型科研机构成长为国家战略科技力量》. https://mp.weixin.qq.com/s/kh5WNvHPMSZnLk9KZSES-g.

域实现了由"跟跑"到"并跑",甚至在生物医学工程、脑科学、合成生物学、生物医药、精准医疗与营养等领域实现"领跑"的重大跃升。截至 2020 年年底,深圳先进院累计发表专业论文 11 638 篇,较 2011 年翻了四倍;累计申请专利 10 491 件,授权专利 4255 件。2020 年,PCT 专利申请数达 567 件,连续两年排名全球科教机构第一[①]。

在人才队伍建设方面,截至 2020 年年底,深圳先进院人员规模达 4905 人(员工 2757 人)[②]。其中,全职院士 13 人,国家级人才 140 余人,国家杰出青年、国家优秀青年 38 人,中国科学院和省市级人才超 1000 人次[③],海归人才 903 人,国际化高水平师资人才 428 名。职工平均年龄仅 33 岁,是一支充满活力的国际化人才队伍。

在成果转化和创业孵化方面,深圳先进院坚持面向产业开展研发,致力于孵化新产业和推动传统产业升级。与华为、中兴、创维等多家知名企业签订工业委托开发及成果转化合同超 700 个,与企业共建联合实验室百余个,合作开展产学研项目申报超过 800 个[④],产业化收入金额累计近 29 亿元,并通过创业投资基金、孵化器等的建设,持续开展创业孵化服务。截至 2021 年年底,深圳先进院累计孵化企业超 1300 家,持股 323 家,累计对外投资 7.46 亿元,股权估值 112 亿元[⑤]。

在人才培养方面,深圳先进院积极思考与探索人才培养的新模式,探索"科教融合"新型体制机制。现全院累计培养研究生 9000 余人,与先进院联合培养学生的高校已有 36 所,学生就业率达到 100%,培养的毕业生获产业界和学术界

[①] 数据来源:根据深圳先进院官网数据及中科院深圳先进院公众号.《深圳先进院这十年:从新型科研机构成长为国家战略科技力量》. https://mp.weixin.qq.com/s/kh5WNvHPMSZnLk9KZSES-g 整理.

[②] 数据来源:人民资讯. 深圳先进院和深理工全球前 2% 顶尖科学家新增 11 人,累计入榜 40 人. https://baijiahao.baidu.com/s?id=1728358890514794387&wfr=spider&for=pc.

[③] 数据来源:深圳商报. 深圳先进院、深理工 62 位学者入选"全球前 2%". https://www.sznews.com/news/content/2022-10/28/content_25423845.htm.

[④] 数据来源:深圳先进院官网转移转化栏. https://www.siat.ac.cn/cyh2016/zyzh2016/.

[⑤] 数据来源:读创.《科技成果实现"批发"转化,深圳市政协调研深圳先进院"知产"如何变"资产"》. https://baijiahao.baidu.com/s?id=1737705204518527002&wfr=spider&for=pc.

认可[①]。

二、运行管理

（一）理事会和国立科研机构共同主导的双轨制

深圳先进院于 2009 年正式完成三方验收，并获中编办批准纳入国家研究院所序列，隶属于中国科学院。作为中国科学院下属的事业单位，深圳先进院需要遵从中国科学院的相应规章制度。例如，其资产管理需要按照中国科学院的规定执行[10]。

但与此同时，在参考国际成熟做法基础上，深圳先进院三方共建单位就深圳先进院采用"理事会领导下的院长负责制"的管理模式达成共识，并在《共建中国科学院深圳先进技术研究院协议书》中明确规定深圳先进院实行理事会制度。

基于这种管理和决策机制，共建三方之间可以形成权力制衡关系，对机构发展方向和定位等重大问题进行决策，保证了机构本身的社会公益性，并避免机构的发展与预期出现太大偏离。同时，这种决策机制也突破了传统的国立科研机构体制机制束缚，更加具有灵活性，有利于深圳先进院围绕组织目标，以市场为导向，开展创新探索。

（二）围绕"产、学、研"形成平台型组织架构

深圳先进院在理事会之下，平行设置 10 个科研部门，9 个管理支撑部门，10 家外溢机构[②]、3 个创新平台[③]（图 5-5）。除此之外，深圳先进院还与深圳市政府合作，建设了中国科学院深圳理工大学[④] 等教育平台。

这种组织架构将深圳先进院的科学研究单元、人才培养单位与产业化单位共同放置在深圳先进院这一框架之下，搭建扁平化的产学研对接通道，有利于产研、产教、科教、研学的融通融合发展。

---

① 资料来源：深圳先进院官网–教育概况. https://www.siat.ac.cn/yjsjy2016/jygk2016/.

② 外溢机构为独立法人机构。

③ 创新平台部分为独立法人机构。

④ 中国科学院深圳理工大学为独立法人机构。

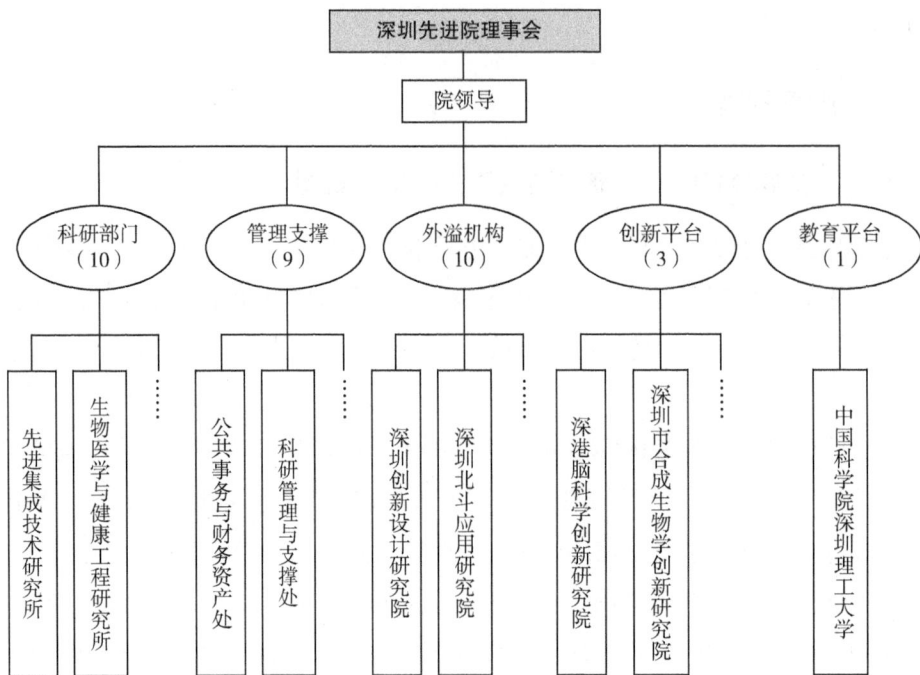

图 5-5　深圳先进院组织架构

（资料来源：根据深圳先进院官网等网络公开信息整理，整理时间 2022 年 9 月 26 日）

（三）IBT 两位一体业务布局

信息技术（Infotechnology，IT）和生物技术（Biotechnology，BT）都是影响人类未来发展的技术，前者是过去数十年全球发展的重要推动力，后者则是各国一致看好的未来具有巨大发展潜力的领域，IT 与 BT 两个领域越来越显示出交叉融合发展的趋势。

深圳先进院坚持聚焦科技创新需求，围绕 IT 与 BT 的交叉融合，结合深圳市战略性新兴产业，推进科学研究与产业发展一体设计，布局生物医学工程、合成生物学等七大研究领域，致力于在生命健康领域提供新方法、新工具和新材料（图 5-6）。

这种业务布局，将国家战略需求与深圳市区域产业发展紧密衔接，是深圳先进院在国家创新体系和区域源头创新中担当责任和发挥作用的核心表现。

图 5-6　深圳先进院业务构成

（资料来源：图片来自深圳先进院官网 IBT 构成介绍 . https://www.siat.ac.cn/kxyj2016/ibtjs2016/）

（四）探索创新链与产业链深度融合的业务活动组织模式

1. 线性模式——"布什范式"

深圳先进院探索构建产业与资本紧密结合的运营模式和创新生态，利用"布什范式"线性模型，从基础研究到应用研究，再到产业开发，形成从科学发现到技术创新的单向流动。以机器人领域的实践为例，深圳先进院组成多学科交叉团队，着力攻关和产出一批具有前瞻性、基础性和原创性的研究成果，通过核心技术系统集成，研发智能机器人，进而在产业联盟的产业化运作下，实现市场化推广（图5-7）。

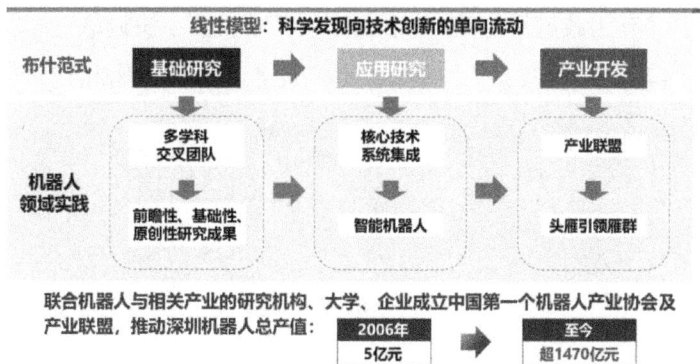

图 5-7　深圳先进院"布什范式"图解

（资料来源：图片来自樊建平院长讲话 . https://baijiahao.baidu.com/s?id=1736136918278141279&wfr=spider&for=pc）

2.线性模式——"巴斯德范式"

深圳先进院还积极探索"巴斯德范式"下的反向流动,通过应用引发基础研究。在集成电路领域,深圳先进院着眼集成电路生产难的问题,攻克五大"卡脖子"材料,成功实现芯片应用。通过科学知识与商业价值合二为一的双向流动,推动产业化"源头对接模式"的发展[11](图5-8)。

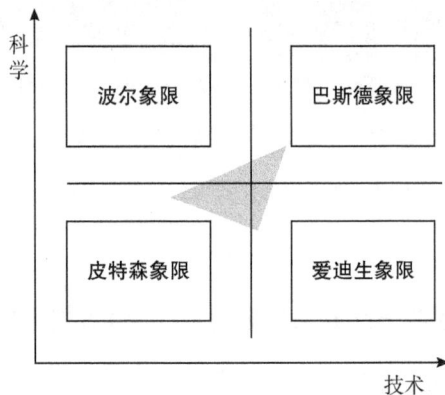

图5-8 深圳先进院"巴斯德范式"图解

3.非线性模式——"蝴蝶模式"

深圳先进院创造性地提出"蝴蝶模、式",以新型研究型大学或科研院所为"蝶头",以基础研究机构为"蝶胸",科教融合,突出"0-1"的原始创新;以重大科技基础设施和"楼上楼下"创新创业综合体为"蝶腹",科产衔接,助力"1-10"的成果转化;以"有为政府"和"有效市场"为双"蝶翅",协调联动,驱动"10-∞"的能级跃升,科学和产业两只"巨手"跨越"死亡之谷"紧密相连[12](图5-9)。

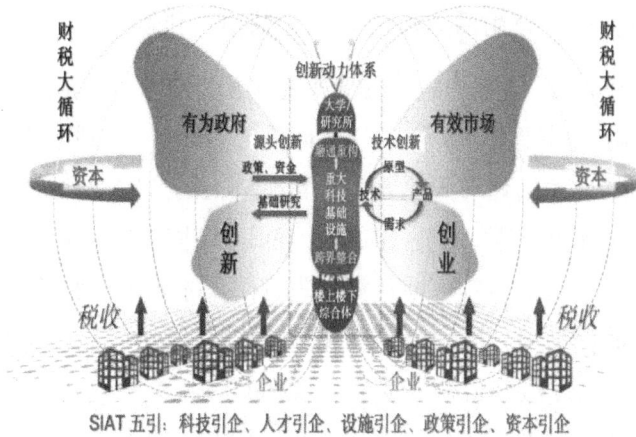

图 5-9　深圳先进院"蝴蝶模式"图解

（资料来源：图片来自中科院深圳先进院微信公众号.《深圳先进院这十年：从新型科研机构成长为国家战略科技力量》. https://mp.weixin.qq.com/s/kh5WNvHPMSZnLk9KZSES-g）

专栏 5-1　"楼上楼下"创新中心

深圳先进院通过"楼上楼下"创新中心打通创新链和产业链，打造成果高效转化新机制。通过承担深圳市重大基础设施建设工程，持续拓宽基础研究领域，重视基础研究在创新链和产业链中的核心作用，实现产学研协同创新。以深圳市合成生物重大基础设施为例，深圳市工程生物产业创新中心采用楼上开展原始创新，楼下进行工程技术开发和中试，进行创新创业综合体探索（图 5-10）。

图 5-10　深圳先进院"楼上楼下"创新中心图解

（五）灵活多样、充满活力、动态优化的用人机制

人才编制管理方面，深圳先进院作为事业单位，具有一定名额的"事业编制"。但是，"事业编制"并不具体对应到个人，而是统筹使用，对研究人员采用聘用制，改变了以往单一的"编制化"人才管理，具有较大的自主性和灵活性。这种机制之下，人员实现"能上能下、能进能出"，深圳先进院近几年每年人才流动率保持在15%～18%，一定的流动率使得深圳先进院人才队伍更加具有创新活力[13]。

人才激励方面，基于分类评价深圳先进院构建"年度绩效－3H福利－成果转移－股权激励"的人才激励机制，以充分发挥其在相关领域方向上的作用，鼓励和保障其为深圳先进院发展做出更大的贡献。同时，深圳先进院还基于面向产业开展研发和服务的目标，加强产业化合作项目的绩效比重，对国家纵向项目、深圳地方项目、产业化合作项目按照1∶1.2∶1.5的比重进行绩效统计，并将企业合作项目经费的10%直接奖励给开发团队[7]。

人才评价方面，深圳先进院实行分类考核、差别评价、末位淘汰。针对科技研发、产业化、支撑和管理4种不同岗位、不同学科特点，设计了4套不同的指标体系对员工的表现进行综合考量。考核结果分为A、B、C三个等级。其中C级员工为分数最低的一类，这类得分的员工根据深圳先进院制定的制度将受到不同程度的减少薪水甚至是淘汰的惩罚。考核成绩排在A、B的员工则可获得不同程度和水平的奖励。通过末位淘汰制的考核办法来提高员工的工作积极性和工作效率[14]，但是针对特定重大项目，实施期内可以不以申报项目、发表论文为考核指标，鼓励科研人员专心攻克科研难题[15]。

（六）实施双螺旋产业化战略，逐步形成稳定造血机制

在建设初期，深圳先进院依靠深圳市政府提供深大丽湖校区5.1万 m² 土地①及连续几年的稳定支持经费。之后，深圳先进院在运行发展中努力打造自身造血机制，形成了科研项目经费与产业化经费、竞争性经费和非竞争性经费②相配合的收入结构。

---

① 数据来源：港湾商业观察.《金心异解开"深圳创新密码"48：深圳为什么要建立科学系统》. http：//www.qudonghao.cn/news/138159.html.

② 2021年，深圳先进院经费来源中70%为竞争性经费，30%为固定性经费。

深圳先进院通过实施双螺旋产业化战略，科研项目收入与产业化收入并行于"基础研究–技术攻关–企业规模化发展反哺科研–基础研发"的连续创新闭环，实现可持续发展。一方面深圳先进院在基础研究、技术研发等活动中可持续获得科研项目收入；另一方面深圳先进院将科研成果进行转化和产业化，获得产业化收入后反哺基础研发。例如，自 2010 年深圳先进院与联影合作开展技术研发以来，到 2015 年完成我国首台具有完全自主知识产权的 3.0T 磁共振成像设备获得 CFDA 注册，完成技术攻关，2019 年实现企业规模化发展反哺科研，利用股权转让额到账的 4.37 亿元与联影共建联影高端医疗装备创新研究院，继续开展基础研发[11]。

三、经验启示

（一）治理模式去行政化，体制机制灵活创新

深圳先进院致力于围绕主责主业，探索新型运行机制与模式，如采取理事会和国立科研机构共同主导的双轨制，中国科学院在人、事等方面充分放权，充分授权；实行弹性人才管理制度，形成"能上能下、能进能出、动态优化"的用人机制等。

以这种灵活的机制模式作为基础保障，深圳先进院在其 10 多年的发展中，一直保持着活力，持续开展创新探索，进行业务布局的调整、功能体系的完善，成为具有生命力和显示度的新型研发机构。

（二）以微创新体系促进科学研究、技术创新与研发服务业务的融通

深圳先进院围绕科研、教育、资本、产业"四位一体"的发展模式，重点在资金、人才、经济和技术成果 4 个方面布局，打造可持续、可借鉴的微创新生态。

这种微创新体系① 将深圳先进院逐步从单一科技研发向科研产业混合体过渡，实现从基础研究、技术攻关到产业化的一条龙运营模式，实现创新链上下游资源的共享与协同。

---

① 概念来自深圳先进院官网，https://www.siat.ac.cn/cyh2016/zyzh2016/.

第三节 北京协同创新研究院

一、基本情况

（一）建院背景

北京协同创新研究院（简称"北京协同院"）是由北京大学、清华大学、中国科学技术大学、北京航空航天大学、北京理工大学、中国农业大学、北京科技大学、北京交通大学、北京工业大学、北京邮电大学、北京化工大学、中国传媒大学、中国科学院 13 家学术单位和 100 多家高新技术企业联合创建 ① 的社会服务机构类型（即民办非企业性质）的新型研发机构。2014 年 8 月 28 日，北京协同院在北京市海淀区正式挂牌成立。

北京协同院的成立是落实中央对北京"科技创新中心"定位要求的具体行动，以期探索能够将北京丰富的科教资源充分释放，产出具有全球影响力的原创性科技创新成果，并转化为产业优势，进而支撑引领经济社会发展的可行模式。

（二）发展历程

2014 年 8 月，北京协同院正式挂牌成立。2015 年 6 月，北京协同院申请成为 2015 年度首都科技创新券推荐机构。作为科技创新券推荐机构，北京协同院能够为协同创新体系下的小微企业和创业团队提供服务，帮助其充分利用北京地区的实验室资源，开展测试检测、合作研发等活动。

2015 年 7 月，北京协同院与柏林史太白大学共建协同院史太白联合研究中心。新成立的研究中心致力于联合实施先进技术转移转化、联合规划实施科研和创新教育项目。

2018 年 8 月，科技部依托北京大学、北京协同院等单位建设中国产学研融合创新体系中心。中心将开展创新体系理论研究与实践探索，为创新管理学术发展、科技体制改革及创新实践提供支撑。同年 12 月，北京协同院获批设立博士后科研工作站。北京协同院以设站为契机，创新体制机制，与国际一流大学合作，建

---

① 数据来源：北京协同创新研究院公众号，https://mp.weixin.qq.com/s/BsjW2BfDy3s_iTy-rbqppg.

立"国内国际联合、创新创业结合"的博士后培养体系。

2020年5月29日，北京协同院获科技部批准组建京津冀国家技术创新中心，打造国家战略科技力量。该中心是我国第一个综合性国家技术创新中心，致力于打造国家创新体系的战略节点、高质量发展重大动力源。

（三）发展成就

1. 在技术研发方面

北京协同院每年实施约50项世界一流的科研项目，转化率超60%[①]。截至2021年7月，已经累计实施科研项目213项，其中具有国际领先或先进水平的项目约占45%，"有感知能力的柔性电子皮肤""金属透明电极""多孔石墨材料"等11项成果为世界首创[②]，以创新支撑创业的格局初步形成。

2. 在人才队伍建设方面

北京协同院从国内外世界一流大学双聘了18位世界一线顶尖科学家、50多位著名教授担任学术合伙人，有力支撑前沿技术研究；从海内外公开招聘了约150名专职研究员[③]，着力对科研成果进行中试及产业化。北京协同院基本形成了满足全创新链所需要的多层次人才队伍。

3. 在平台搭建方面

北京协同院在海外及广东、浙江、天津、河北等地建立了特色研究院、技术创新中心及产业化基地，累计有121项技术实现了转移转化，与京东方、海尔等20多家龙头企业建立了联合研发机制[④]，"北京统筹、全球研发、全国转化"的发展格局初步形成。

[①] 数据来源：北京协同创新研究院科研项目转化率超六成，https://baijiahao.baidu.com/s?id=1673982670698293395&wfr=spider&for=pc.

[②] 数据来源：脚踏实地，仰望星空——北京协同创新研究院喜迎七周年院庆，http://www.bici.org/en/article/1327.html.

[③] 数据来源：探秘北京协同创新研究院，https://www.163.com/dy/article/FIODAU1505340G59.html.

[④] 同②。

4. 在企业培育方面

截至 2021 年年底，北京协同院累计培育科技企业达 108 家，总估值超 1700 亿元①，培育企业规模效应逐步显现。十沣科技、精智未来、超视计、载诚科技、敏声科技等公司受到市场高度关注并已获得大量融资，有望成为领域内硬科技独角兽企业。

二、运行模式与特色

北京协同院为何在短短八年的时间内就取得了如此亮眼的成绩？课题组研究发现，作为新型研发机构，北京协同院一直在通过机制与模式创新深入践行"协同"理念。

（一）组织架构

北京协同院实行理事会领导下的院长负责制，下设技术委员会、指导委员会、工作委员会等 3 个委员会。具体来看，理事会由北京大学等高校院所相关领导和行业龙头企业家组成；技术委员会由行业专家和学科带头人组成，负责为研究院技术发展规划提供决策支持，以及项目立项进行论证及验收；指导委员会由政府部门负责人、产业界相关知名人士及有关著名专家学者组成，为研究院发展提供咨询服务，推动政府及产业界与研究院开展合作。同时，北京协同院下设 9 个职能部门，包括研究院办公室、合作部、科研工作部、教学工作部、运营保障部、人力资源部、行政工作部、财务工作部、审计室。

另外，北京协同院独资成立了北京协同创新控股有限公司，由其代表北京协同院管理下属高科技企业。经研究院授权，北京协同创新控股公司发起设立了北京协同创新投资控股有限公司、北京协同创新园有限公司、北京协同创新孵化器有限公司等业务平台公司，分别负责投资基金管理与资本运作、科技园区产业发展与运营、创业平台建设与企业服务等工作。

（二）三元耦合机制加速技术产业化

北京协同院最大的特色是独创的"协同创新中心–基金–专业研究所"三元耦合机制。

---

① 数据来源：通过调研获取。

协同创新中心：北京协同院按重点产业领域设立协同创新中心，负责本领域项目规划与运营。目前，已经建成6个产业协同创新中心（高端装备、电子信息、医疗与科学仪器、生物医药、新能源、环境保护）①。

基金：协同创新中心成员共同出资设立中心专属的子基金②，以市场化的方式决策及领投工程技术课题，并根据出资比例分享基金投资权益③。

专业研究所：围绕重点领域的若干关键方向，北京协同院自建5个专业研究所④（智能制造研究所、光电技术研究所、材料工程研究所、生物医学工程研究所、环境与资源研究所）。

在项目运营中，协同创新中心、专业研究所与基金发挥着不同作用。课题首先经由协同创新中心论证及推荐，再由子基金联合中心评估、领投，研究所根据任务需要，灵活组建攻关团队，加速进行中试放大和产业化，形成了中心遴选"荐项目"–基金决策"投项目"–研究所"开发项目"的三元耦合模式，实现了产学研用的紧密结合和市场化配置资源（图5-11）。

值得一提的是，针对子基金的领投项目，知识产权基金还会跟投，同时政府也会给予配套资金支持。

专栏5-2　北京协同创新投资基金简介

北京协同创新投资基金于2015年9月设立，由研究院联合北京市科学技术委员会、海淀区及社会资本共同发起设立，总规模12亿元。其中，知识产权基金6亿元，重点支持先进技术研发；产业发展引导基金6亿元，重点支持成果转化和培育创业企业。截至目前，知识产权基金累计投资项目63项，转化率达65%以上。通过产业引导基金联合协同创新中心企业已设立6支协同创新子基金，涵盖先进制造、电子信息、材料、环保、生命科技等五大领域，总规模超过40亿元。

---

① 资料来源：北京协同创新研究院科研项目转化率超六成，https://baijiahao.baidu.com/s?id=1673982670698293395&wfr=spider&for=pc.

② 资料来源：北京协同创新研究院宣传图册，http://www.bici.org/en/onepage228.html.

③ 同①。

④ 同①。

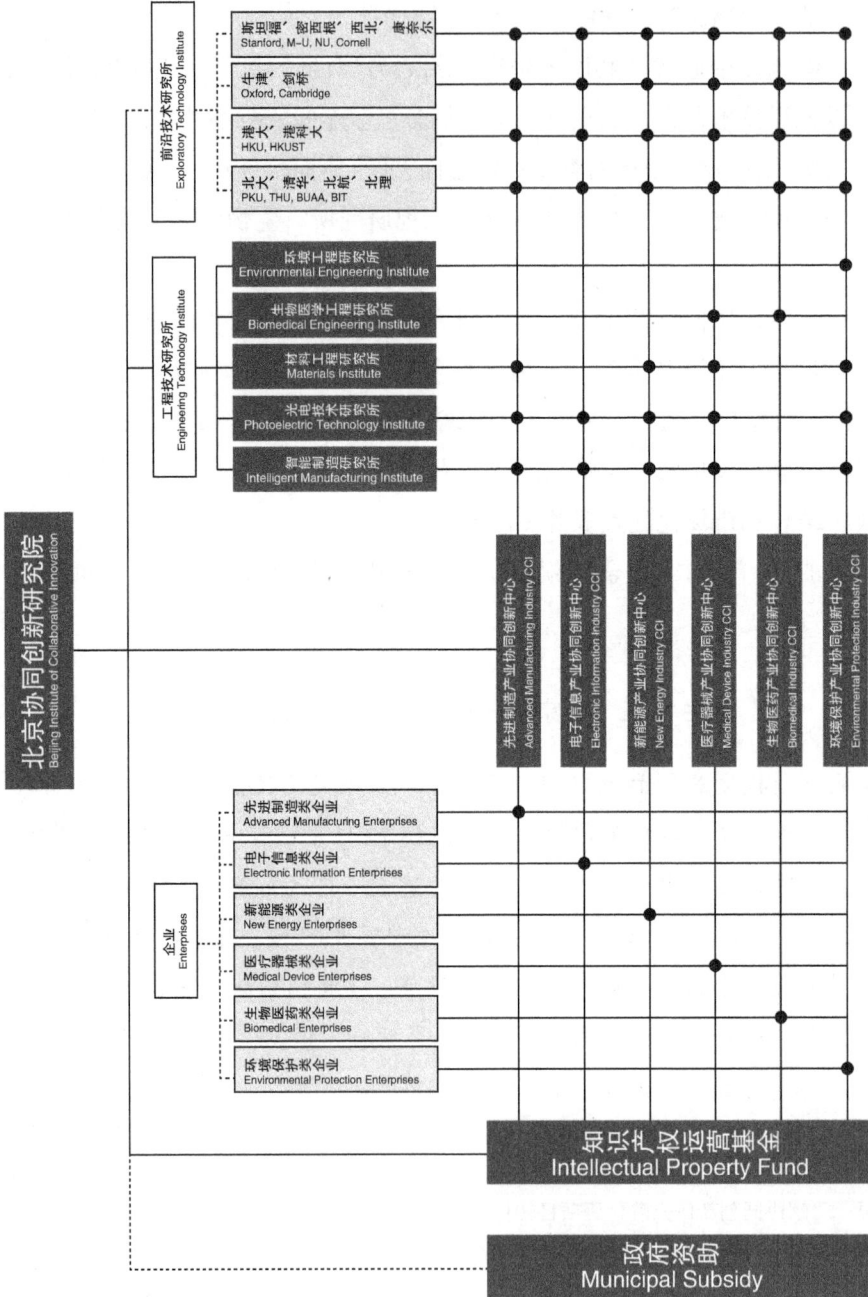

图 5-11 三元耦合机制

（资料来源：图片来自北京协同创新官网，http://www.bici.org/en/onepage6.html，引用日期 2023 年 1 月 18 日）

（三）创新"四双"人才培养机制

北京协同院自 2016 年提出"创新菁英计划"，致力于打破国别限制、大学围墙和知识边界，与全球一流大学联合培养具有"自由求真的探索精神、专业系统的知识体系、知行合一的行为模式、顶天立地的创造能力"的高端创新创业人才。北京协同院形成的独特的创新创业人才专业化培养模式——"双课堂、双导师、双身份、双考核"，正吸引着越来越多全球一流大学加入。

那什么是"四双"模式，又和传统的人才培养有什么不同？

"双课堂"：学生不仅需要在大学学习专业理论课程，还需在中心学习创新创业课程，并以真实项目为基础组队进行创新创业训练。

"双导师"：学生将会受到两个导师的联合指导，其一是所在大学的学术导师，负责指导理论学习；其二是来自中心及企业的创新导师，负责指导课题研究或创业训练。

"双身份"：学生在中心牵头或参与真实项目科研转化或创业项目训练，可获得立项经费支持并分享成果转化收益。

"双考核"：除专业理论成绩外，北京协同院也将科技成果产业化成效作为考核标准，双达标后授予学位。

在"四双"模式的培养下，多数学生毕业后还会持续参与到项目中。学生的持续传承推进了技术的有序转移，提高了技术转移成功率，形成了"人才+创新"和"人才+创业"的内生发展模式（图 5-12）。

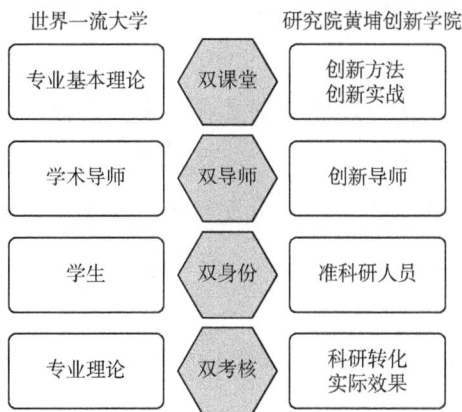

图 5-12 协同院"双课堂、双导师、双身份、双考核"模式

（资料来源：图片来自北京协同创新官网 http://www.bici.org/Faculty/151/，引用日期 2023 年 1 月 18 日）

（四）实施特色工程加快科技成果转化

北京协同院以培育技术先锋企业为重要导向，通过"项目＋团队"或"项目＋企业"，开展技术转移转化，进一步加快了成果产业化进程。

按照"无障碍技术转移计划"，加入基金的企业或参股企业可零首付使用技术，按照销售额提成或按年付费方式给予北京协同院投资回报。

通过"我创新你创业计划"，所协同院将完成中试的项目面向社会公开招募高水平运营团队，共同出资组建创业企业，培育产业新生力量。

通过"中小企业协同创新工程"，北京协同院持续将项目以技术入股或许可的形式注入已有企业，改造其技术基因，提升企业竞争力。

通过"龙头企业整合创新工程"，北京协同院与大企业联合攻关全产业链关键技术并实施产业化，培育产业集群。

（五）搭建多层次协同创新体系

北京协同院在发展中逐渐形成了"北京统筹、全球研发、全国转化"的协同创新体系，以北京为纽带，一端促进成果落地，一端提升创新能力。

北京统筹：北京研究总院主要承担发展的创新规划和管理工作及部分科研任务[1]。

全球研发：为能够及时跟进前沿科学进展，布局具有引领性的前沿技术，北京协同院通过设立国际分院、共建国际协同实验室等方式在全球范围链接创新资源，与全球一流科研团队合作研发引领性前沿技术，2020 年国际专家承担的科研项目已超过 50%[2]。

全国转化：那该如何把国际创新资源和北京的科教优势融合到地方发展中？北京协同院为此积极和地方建立联系，已经在广州、义乌等地设立分院，通过在国内主要省（自治区、直辖市）建立分支机构[3]，就地转化自主研发成果，推进院地高效合作。同时，以北京本部凝练"技术族"，津冀分部形成特色"产业群"

---

① 资料来源：《王茗祥：站在全球创新的角力场（下）》，https://www.bjhdnet.com/haidiannews/zxbd/4379888/index.html.

② 资料来源：北京协同创新研究院科研项目转化率超六成，https://mp.weixin.qq.com/s/TOQxUC0JY53Pqa_Nl0J-Ow.

③ 资料来源：北京协同创新研究院宣传图册，http://www.bici.org/en/onepage228.html.

的形式深入推进京津冀国家技术创新中心建设。

三、经验启示

（一）共建资本平台融合多方目标

北京协同院下设的协同创新中心成员共同出资设立专属子基金，项目经由中心推荐后经子基金领投，同时知识产权基金跟投，政府给予配套资金支持。成员可根据出资比例分享基金投资权益。

北京协同院通过共建资本平台，创造性地实现了"目标一致、责任共担、利益共享、行动同步"，从机制上保证了市场配置资源的效果，有效地解决了科技经济"两张皮"困境。

（二）五大协同有效汇聚创新资源

北京协同院自成立初期就将五大协同作为发展战略。即大学与大学协同、大学与产业协同、创新与创业协同、创新与教育协同、北京与全球协同。

北京协同院一头链接着高校和科研院所，一头链接着企业，在发展中不断以自身为纽带，有效链接全球创新资源，助力科技企业成长，已经成为地方产业转型升级的强引擎、科技成果转移转化的催化剂、专业人才的培养摇篮。

第四节　北京石墨烯研究院

一、基本情况

（一）成立背景

北京石墨烯研究院（简称"BGI"）由北京大学牵头，与社会资本共同出资建设，于 2016 年 10 月 25 日注册成立，2018 年 10 月 25 日正式揭牌运行，属于民办非企业单位，是北京市最早一批成立的新型研发机构。

BGI 致力于解决未来石墨烯产业发展的"卡脖子"技术问题，打造引领世界的石墨烯新材料研发高地和创新创业基地，推动中国石墨烯产业健康、快速发展。一方面通过坚持不懈的原创性和颠覆性技术研发，争夺未来石墨烯产业的核心竞争力，充分承载国家意志，解决"卡脖子"问题，聚焦石墨烯基础前沿与变革性技术，持续更新石墨烯产业的材料基础与装备，不断探索石墨烯核心应用技术；另一方面通过"研发代工"直接对接市场需求，解决科技与经济"两张皮"问题。

（二）发展历程

2016年1月14日，隋振江副市长到北京大学调研石墨烯研发现状；10月25日，北京石墨烯研究院注册成立；11月8日，中关村石墨烯产业联盟成立，刘忠范院士任理事长。

2017年4月11日，北京石墨烯产业创新中心挂牌成立；12月26日，北京石墨烯研究院有限公司注册成立，全方位推进石墨烯核心技术研发与成果转化；同年，BGI发明烯铝集流体材料，大幅度提升锂离子电池性能。

2018年，"研发代工"产学研协同创新模式在全国两会上首次提出；10月24—26日，"北京石墨烯论坛2018"隆重召开；10月25日，北京石墨烯研究院正式揭牌；宝泰隆等5个"研发代工中心"签约成立。

2019年，BGI入选MRS春季年会2019年度全球引领性材料研究机构；石墨烯玻璃纤维材料、石墨烯基深紫外LED器件等研发成功，获国内外广泛报道；A3尺寸超洁净石墨烯薄膜等批量生产示范线建成。

（三）发展成效

BGI自成立以来不断完善研发条件，持续开展技术攻关与突破，着力成果转化与应用，并取得了显著成绩。

从人才队伍看，BGI积极引进国内外可实现重大技术突破和突出社会效益的高科技研发人才和管理人才，现有人员规模近300人[16]，汇聚中国科学院院士、长江学者、杰出青年、优秀青年等一大批顶尖人才。BGI还拥有独立的博士后工作站，同时拥有"北京市海聚人才"和"专业技术职称"自主评审权，专业技能和工程技能双轨并行评定职称。

从研发设施设备建设看，BGI现有两栋研发大楼，实验面积2万 m²，拥有国际顶尖的石墨烯材料、器件、应用研发实验室，一流的石墨烯装备研发中心和国家级石墨烯质量检测中心，近亿元的大型实验装备与检测设备，构成了BGI国际先进水平的石墨烯高科技研发硬件设施，是研究院石墨烯材料研发工作的强力支撑。BGI还与国家石墨烯产品质量监督检验中心成立北京分中心，对外提供石墨烯技术与产品的质检监督服务。

从成果研发与产业化发展看，截至 2022 年，BGI 已取得 200 多件发明专利[17]；目前，实现的 A3 尺寸通用石墨烯薄膜、A3 尺寸超洁净石墨烯薄膜、4 英寸石墨烯单晶晶圆、6 英寸石墨烯单晶晶圆、石墨烯玻璃纤维等产品陆续进入市场。相比欧洲最好的石墨烯企业，最大只能做到 $15 \ cm^2 \times 15 \ cm^2$ 左右的水平，BGI 的石墨烯无论从单净化程度还是平整度，都处于世界领先水平[18]；正在全力打造"孵烯电热""孵烯装备""孵烯玻碳""孵烯检测"等"孵烯系列"品牌子公司，目前已孵化出一家子公司"北京孵烯检测认证有限公司"。

二、组织管理

BGI 实行理事会领导下的院长负责制，组织结构主要由理事会、专家委员会、4 个技术研究部、BGI 质量检测中心、BGI 中试示范中心和 4 个支撑部门组成（图 5–13）。

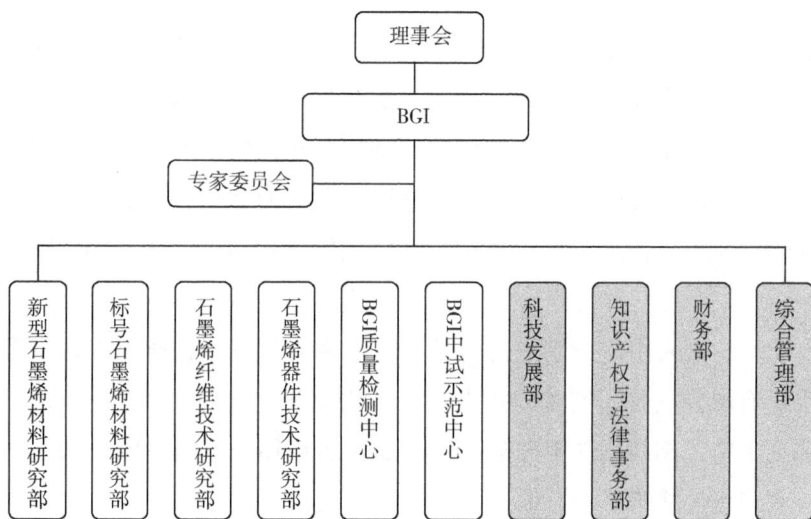

图 5–13　BGI 组织架构

（资料来源：北京石墨烯研究院官网：http://www.bgi-graphene.com/article/4，引用日期 2022 年 12 月 20 日）

理事会形成了以刘忠范院长为核心的领导团队，是 BGI 的最高决策机构，诺贝尔物理学奖获得者、曼彻斯特大学教授康斯坦丁·诺沃肖洛夫爵士应邀担任名誉院长。

技术研究部主要目标是打造未来石墨烯产业的核心竞争力，开展基础性和前瞻性研究。四个技术研究部分别是新型石墨烯材料研究部、标号石墨烯材料研究部、石墨烯纤维技术研究部、石墨烯器件技术研究部。

BGI 质量检测中心是 BGI 的公共测试平台，也是国家级的石墨烯计量与检测中心，全方位服务石墨烯相关技术的产业孵化、石墨烯产品的检测认证和相关标准制定及产业咨询服务等。

BGI 中试示范中心以市场需求为牵引，以 BGI 核心材料中试化为目标，提供最具竞争力的材料产品、制造技术及生产线解决方案。

支撑部门包括科技发展部、知识产权与法律事务部、财务部和综合管理部等。除此之外，文化建设委员会还为 BGI 实现建设目标提供精神指引和支撑。

三、运行机制与模式

（一）"研究院＋公司"一体两翼的机制设计

石墨烯作为 21 世纪的战略新材料，其强大的应用潜能吸引了全世界的目光。当前石墨烯产业的发展仍处于起步阶段，虽然我国石墨烯基础研发和产业化研发已取得了巨大的进步，但是产业发展的关键技术和共性技术依然需要大力攻关和突破问题。BGI 以推动中国石墨烯产业高质量发展为己任，既需要攻关石墨烯产业核心技术，又需要促进相关成果在特种领域的应用和市场化，培育和发展石墨烯产业。

基于此，BGI 采用研究院加公司的"一体两翼"机制，研究院是石墨烯产业研发平台，有限公司是研究院的技术成果转化和产业化平台，充分体现了围绕产业链部署创新链，围绕创新链布局产业链的发展格局。依托"1＋1＞2"的体制机制设计，实现机构战略目标，促进石墨烯产业发展。

专栏 5-3　北京石墨烯研究院有限公司

2017 年 12 月 26 日，作为独立法人正式注册成立的北京石墨烯研究院有限公司，注册资本 3.226 亿元，致力于为 BGI 成果转化和产业化落地提供专业支撑，为研究院建设和项目研发提供资金支持，通过市场化运作实现研究院的可持续发展，是推进北京石墨烯研究院成果转化、投融资和市场化运作的载体。

（二）核心技术研发平台、共性技术服务平台、企业研发代工平台和重点领域联合实验室"四位一体"的平台布局

BGI 正着力打造集核心技术研发平台、石墨烯共性技术服务平台、企业研发代工平台和重点领域联合实验室"四位一体"的平台生态，形成科技创新链闭环。以 BGI 核心研发团队为领导核心，以 4 个研发代工平台和多个实验室为支点，力图实现石墨烯应用网络建设。这种"四位一体"的功能布局，对内能明确职能分工，对外能抓取市场需求，放大规模效益，促进石墨烯产业发展（图 5-14）。

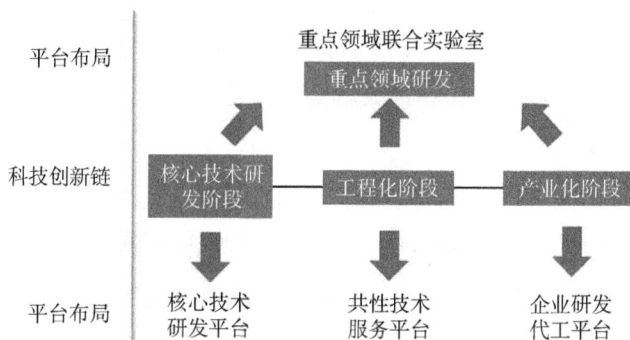

图 5-14 BGI "四位一体"平台布局

（资料来源：北京石墨烯研究院官网，http://www.bgi-graphene.com/article/4，引用日期 2022 年 12 月 20 日）

1. 核心技术研发阶段

核心技术研发平台主要依托 BGI 的 4 个技术研发部门，开展原材料制备技术和装备研发核心技术攻关。新型石墨烯材料研究部把握发展石墨烯材料应用的新思路、新路径和新领域；标号石墨烯材料研究部瞄准未来石墨烯产业的材料源头和核心制备技术制高点；石墨烯纤维技术研究部聚焦烯碳纤维制备技术，探索"撒手锏级应用"和"变革性技术"；石墨烯器件技术研究部面向国际科技前沿，开展石墨烯器件技术研究。

2. 工程化阶段

石墨烯共性技术服务平台主要包括 BGI 质量检测中心和 BGI 中试示范中心。

BGI质量检测中心主要面向行业开展石墨烯材料、产品的检测服务，以及石墨烯装备设计开发服务。目前，质量检测中心拥有近30台套国际一流的高精尖检测设备和一支专业化的技术支撑及标准研发团队。已成为集检测服务、计量标准和质量认证及设备研发于一身的业内知名机构，全方位服务于石墨烯产业快速发展。BGI中试示范中心充分发挥"承上启下"作用，衔接BGI研发团队和产业化团队，推进石墨烯新材料的产业化，打造布局全国的石墨烯生产制造链。

3. 产业化阶段

企业研发代工平台以各个企业研发代工中心为据点，在产业化应用环节"一对一"服务对接企业。BGI长期服务于企业高技术研发，与研发代工伙伴共同打造品牌产品。已经成立的企业研发代工中心包括：BGI宝泰隆研发中心、BGI凯盛研发中心、BGI彤程研发中心、BGI利特纳米研发中心、BGI燕园众欣研发中心、BGI万鑫石墨谷研发中心、BGI祥福兴科技研发中心等。

4. 重点领域研发

重点领域联合实验室横跨实验室和产业化2个阶段，针对特定领域开展产学研创新的探索性平台。联合实验室充分发挥整合优势，寻找石墨烯材料应用的牵引和抓手，切实推进石墨烯材料在航空航天等领域的应用发展。2019年10月25日，中国航空制造技术研究院与BGI共同成立前沿技术联合实验室[19]。BGI-北京航空材料研究院先进复合材料联合实验室、BGI-中国原子能科学研究院核能科技联合实验室、BGI-中科院半导体照明中心先进光源联合实验室、BGI-中蓝晨光特种纤维联合实验室等也相继建成[16]。

（三）定制化"研发代工"的产学研协同模式创新

"研发代工"是BGI在产学研协同模式创新方面的重要尝试。与传统的加工制造领域的代工生产不同，"研发代工"是专业研究机构给企业"打工"做研发，针对特定企业的具体技术需求，组建专门的研发团队，开展"定制化"的研发。换言之，企业把研发中心建在专业研究机构里，由高水平专业人员负责研发中心的运行。企业负责提供稳定的研发经费支持，研发成果由双方共同拥有，并优先落地到代工企业，合作双方按约定的比例分享成果转化带来的利益。

这种反向对接企业需求的"研发代工"模式是长期稳定的捆绑式合作，通过双方协同实现技术与市场的对接，有助于双方共同打造品牌产品，提高市场竞争力。对于科研人员而言，该模式将科研人员的研究工作直接对接企业需求，避免了科研人员"闭门造车"，研究成果容易落地，尽可能规避信息不对称的风险，并且通过给予科研人员一定的市场份额，做到科研人员与企业利益共享[20]。对于代工企业而言，解决了企业研发力量不足、核心竞争力欠缺的现实问题[21]，极大地调动了双方的积极性（图 5-15）。

图 5-15　BGI"研发代工"服务模式

（资料来源：北京石墨烯研究院官网，http://www.bgi-graphene.com/article/30）

（四）"工匠精神"+"人才激励"打造三大协同创新团队

BGI 拥有基础研究团队（"科学家"）、工艺研究团队和装备制造团队（"工程师"）三大协同创新团队。基础研究团队大多是北京大学硕士研究生、博士研究生进入 BGI 设立的联合工作中心开展研究，毕业后大部分留用。工艺研究团队和装备制造团队主要通过高水平的社会招聘吸纳人员。这三大协同创新团队的组建离不开 BGI 独具匠心的引才机制。

一是强调"工匠精神"，引人标准不拘一格。BGI 积极吸纳各类基础研究人才、工程化人才、产业化人才、管理人才，不唯"文章"、不唯"帽子"，提倡"科学精神"和"工匠精神"。目前形成的由领军科学家、青年拔尖人才、孵烯学者、研发工程师组成的四级人才体系对于 BGI 的可持续发展奠定了强大的人才基础。二是设置具有竞争力的人才激励机制。BGI 设置了快速晋升通道和灵活的人才薪酬激励，申请北京市的人才优惠政策、补贴，解决人才住房、户口、子女入学、职称评定等后顾之忧，全职加入 BGI 的有识之士有所增加，有国外留学经历的人才超过 70%，国际化人才中具有博士学位以上人员达到 40%。

（五）"创业营"＋"论坛"培育石墨烯产业生态

启动石墨烯产业黄埔军校"孵烯创业营"计划，培养产业人才。2022 年 7 月，经过报名、面试等一系列筹备，首批 12 名学员进入创业营，目标是培养一批具有持续创新能力、全球视野、工程思维、企业家精神、社会责任感的高水平科技创业人才。刘忠范院士说："石墨烯材料走向产业化是必由之路。"创业营是践行培养科创人才目标的试验场，可以更好地促进政产学研全面创新融合，使人才培养更加贴合市场化、实践化、国际化需求，成为石墨烯产业的铺路石和开拓者[22]。

塑造石墨烯领域的高端学术交流品牌"北京石墨烯论坛"，吸引国内外顶尖石墨烯专家学者和产业界人士开展学术交流与合作。北京石墨烯论坛是在北京市科学技术委员会的支持和指导下，由北京石墨烯研究院主办的年度国际石墨烯学术与产业交流平台。该论坛是北京国际学术交流季的重要组成部分，旨在充分利用北京在石墨烯领域的国际号召力，连接国内外顶尖学术资源，搭建前沿学术交流研讨、科研合作、科学普及和产学研融合平台，服务北京石墨烯领域原始创新和高精尖产业培育。自 2018 年启动以来，北京石墨烯论坛已成功举办了六届。

四、经验启示

新型研发机构如何跨越基础研究与产业化之间的"鸿沟"？

如何跨越基础研究和产业化之间的鸿沟成为摆在新型研发机构面前最为关键的问题。一方面，高校和科研院所产生了大量的科研论文和专利，难以转化；另一方面，企业自身研发实力不足，迫切需要科技创新突破技术瓶颈。BGI 主要从以下几个方面进行了回答。

（一）首创"研发代工"模式

"研发代工"模式是 BGI 解决企业研发能力不足、科研机构成果转化率低、破解科技经济"两张皮"的重要尝试，其本质是由企业需求牵引，为科技成果转化提供快速落地通道。BGI 企业研发代工平台围绕市场需求开展技术研发和产品升级，研发代工伙伴进行产业转化和市场拓展，形成了一套高效的"研发代工方"与"企业方"全过程捆绑运作模式，实现从基础研究到产业化落地的无缝衔接。

（二）采用灵活的体制机制

BGI 采用"研究院和公司"一体两翼的全新运行模式，"研究院"设立专门的研发团队集中力量搞研发，发展材料制备核心技术，确保 BGI 在未来石墨烯产业中的核心竞争力；"企业"充分利用身份便利为研究院做市场，全力以赴推进技术的市场化落地。通过这样灵活的体制机制，能够链接原始创新主体的基础研究和市场主体的产业化需要，实现创新链条的全过程贯通。

（三）拥有三大协同创新团队

BGI 拥有三大协同创新团队，分别是依托北京大学高水平的研究生和博士后队伍的基础研究团队，还有专业的工艺研发团队和装备制造团队[23]。研究团队与工程和产业团队相互协同，没有后两个团队，基础研究团队很难实现大规模量产；没有第一个团队，就没有基础研究的支撑。通过"科学家"与"工程师"的协同，持续对接全球市场中的"企业家"，形成的科技创新链中的"三足鼎立"格局。

第五节　浙江省北大信息技术高等研究院

一、基本情况

浙江省北大信息技术高等研究院（简称"北大信研院"）是由北京大学与浙江省杭州市萧山区共同发起成立的社会服务机构（民办非企业）类新型研发机构，落户于杭州市萧山区钱江世纪城，重点发展人工智能、智慧城市、智能制造等未来信息经济领域核心技术。

（一）建设背景

浙江省杭州市萧山区是传统产业大区，民营企业数量多、规模大。面向高质量发展新阶段，萧山区企业具有强烈的以技术创新实现传统产业转型升级的需求和意愿。然而，萧山虽然厂房遍布城乡，但缺少重量级高校、科研机构支撑，源头创新的能力相对薄弱，需要引进一批智力强援推动技术升级。

与此同时，北京大学作为我国学术研究领域的翘楚，已在数字技术领域取得了一系列具有全国领先水平的重大研究成果，其研发工作的推进同样需要场景支撑，也在寻找一块能够将科研创新和产业转型相结合的土地。萧山雄厚的实体经济，蕴藏着丰富的大数据应用场景，引起了北京大学的注意。

在双方需求契合的背景下，萧山区与北京大学共同发起成立北大信研院，为萧山的产业数字化发展提供支撑。北大信研院的成立正是为了把科研创新与产业转型相结合，为萧山带来新的发展动力。

（二）建设历程

2017年12月，北京大学与杭州市萧山区签约，共建北大信研院。

2018年4月，北大信研院于浙江省民政厅正式注册为民办非企业单位。

2018年5月，北大信研院举办第一届决策委员会。

2018年8月，与首批拟合作企业签约联合实验室。

2020年12月，浙江省科学技术厅发布《浙江省科学技术厅关于公布2020年度省级新型研发机构名单的通知》，北大信研院成功入选省级新型研发机构。

（三）发展成就

人才引进方面：成立五年以来，已吸引了600余位国内外高层次人才，研发硕博比例达85%以上。

科学研究方面：累计发表了144篇高水平论文和专著，申请470件国内发明专利（其中112件已经获得授权）、40件国际发明专利。

服务企业方面：北大信研院与大胜达、杰牌传动、钱江电气、杭萧钢构等多家行业龙头企业共建联合实验室24家，撬动企业投入2.04亿元。通过联合实验室的推动，加快了萧山区产业转型升级的脚步。

企业孵化方面：杭州北大创业园（北大信研院在杭州萧山配套的孵化器）目前已引进在孵科技型企业48家，培育国家高新技术企业4家、国家科技型中小企业14家，省科技型中小企业19家。

二、机制与模式创新

北大信研院的成立旨在将科研创新与传统制造业转型相结合，帮助更多萧山地区企业由"制造"走向"智造"。为了实现这一目标，北大信研院围绕萧山当地产业需求部署创新链，通过创新让产业实现价值增值。

在创新链前端，以院士团队为核心，以萧山当地产业需求为牵引，开展未来信息经济领域的原创性引领性科技攻关；在创新链后端，与萧山当地多个龙头制造业企业合作成立联合实验室，推动制造业产业变革，并成立杭州北大创业园，为科研项目的转化和产业化提供孵化平台。

基于这样的构架，北大信研院形成"院士创新团队、联合实验室、杭州北大创业园"三驾马车业务体系，建立起学术链与产业链、校内研究与校外产业"双循环"发展机制，探索出了一条新型研发机构赋能地方发展的创新路径。

（一）以院士创新团队为依托，开展技术攻关

研究院的首要任务是科技创新。为满足产业高质量发展所需的原始技术支撑，北大信研院支持院士在萧山建团队，围绕着院士的方向，做基础创新。现已引进图灵奖获得者 John Hopcroft 院士与高文院士、黄如院士、梅宏院士、詹启敏院士、陆永青院士担任首席科学家，张国有教授担任首席经济学家。以各院士为领头人，北大信研院搭建了先进视觉系统（AVS）、物联网等七大研究中心，研究范围涵盖数字经济从基础芯片到操作系统再到软件应用。各研究中心在理论方法、技术、标准、系统多个层次开展创新研究，为行业难题提供解决方案。

为最大化地调动专家的积极性，北大信研院摸索出了一套新机制。北大信研院在选拔和使用人才时不唯论文、不看"帽子"，重点考查领军人物的科研潜力及他们研究课题是否与所在实验室的发展方向契合。同时，北大信研院力求最大化激发院士专家的自主性。过去，地方政府通常通过提供资金支持，以"命题作文"的方式为专家安排研究课题。然而，北大信研院在萧山地区采取了不同的做法。院士团队首先深入调研萧山的发展现状，然后根据各自领域的专业知识自主选择研究方向，并独立组建团队进行课题研究[24]。院士们并不缺乏经费和团队，他们需要的是研究方向选择、资源整合调配等方面足够的自主权，要"能做自己想做的事"。

这种"自主命题作文"的方式激发了院士们投身于事业创新的热情。目前，各团队已开展关键核心技术研究 50 余项、研发产品 20 余项。其中，黄如院士带领研究院团队自主孵化的集成电路企业"微纳核芯"已融资超 3 亿元，市场估值超 15 亿元；梅宏院士带队研发的自主可控工业物联操作系统已正式开源发布，可有效打破数据壁垒，并成功应用于萧山多家制造业龙头企业[24]。院士创新团队的科研成果在研究院有着清晰的流动路线，科研成果既可以破解当地产业"卡

脖子"问题，也可以流向联合实验室直接作用于实体企业，更可以快速孵化成产业成果[25]。

专栏5-4 院士团队科技攻关实例——先进视觉系统（AVS）研究中心

杭州作为创新之都，正在加速抢占视觉智能新赛道，谋划建设"中国视谷"经济新地标。在推进中国视谷建设过程中，就产业技术攻关而言，杭州要围绕全产业链体系做深基础层，攻坚高端专用芯片和智能传感器，加快建设未来产业基础设施。做强技术层，超前布局类脑计算、媒体感知计算、高级机器学习等，加强基础软件开发，推动开放创新平台建设。

萧山区是"中国视谷"建设主阵地。北大信研院积极承接杭州视觉智能（数字安防）产业集群促进机构的重任，以高文院士为首席科学家的先进视觉系统（AVS）研究中心团队围绕中国视谷技术需求，深耕视觉智能。

一是大抓平台建设，建设视频编码、超高清视频系统、数字视网膜系统、智能环境感知4个实验室，为数字视网膜端到端系统级视频大数据处理提供先进的芯片和系统解决方案。

二是围绕"AVS3＋8K＋AI"开展技术攻关，在理论方法、技术、标准、芯片、系统多个层次开展创新研究，为先进视觉相关的行业应用提供关键技术、标准、芯片及系统解决方案。

2021年，高文院士牵头的"超高清视频多态基元编解码关键技术"荣获国家技术发明奖一等奖，突破了传统视频编码和计算框架，形成了完全自主的编解码技术体系。此外，高文院士团队还首次实现全球8K超高清电视直播和5G网络下的8K电视播出。北大信研院成为推动杭州加快构建自主可控的视觉智能产业链、建设"中国视谷"的中坚力量。

（二）以联合实验室为抓手，赋能制造业产业转型升级

过去10年，萧山许多制造业企业已经迈出了重要的信息化和数字化改革步伐。然而，这些改革大多数仅仅是在问题出现时进行的临时修补。萧山传统制造业急需一场更加全面和具有前瞻性的数字化转型。

为了解决这个问题，北大信研院针对萧山作为制造业重要区域所面临的产业转型中的痛点和难题，与当地多个龙头制造业企业共同组建十几到二三十人规模的联合实验室。

在资金投入上，北大信研院和企业按照1：4的比例共同投资；在管理机制上，联合实验室实行决策小组领导下的主任负责制，决策小组由企业和信研院共同派员组成，主任由北大信研院聘任、决策小组考核；在成果分配方面，实验室产生的知识产权由信研院和企业共享，企业享有优先使用权。相比传统产学研合作，联合实验室巧妙地将"甲乙方关系"转变为"一家人关系"，将研究院社会效益与企业经济效益有机结合[25]。北大信研院在联合实验室模式下以"技术＋人才"为传统制造业的数字化转型升级提供双向支持。

技术赋能：北大信研院帮助企业解决面临的"技术难"问题。团队认真研究行业的数字化典型场景和头部企业的发展战略，严格筛选各细分行业中的一家龙头企业，重点关注行业中"数字化、网络化、智能化"方面的关键共性技术，采用"合作改造一家龙头企业，推广提升一个行业"的方法，致力于打造示范性好、推广性强的工业互联网平台，以助力企业引领整个产业的转型升级，为企业提供技术赋能[26]。

人才赋能：北大信研院帮助企业解决"招人难"问题，用北京大学平台帮助企业招引高端人才、培养技术骨干，与企业共同组建研发团队并全职入驻研究院办公。联合实验室团队在项目成功开展后，逐步向企业输送人才，将项目的核心成员培养为未来企业的中高级管理人员。另外，他们还可以孵化这些团队成为细分行业的工程服务公司，通过院企合作共同推动这些公司实现孵化上市的目标。

以联合实验室为抓手，行业产业转型升级的脚步在不断加快，如研究院与大胜达共建的人工智能包装设计联合实验室，其着力建设的"纸包装产业大脑"可以实现全行业1800万终端客户和43万家包装企业数据在线态势感知；与钱江电气集团有限公司共建的智慧能源联合实验室，自主研发了"综合能源管理系统"，可以对电力设备进行24小时准确的监测和分析；与杭州杰牌传动科技有限公司共建的智能传动联合实验室，研发了集群式传动设备智能监测平台，成功降低了近80%的人工成本、80%的停机损耗和30%的方案实施成本[24]。

新型研发机构
建设导论 >>>

专栏5-5　联合实验室赋能实例——人工智能包装设计联合实验室

浙江大胜达包装股份有限公司（简称"大胜达"）是一家主要从事纸品研发、生产、包装等业务的企业，在全国各地拥有12家分公司。由于各家分公司采用的信息服务系统各不相同，大胜达在总公司层面开展有效统筹难以实现。因此，大胜达迫切需要一支深入了解这个行业的信息技术团队，进行一次彻底的数字化转型。

在此背景下，北大信研院与大胜达共建的人工智能包装设计联合实验室，针对包装行业的个性化设计、商务需求挖掘、智能化生产、零误差质检等行业场景需求，双方共同组建研发团队，吸引了30余位毕业于北京大学、上海交通大学和浙江大学的研发人员。

人工智能包装设计联合实验室企业赋能成效显著，利用智能软件中心自主研发的XiuOS工业物联操作系统和工业大数据操作系统等作为基础技术支撑和开发框架，研发"集团数字化运行平台"打通了大胜达集团总部和在全国的12个生产基地从前端商务、中端生产到后端物流、回款等场景，实现全过程数字化、可视化、智能化远程管控。据大胜达统计，该平台上线后，实现智能工厂人员减少80%、原材料库存周转由45天减为12天、生产周期从2～7天减为2～8小时、生产能耗下降18%以上，创新性地打造了"1小时接单、2小时响应、8小时生产、10小时交付"的"12810"新模式。

目前，团队正将系统在全国43万家包装企业中推广，推动全行业转型升级。

（三）以杭州北大创业园为载体，打通科研成果转化通道

北大信研院着手建设科技型企业孵化器——杭州北大创业园，结合北大信研院在人工智能、智慧城市、智慧医疗、智能制造等未来信息经济领域核心技术上的优势，推动先进技术项目孵化落地。杭州北大创业园打造了"市场化基金+政府政策扶持+研究院专项配套"的"1+1+1"资本引才孵化组合拳，从资金、政策、校友资源等方面为初创型企业提供帮助，打通科研成果与产业项目之间的成长通道。

市场化资金：与多家风险投资机构达成战略合作。一方面，通过风险投资机构的渠道引进经过市场化验证的科技型企业，构建科创项目储备库；另一方面，

撬动市场化资本，为研究院产业化项目的进一步培育和壮大提供资本助力。同时，引入融资担保公司、科技人才银行等资源，提供多元化金融服务保障。

政府政策扶持：推荐北大校友、海内外高层次双创人才参与地方政府引才计划或科技型企业分类评审，争取落地扶持政策。充分利用地方政府的政策优势，引导项目与地方政府资源精准对接。

研究院专项配套：一方面，通过研究院专项配套资金，加速助推"高精尖缺"项目产业化；另一方面，积极推动建设"北大科技创新校友联合会"，整合科研、金融、创业等领域的多元化校友资源，优化创新创业生态，推动校友创业项目带土移植。

通过链接投资机构、科研院所、创业导师等合作伙伴，杭州北大创业园构建了完备的创新创业生态系统，现已获得"浙江省级科技企业孵化器""浙江省小微企业园""杭州市科技创新示范服务站"等资质认定。园区入驻企业产值累计达 3.42 亿元，累计融资额达 3.5 亿元，成为地方经济发展的重要增长极。

三、经验启示

（一）探索高校原始创新与产业联动新机制

北大信研院是北京大学和地方合作的信息技术方向上的新型研发机构，其三驾马车业务体系探索了有效的科技经济融合发展模式，既能够跟学校的本部做很好的衔接配合，让学校的人才、原始技术创新等更好地走向社会，同时也能与地方的经济发展结合起来，在地方新旧动能转换的过程中提供技术的支撑。

新型研发机构具有公益属性，是服务于区域创新或产业创新使命的机构。我国大部分新型研发机构主要依托已有高校科研院所进行建设，要积极探索原始创新与产业联动的创新机制，将高校院所和地方经济发展相结合，为产业高质量发展提供有针对性的创新支持，推动区域的创新和产业发展。

（二）自我造血实现可持续化发展

北大信研院积极探索自我造血机制。一是通过联合实验室服务企业取得收入，二是设立全资子公司——杭州未名信科科技有限公司（简称"未名信科"）参与市场化活动获取收入。未名信科一方面运营杭州北大创业园，另一方面投资企业进行持股。北大信研院逐渐实现自我造血、自我发展。

（三）打通创新链路，提升科技创新效率

北大信研院通过整合科研、实业和创业，形成了一条畅通无阻的价值链。从研究中心到企业联合实验室再到北大创业园，每一项科研成果在北大信研院都有着清晰的流动路线。院士领衔的创新团队，他们的科研成果不仅可以解决当地产业面临的难题，还能直接应用于联合实验室，对实体企业产生直接影响，更可以快速孵化成为具体的产业成果。通过这种有机的流动模式，北大信研院实现了科研成果的高效转化与产业化，为科技创新提供了强有力的推动力。

新型研发机构是集成"研发、转化、孵化和服务"等功能为一体的混成组织，应积极探索打通研究院集成创新、开展成果转化、产业化落地的通道，通过这样的路径，将创新链条上不同环节的机构层次的合作，转为同一机构内部部门之间的合作，从而大幅提升创新效率，更好地把力量集中在拳头上推动所在领域的科技创新。

第六节　江苏省产业技术研究院 [①]

一、基本情况

（一）建院背景

2013 年，江苏省委省政府主导成立江苏省产业技术研究院（简称"江苏产研院"）。江苏产研院以建设成为全球重大基础研究成果的聚集地和产业技术输出地为发展目标，着力破除制约科技创新的思想障碍和制度藩篱，探索促进科技成果转化的体制机制，打开科技成果向现实生产力转化的通道 [27]。

功能定位：江苏产研院定位于科学到技术转化的关键环节，不与高校争学术之名、不与企业争产品之利，重在发挥"高校（科研机构）与工业界的桥梁"和"全球创新资源与江苏的桥梁"两个桥梁作用。

主要职能：深化科技体制机制改革，建设研发载体，集聚创新资源，服务企业创新，引领产业发展，培养产业技术创新人才，为江苏产业转型升级和未来产业发展持续提供技术支撑。

---

① 江苏省产业技术研究院是江苏省进行新型研发机构建设和管理的重要抓手，其组织建设的 70 余家集萃研究所均属于新型研发机构序列。

（二）发展历程

2013年9月，江苏产研院建设工作领导小组召开第一次会议，审议通过江苏产研院章程、首届理事会组成等事宜；11月，江苏产研院首届理事会召开第一次会议，审议通过了《江苏省产业技术研究院理事会议事规程（试行）》和《江苏省产业技术研究院研究所管理办法（试行）》；12月，江苏产研院成立大会召开。时任江苏省委书记的罗志军为江苏产研院揭牌，向欧阳平凯院士颁发院长聘书。

2014年1月，江苏省政府与中国科学院在南京签署合作建设江苏产研院协议。

2014年12月，习近平总书记视察江苏产研院，提出科技创新工作的"四个对接"——强化科技同经济对接、创新成果同产业对接、创新项目同现实生产力对接、研发人员创新劳动同其利益收入对接。

2015年5月，江苏省政府办公厅出台了《省政府办公厅印发关于支持江苏省产业技术研究院改革发展若干政策措施的通知》。

2016年4月，江苏产研院首位项目经理薛九枝团队与常熟市人民政府、江苏产研院签署共建智能液晶技术研究所协议。这是江苏产研院以项目经理制新建的第一家专业研究所。

2018年12月，江苏产研院被江苏省委省政府授予"为江苏改革开放做出突出贡献的先进集体"荣誉称号。

2020年10月，江苏产研院被科技部等九部门确定为"赋予科研人员职务科技成果所有权或长期使用权试点单位"。

2021年1月，江苏产研院入选2020年"科创中国"产学研融通组织榜单。

（三）发展成效[①]

科技体制改革方面。江苏产研院探索形成了八项改革举措：一所两制、合同科研、项目经理、团队控股、拨投结合、股权激励、三位一体、集萃大学。由江苏产研院提出的"新型研发机构科教融合培养产业创新人才"和"以先投后股方式支持科技成果转化"两项改革举措入选国家发展改革委、科技部2021年度国家全面创新改革任务清单。由国务院发展研究中心组织开展的江苏产研院综合评估认为江苏产研院"总体上出色地完成了领导小组和理事会提出的为江苏产业转

[①] 数据来源：江苏省产业技术研究院2021年报。

型升级和未来产业发展持续提供技术支撑的任务要求""探索出了一条特色鲜明、创新显著、值得借鉴推广的有效路径"。

创新载体建设方面。目前江苏产研院已在信息技术、材料、制造与装备、生物与医药、能源与环保等五大领域布局建设了72家研发载体，包括63家专业研究所、7家重大集成创新平台、2家综合类创新平台；累计衍生孵化企业近1200家，与省内细分行业龙头企业累计共建113家企业联合创新中心，转移转化技术成果累计7000余项，服务企业累计超过20 000家。

人才队伍建设方面。构建了由战略科技人才（顶尖人才）、领军人才（项目经理）、骨干研发人员（集萃研究员）和集萃研究生（博士后）等共同组成的人才体系。2020年，引进40位产业领军人才担任项目经理。聘请拥有创新成果、掌握一流技术、具有独立研发能力的36位技术专家担任JITRI研究员，全职到各研究所工作。截至2020年年底，已累计聘请168位项目经理，引进167名JITRI研究员，与国内知名高校联合培养近1500名集萃研究生。

金融生态营造方面。2020年，江苏产研院公司支持研发载体与私募股权投资管理人合作设立早期创投基金4支。截至2020年年底，设立创投基金达11支，江苏产研院参股比例5%～20%，累计撬动社会资本13.15亿元。2020年，江苏产研院分别与中国银行、江苏银行、南京银行、北京银行、国信集团、朗泰资本、海创投资等金融和投资机构建立战略合作关系。通过海外子公司先后投资美国和以色列孵化器。

二、组织情况

江苏产研院实行理事会领导下的院长负责制。理事会由江苏省副省长任理事长，省内相关政府单位、高校、院所、企业为主要成员，负责决策研究所的发展战略和研发方向。长江特聘学者刘庆任院长，院长负责建立完善管理模式和运行机制，组织拟订并实施科研与技术创新发展战略、年度规划，统筹产业创新资源。

江苏产研院院本部组织单元包括综合管理部、研究所工作部、资源开发部、技术转移部、产业发展部，不承担具体的研究任务，主要负责科技资源引进、专业研究所建设、重大研发项目组织等。

基础层级包含专业研究所和企业联合创新中心。专业研究所以加盟制或共建制形成，主要承担技术研发功能；企业联合创新中心由江苏产研院与企业以非独立法人形式共建，专门从事产业关键技术战略研究（图5-16）。

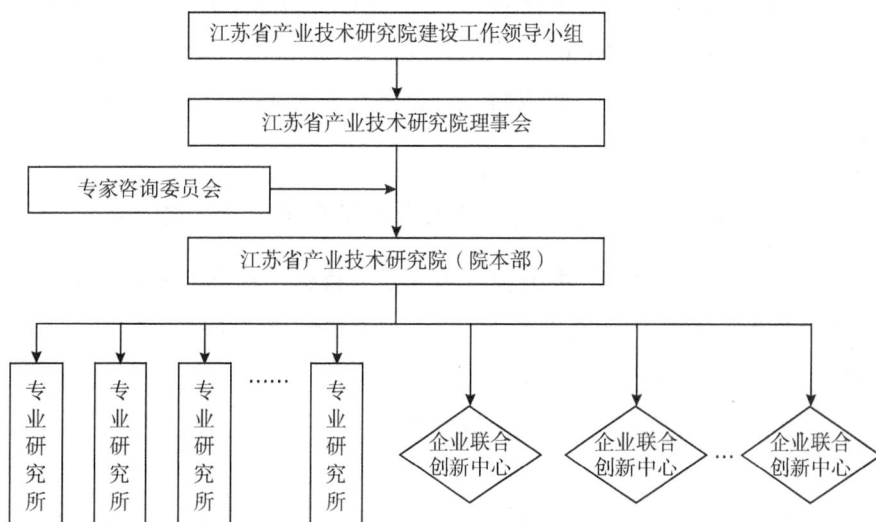

图5-16 江苏产研院组织结构

江苏产研院遵循"民办公助"的社团法人国际管理惯例，采用多法人制。院本部为具有独立法人资格的省直属事业单位，各专业研究所主要是具有较强研发和服务能力的独立法人和部分相对独立的非法人机构。院本部对各专业研究所的管理遵循"一所一策、自主自愿"的原则，两者间不是上下隶属关系[28]。

三、机构特色与模式创新

（一）"一院＋一公司"的协同运营模式

江苏产研院实行"一院＋一公司"的协同运营模式，实现技术和市场的高效对接。院本部实行理事会领导下的院长负责制，不承担具体的研究任务，主要负责科技资源引进、专业研究所建设、重大研发项目组织等，技术研发功能主要由专业研究所承担①。江苏省产业技术研究院有限公司由江苏产研院全资设立，为独立企业法人，省财政给予公司10亿元注册资金及1期3亿元资金，主要用于

---

① 资料来源：《立足体制机制创新，打造省级研发产业生态——江苏省产业技术研究院》，http://static.nfapp.southcn.com/content/202006/23/c3681289.html.

专业研究所投资、海外平台投资、引导基金投资等[①]。

公益性职能和市场化手段相互促进。院本部的"事业单位"身份保障了政府投入建设经费的合法性和科技平台的公益性，也便于提供各类政府支持和指导。但新型研发机构的运作需要借助市场化手段，通过成立平台公司，使院所投资、平台投资等市场化工作开展更加顺畅，从而在竞争中提高决策效率和灵活性，抢抓机遇。

（二）"加盟"与"共建"相结合的专业研究所建设模式

以持续为江苏产业转型升级提供技术支撑为目标，江苏产研院围绕省内各地产业基础和产业发展需求，布局建设了一批专业研究所。专业研究所以加盟制或共建制形成，主要承担技术研发功能，秉持"以研发作为产业，以技术作为商品"的理念，以产出自主可控的核心技术成果为目标，以开展合同科研和技术转移为重点。

加盟制专业研究所。2013 年开始，江苏产研院面向全省分三批遴选了 23 家研发机构加盟成为专业研究所，遴选条件为具备创新能力、地方政府接受、具有技术转移部、成立理事会等。加盟研究所预备期一年，期间培育支持经费约 500 万元[29]。考核转正后，可享受省级研发机构待遇、经费支持与平台服务等。近年来，江苏产研院对加盟研究院实行一所两制改制，要求研究所同时建立高校研究中心运行机制和独立法人公司制，促进高校院所研究人员创新成果向市场转移转化。

共建制专业研究所。2016 年起，江苏产研院以项目经理制面向全球选聘一流领军人才，按照"多方共建、多元投入、混合所有、团队为主"的创新模式与地方政府（园区）、项目经理团队共建研发载体[29]。江苏产研院面向全球招聘，选拔兼具一流专业能力与管理能力，能集成各类创新资源和要素，具有组织实施重大科技项目经验的国内外领军人才任项目经理。由项目经理对接地方科技需求，组建项目团队，起草商业计划书。商业计划书由江苏产研院院务会批准后，正式开始研究所建设工作。项目团队筹建时间一般不少于 1 年，筹建期间江苏产研院为项目经理及其团队提供工作经费和服务支持[29]（图 5-17）。

---

① 资料来源：江苏省产业技术研究院网站，https://mp.weixin.qq.com/s/nrJ-pxmXUI51_wxB4jBuZw.

```
┌──────────────┐   ┌──────────────┐   ┌──────────────┐   ┌──────────────┐   ┌──────────────┐
│项目经理开展产 │→ │全球整合资源、 │→ │组织论证研发方 │→ │完善研究所   │→ │与地方园区   │
│业技术需求调  │   │组建团队      │   │向和项目,形成 │   │建设方案     │   │对接落地     │
│研            │   │              │   │商业计划书    │   │             │   │             │
└──────────────┘   └──────────────┘   └──────────────┘   └──────────────┘   └──────────────┘
```

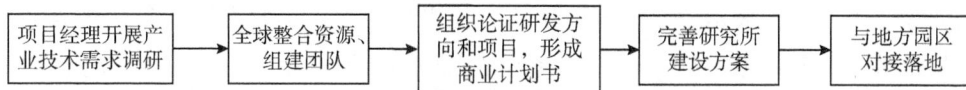

图 5-17　新建专业研究所项目团队筹建流程①

"加盟制"利于充分调动联合省内现有的创新载体,"共建制"可用于填补省内某些领域的创新载体空白。"加盟"与"共建"相结合的建设模式科学统筹了省内外的创新载体与创新资源,在江苏产研院的管理下形成多点互动的研发机构网络,有利于提升江苏省整体产业技术研发水平。

(三)"找企业命题让市场买单",共建企业联合创新中心

"在我们的体系中,如何评价专业所?其实就是看它到底创造了多少被市场接受的有价值的技术,而企业愿意出资就是判断市场需求的金标准。"江苏产研院院长、长三角国家技术创新中心主任刘庆表示[29]。截至 2022 年 10 月,通过 230 多家企业联创中心,已累计征集企业技术需求 800 余项,企业意愿出资金额 23.8 亿元,江苏产研院帮助对接达成技术合作 400 余项,合同额超过 11 亿元②。

企业联合创新中心是由江苏产研院与企业以非独立法人形式共建,专门从事产业关键技术战略研究,挖掘、凝练企业技术难题或需求,对接引进全球创新资源开展应用研发及集成创新的机构。江苏产研院负责对承建企业联合创新中心的相关人员进行技术培训及指导,训练企业相关人员将企业技术难题凝炼成精准的科技语言,并以技术难题中企业投入不低于 80% 为标准,评判企业技术难题的真实性。技术需求凝练完毕后,江苏产研院建立商业机密、知识产权保护机制和措施,利用创新网络对接全球创新资源寻找解决方案。

无锡双马钻探工具有限公司(简称"双马钻具")是一家全球领先的 HDD 钻具供应商,也是江苏产研院的联合创新企业之一。"传统的钻杆杆端加厚过程十分依赖人工经验,劳动强度大,公司急需进行生产线自动化改造升级。"双马

---

① 图片来源:俞锋华.江苏省产业技术研究院体制机制创新及对浙江省的启示[J].今日科技,2021(9):27-29,40.

② 数据来源:江苏省产业技术研究院——九年跑出科技体制改革"加速度",https://kxjst.jiangsu.gov.cn/art/2022/10/27/art_83499_10640641.html.

钻具总经理周中吉表示。在江苏产研院的积极推动下，集萃先进复合材料成型技术与装备研究所帮助双马钻具设计开发了钻杆加厚柔性生产线，实现了钻杆加厚工艺流程中各工序之间的作业自动衔接，降低劳动力成本50%以上。"如果没有江苏产研院，我们很难有机会接触到集萃体系中大批科研院所与高校的科研资源。"周中吉表示，集萃体系的综合配套能力强、产业化开发效率高，十分契合企业产品研发的技术需求。

（四）"研发、孵化、投资"三位一体的创新生态运作模式

为加快提升技术产业化的进程和质量，江苏产研院在鼓励专业研究所开展产业化研发、强化研发平台孵化器功能的同时，适时引入创投基金，构建以专业研究所核心运营团队为主导的"技术研发＋专业孵化＋专业基金"三位一体的创新生态运作方式，不断衍生孵化有自主知识产权的科技型企业和有核心技术的专业化产业园。

以先进金属材料及应用技术研究所为例，该研究所凭借自身在航空发动机关键零部件、轻合金材料及加工技术等方向的技术研发能力与成果，在成立之初便着手构建"研发、孵化、投资"三位一体的协同创新体系。自2018年至今，研究所围绕核心技术成果、项目库和专家资源，逐步形成了可持续的、专业化的硬科技项目资源挖掘、评估、孵化和加速机制。在孵化方面，铁马营孵化器持续完善生态体系，累计引进及孵化企业43家，合计注册资本金超过6亿元。在投资方面，研究所实行"一所一基金"创投模式。研发基金设立专业基金管理团队，由投资专家和研究所技术专家共同组成。基于一批具有上市潜力的优质科创项目储备，研究所与国内一流投行团队合作成立专业化投资基金并完成首期融资，到位资金9000万元。江苏产研院公司通过有限合伙人形式参与各细分领域创投基金14只（另有4只意向基金），参与基金总规模达21.24亿元，累计撬动各类资本18.2亿元[①]。

（五）"拨投结合"的产业化项目支持机制

技术创新在基础研究向商业化产品开发过渡时，由于收益的不确定性，往往面临市场主体不肯投入的"死亡之谷"。为此，江苏产研院对于填补国内空

---

① 数据来源：江苏省产业技术研究院2021年年报，http://www.jitri.cn/list_55.html.

白的重大产业化项目实施"拨投结合"的项目支持机制。针对有前瞻性、引领性和颠覆性的技术创新项目，在立项前探索实行同行尽调评估模式，了解团队在业界影响力和实力；通过项目经理培育和充分尽职调查，以科技项目立项，发挥财政资金在创新项目中的引导和扶持作用，承担创新项目研发风险，让团队专心开展研发攻关；在项目进展到市场认可的技术里程碑阶段进行市场融资时，将前期的项目资金按市场价格转化为投资，参照市场化方式进行管理和退出。

苏州汉骅半导体有限公司（简称"苏州汉骅"）是江苏产研院首个以"拨投结合"方式落地的重大项目公司。项目团队拥有国内独一无二的半导体关键核心技术，但因早期需投入大量研发费用，且回报周期较长，团队在寻求投资时遭遇种种困境。如何解决市场指挥棒失灵的不足？江苏产研院与苏州工业园区达成共识，探索通过"拨投结合"方式为团队提供了上亿元项目经费，帮助团队承担创新项目早期研发风险。目前，苏州汉骅已掌握氮化镓射频材料技术，在国内率先发布4英寸、6英寸全波段的氮化镓射频外延材料，在国内外多家知名客户完成流片，公认达到国际领先水平，公司估值也达到了20亿元人民币。

通过"拨投结合"，先拨后投、适度收益、适时退出的模式，既解决了前瞻性、引领性和颠覆性技术创新项目早期募资市场机制失灵的问题，又充分利用市场机制来确定项目支持强度和获利研发成果的收益，有效提升财政资金使用效率。

（六）"轻资产运行、项目经理制"的人才团队激励机制

专业研究所实行"一绑定、一分离"的轻资产运营模式（图5-18）。研究所组建运营公司，研发团队以现金入股并控股，将自身利益与运营公司利益绑定；场所和设备所有权属于公共技术服务平台，与运营公司分离，避免国家资产流失。江苏产研院在全国首次提出了"团队控股、轻资产运行"的专业研究所建设运营模式，让团队既拥有研究所的运营权，还拥有研究所成果的所有权、转让权和收益权，极大激发了团队积极性。

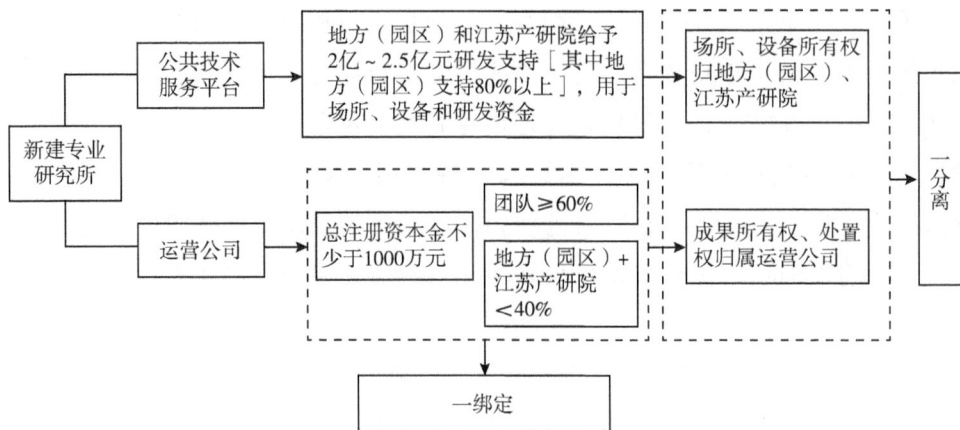

图 5-18 新建专业研究所"一绑定、一分离"的运营模式[1]

专业研究所实行项目经理制。江苏产研院赋予项目经理组建研发团队、决定技术路线、支配使用经费的充分自主权，并为其组建服务团队，提供专业化的市场调研、商业模式论证及项目落地资源对接等服务，帮助项目经理完善团队结构、明确首批研发项目等。通过项目经理制，江苏产研院吸引和遴选了一大批既懂科研技术，又具备团队组织能力的海内外领军人才，共同筹建研究所或组织实施产业重大技术创新项目。自 2015 年开始选聘项目经理以来，江苏产研院共聘请 222 位领军人才担任项目经理，其中国内外院士 20 人，并以才引才，由项目经理集聚超过 1000 位高层次人才。通过项目经理选聘及培育，江苏产研院落地专业研究所 37 家，实施重大项目 43 项[2]。江苏产研院充分赋权给项目经理及其团队，极大激发了领军人才团队的主观积极性。

四、经验启示

（一）实行项目经理制，激发团队主观积极性

专业研究所实行项目经理制，江苏产研院赋予项目经理组建研发团队、决定

---

① 图片来源：俞锋华.江苏省产业技术研究院体制机制创新及对浙江省的启示 [J]. 今日科技 ,2021(9): 27-29,40.

② 数据来源：江苏省产业技术研究院 2021 年报，https://www.yunzhan365.com/basic/1-50/95110913. html.

技术路线、支配使用经费的充分自主权。江苏产研院指派专人服务项目经理团队，提供专业化的市场调研、商业模式论证及项目落地资源对接等服务，帮助项目经理完善团队结构、明确首批研发项目等，与地方园区共建专业研究所或联合实施重大原创性技术创新项目。将企业中常见的项目经理用在新型研发机构的技术研发上，充分赋权给项目经理，让他们按照自己的节奏把控项目，这一探索能极大激发项目团队的主观积极性。

（二）实施"拨投结合"模式，解决市场指挥棒失灵问题

针对前瞻性引领性技术创新项目市场融资失灵的问题，江苏产研院探索实施"拨投结合"模式，充分发挥财政资金在重点产业技术创新项目中的引导作用，并保证团队在项目发展中的主导权。在象征"死亡之谷"的应用技术研究与产品研发中试阶段，对项目实行同行尽调评估，经院务会决定后，先以科技项目立项支持，解决创业早期难估值和研发资金需求难确定、项目融资市场失灵的问题，保障团队在项目早期研发与运营的主导权。在项目社会化融资阶段，则转为投资。

（三）聚力建设联创中心，放大产学研协同效应

细分行业龙头企业有行业影响力和上下游企业带动整合能力，能够提出引领行业发展、具有产业共性和代表性的技术需求。与行业龙头企业共建联合创新中心，通过战略研究、技术路线图制作，提炼征集企业解决不了但又愿意掏钱解决的"真需求"，加强创新需求端与供给侧的交汇，充分对接江苏产研院引进的全球创新资源，推动开展应用研发及集成创新合作，为企业的长远发展持续提供技术支撑。

（韩思源　施　谊　林慧琪　安温婕　魏洋楠　付　欢　胡贝贝）

参考文献

［1］广东华中科技大学工业技术研究院.简介_概况_广东华中科技大学工业技术研究院［EB/OL］.［2024-05-30］.http://www.hustmei.com/DghustIntroduce.htm.

［2］叶青.从"青苹果"到"苹果林"工研院体制创新成功探索科技经济结合新模式［J］.广东科技，2015，24（7）：77-79.

［3］徐淑琴.东莞华中科技大学制造工程研究院:创新机制力助区域产业转型升级［J］.广东科技,2014,23(23):32-35.

［4］再出发 | 工研院:聚焦"科技创新+先进制造",服务东莞产业发展［EB/OL］.(2022-01-14)［2024-05-30］.https://mp.weixin.qq.com/s?__biz=MjM5NzQ1Mjc3OQ==&mid=2659268623&idx=5&sn=729fddb9d3afea83816802289291665f&chksm=bdac568b8adbdf9d8ee8bc4013ed8b923b1c3288355317a4d7c0a4f08bd223a3333c3fc9d2cb&scene=27.

［5］刘启强,黄丽华.广东华科大工研院:创新机制体制 创造无限可能［J］.广东科技,2018,27(4):30-33.

［6］光明网-光明日报.中科院深圳先进技术研究院诞生［EB/OL］.(2006-09-23)［2024-05-29］.https://news.sina.com.cn/o/2006-09-23/053910091089s.shtml.

［7］贾敬敦,刘忠范.国家科技战略引擎:新型研发机构［M］.北京.中国经济出版社,2022.

［8］深圳晚报.深圳口述史 | 樊建平:引领创新探索新型科研机构深圳模式［EB/OL］.(2022-05-16)［2024-05-29］.https://rmh.pdnews.cn/Pc/ArtInfoApi/article?id=29538180.

［9］深圳先进院官网.研究生教育概况［EB/OL］.［2024-05-29］.https://www.siat.ac.cn/yjsjy2016/jygk2016/.

［10］罗涛.深圳发展新型科研机构的经验与启示［EB/OL］.(2014-10-13)［2024-05-29］.http://www.hitech.ac.cn/gd/author/lt/201410/t20141013_261828.htm.

［11］樊建平.蝴蝶模式:大科学时代科研范式的创新探索:基于中国科学院深圳先进技术研究院15年科学与产业融合发展的实践［J］.中国科学院院刊,2022,37(5):708-716.

［12］中科院深圳先进院微信公众号.深圳先进院这十年:从新型科研机构成长为国家战略科技力量［EB/OL］.(2022-05-01)［2024-05-29］.https://mp.weixin.qq.com/s/kh5WNvHPMSZnLk9KZSES-g.

［13］融资中国.深圳先进院樊建平:打造研、学、产、资四位一体的"微创新体系"［EB/OL］.(2020-10-13)［2024-05-28］.https://www.163.com/dy/article/FOR4KO2U0519RLST.html.

［14］张珊珊.广东省新型研发机构建设模式及其机制研究［D］.广州:华南理工大学,2016.

［15］光明日报.深圳先进院高端医学影像团队获国家科技进步奖一等奖［EB/OL］.［2024-05-29］.https://baijiahao.baidu.com/s?id=1715481618228994056&wfr=spider&for=pc.

［16］北京石墨烯研究院官网.北京石墨烯研究院介绍［EB/OL］.［2024-06-27］.http://www.bgi-graphene.com/article/17.

［17］刘越山.石墨烯为安全应急产业注入新元素 访中国科学院院士、北京石墨烯研究院院长刘忠范［J］.经济,2022(7):36-38.

［18］京报网.科创中心"核"动力 | 石墨烯研究院:缔造未来石墨烯产业核心力量［EB/OL］.(2022-11-07)［2024-06-27］.https://news.bjd.com.cn/2022/11/07/10212353.shtml.

［19］北京石墨烯研究院官网.北京石墨烯研究院携手中国航空制造技术研究院共同推进前沿技术联合实验室建设［EB/OL］.［2024-06-27］.http://www.bgi-graphene.com/article/419.

[20] 黄芳芳.刘忠范：全力以赴做喜欢的事：访北京石墨烯研究院院长刘忠范院士［J］.经济，2018（23）：26-29.

[21] 北京石墨烯研究院官网.BGI 研发代工中心［EB/OL］.［2024-06-27］.http://www.bgi-graphene.com/article/255.

[22] 北京石墨烯研究院官网.打造石墨烯产业黄埔军校，培育 BGI 事业领军人才："孵烯创业营"正式启动［EB/OL］.［2024-06-27］.http://bgi-graphene.com/article/642.

[23] 刘忠范.从石墨烯新材料实践谈高科技产业发展之路［J］.国际人才交流，2022（3）：44-47.

[24] 解码新型研发机构⑦｜北大信息技术高等研究院：校地合作扩大创新"朋友圈" 赋能地方产业发展［EB/OL］.（2022-09-27）［2024-05-30］.https://mp.weixin.qq.com/s/9tuoubsHl0mqzvjkC-Vgkg.

[25] 北大牵手萧山！看他们如何闯过困扰校地合作的三道难关［EB/OL］.（2021-10-24）［2024-05-30］.https://zj.zjol.com.cn/news.html?id=1747751&from_channel=52e5f902cf81d754a434fb50&from_id=1747753.

[26] 北大信研院.浙江卫视、浙江日报、杭州日报纷纷聚焦北大信研院，这家新型研发机构究竟新在哪？［EB/OL］.（2021-08-04）［2024-05-30］.https://www.aiit.org.cn/p_newsDetail?newsId=220315CW540PA614.

[27] 潘扬.江苏省产业技术研究院科技成果转化做法与借鉴［J］.杭州科技，2022，53（2）：43-46.

[28] 陈红喜，姜春，袁瑜，等.基于新巴斯德象限的新型研发机构科技成果 转移转化模式研究：以江苏省产业技术研究院为例［J］.科技进步与对策，2018，35（11）：36-45.

[29] 俞锋华.江苏省产业技术研究院体制机制创新及对浙江省的启示[J].今日科技，2021(9)：27-29.

第六章
新型研发机构建设的国际借鉴

欧美等发达国家的应用研究机构与我国新型研发机构在功能内涵上类似，其发展建设和运营实践经验对我国新型研发机构组织建设具有借鉴意义。本章选取德国弗劳恩霍夫应用研究促进协会、比利时微电子研究中心、美国制造业创新研究院、英国弹射中心等机构作为案例，对其建设经验进行分析和揭示。

第一节　德国弗劳恩霍夫应用研究促进协会

一、基本情况

（一）成立背景

德国弗劳恩霍夫应用研究促进协会（Fraunhofer–Gesellschaft）（简称"协会"）成立于 1949 年 3 月 26 日，为民办公助的非营利科研机构。协会的名字是以德国历史上的名人约瑟夫·冯·弗劳恩霍夫命名。

协会主要从事应用型研究，包括两大类：一类是面向产业界现实需求，围绕企业发展中所遇到的技术难题，提供技术和产品研发服务；另一类则是依托协会自身强大的研发实力，面向未来产业开展导向性研究。在德国国家创新体系中，协会同马克斯·普朗克科学促进学会、莱布尼茨科学联合会、亥姆霍兹国家研究中心联合会等共同构成了德国四大骨干科研机构（图6–1）。

图 6-1　协会与德国其他科研机构的协同关系

（资料来源：上海交通大学弗劳恩霍夫协会智能制造项目中心在"新型研发机构建设与人才体制机制创新发展论坛"讲座上的 PPT）

（二）发展历程

1949 年，103 名德国科技工作者在慕尼黑加入公益协会"促进应用研究弗劳恩霍夫学会注册协会"，标志着这家政府资助、协会管理、自发组织、专门面向工业应用研究的科学研究促进机构正式诞生。

1952 年，德国联邦经济部宣布协会为德国校外三大研究组织之一［与德国科学基金会（DFG）和马克斯·普朗克科学促进学会并列］。

1954 年，成立第一个研究所。

1965 年，德国研究委员会（German Research Council）提议要扩展大学之外的研究。基于这一建议，1973 年，德国议会对协会的政府投资按照协会从产业界和公共项目中获得经费总额的一半予以配比[①]，使协会与自身的商业成就紧密相连。这一模式便是后来著名的"弗劳恩霍夫模式"。该模式于 1973 年通过了联邦内阁和联邦与州委员会的批准。

①　资料来源：西鹏，陈东阳，刘爽健.高校新型研发机构市场化能力建设研究：基于德国弗劳恩霍夫协会模式的思考［J］.中国高校科技，2022 年第 1 期。

1969 年，协会的中小企业研究咨询促进计划设立。

1989 年，协会拥有近 6400 名雇员，37 所研究所，总预算 7 亿马克。2003 年，协会制定了严格具体的使命声明，总结了协会的基本目标，确立了协会"文化"所需的"价值与指导原则"。

2000 年与 2001 年间，德国数学和数据处理协会（Gesellschaft für Mathematik und Datenverarbeitung）下属的各研究所和信息技术研究中心与协会合并。

2002 年，原本隶属莱布尼茨科学联合会的海因里希·赫兹研究所柏林通信技术有限公司划归协会，使协会的预算首次超过 10 亿欧元。通过合并重组，协会在现有的权限下可以提高自身的市场运作水平。

2011 年，时任协会主席汉斯·约克·布凌格（Hans Joerg Bullinger）教授与广东省政府签订了合作协议，加强领域合作。

2019 年，中国第一个弗劳恩霍夫协会下属科研机构上海交通大学弗劳恩霍夫协会智能制造项目中心成立。

2020 年，协会确定了一批具有巨大开发潜力的面向未来的战略研究领域，分别是人工智能、生物经济、数字医疗、氢能技术、下一代计算、量子技术、资源效率和气候技术[①]。

（三）发展成效

经过几十年的发展，协会已成为世界上最高效的应用技术研究机构，成为德国国家创新体系中的重要一员。

从机构规模和人员情况看，目前协会共有 76 个研究所，分布在德国各地。同时，协会还在欧洲、美洲、亚洲及中东地区设有国际研究中心和代表处。截至 2020 年年底，协会拥有员工 29 069 人，其中研究、技术或管理人员（RTA 员工）20 701 人，学生 7827 人，实习生 541 人。每年服务的企业客户达到 3000 多家（图 6-2）。

---

① 资料来源：新华社客户端.瞭望丨帮助企业跨越"死亡之谷" [EB/OL]. [2022-04-19][2023-03-04]. https://baijiahao.baidu.com/s?id=1730508831091818837&wfr=spider&for=pc.

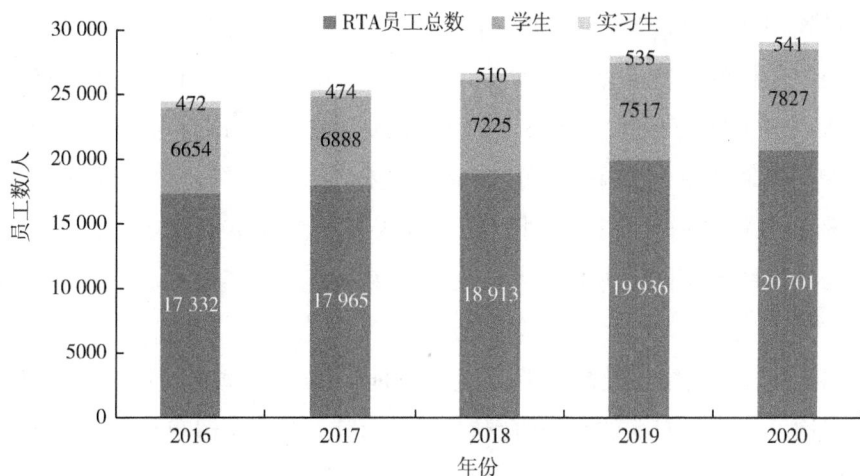

图 6-2　2016—2020 年协会员工构成

（资料来源：根据 *Fraunhofer Annual Report 2020* 整理）

从营收情况看，2021 年弗劳恩霍夫应用研究促进协会实现总营业额约 29 亿欧元。其中，科研项目是协会的主要收入来源，合同研究收入 25 亿欧元，约占全年总营业额的 86%，国际项目收入达到 2.76 亿欧元（图 6-3）。

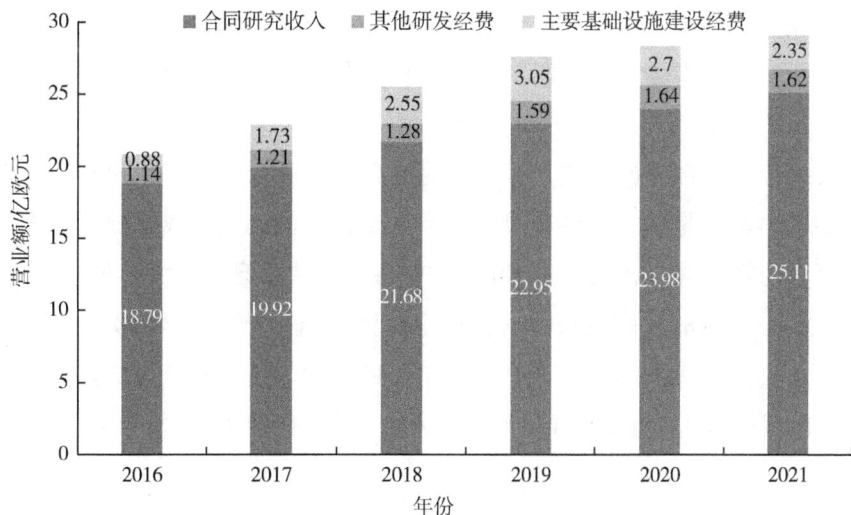

图 6-3　2016—2021 年协会总营业额构成

（资料来源：根据 *Fraunhofer Annual Report 2020* 及上海交通大学弗劳恩霍夫协会智能制造项目中心在"新型研发机构建设与人才体制机制创新发展论坛"讲座 PPT 整理）

从科技创新成果产出看，1991 年，世界上第一台 MP3 产生于弗劳恩霍夫协会位于埃尔兰根的集成电路研究所[①]。2018 年，协会取得专利优先权 612 项，许可费收入高达 1.09 亿欧元。2008—2018 年间，根据德国专利商标局统计，协会的年度专利申请数量稳定保持在前 20 名，商标注册数量则一直保持在前 10 名。欧洲专利局多年来一直将协会列为最具活跃度的专利申请者之一。2013—2018 年间，协会连续 5 年跻身科睿唯安（前身为汤森路透媒体集团）"全球创新机构 100 强"榜单[②]。

从国际化合作网络建设情况看，协会通过联合项目、海外项目中心、独立自主的分支机构、战略合作等方式与国际伙伴进行合作，形成了遍布欧洲、美洲、亚洲、非洲和中东地区的国际性活动网络。此外，协会还积极加入国际性的网络和组织，包括欧洲信息学与数学研究联盟（ERCIM）等。协会通过与世界各地杰出的研究机构和创新型公司开展国际合作，为应对全球挑战提出创新性的解决方案[1]。

二、运行机制与模式

（一）层次分明、职责明确、相互制约的现代化管理组织架构

协会的组织结构主要由会员大会、理事会、执行委员会、学术委员会和高层管理者会议等组成。这些组成机构类似于现代化企业组织架构中的股东大会、董事会、经理层、监事会等，在职能上可以相互配合，共同完成整个协会的管理、协调运作（图 6-4）。

会员大会由协会成员组成，是协会的最高权力机构，每年至少召开一次。会员大会的基本职责是选举理事会成员，推举荣誉会员；选举或解散执行委员会；对协会章程的修改进行表决等。其中，选举理事会成员是会员大会最主要的任务。

理事会是协会的最高决策机构，由会员大会选举产生大约 30 名成员，约有 18 位成员是来自学术界、商业界和公共部门的杰出人士，有 4 位成员是来自联邦和州政府的代表人士，有 3 位成员来自学术委员会，任期 3 年，每年举行两次例会。

---

① 数据来源：王春莉，于升峰，肖强，等.德国弗朗霍夫模式及其对我国技术转移机构的启示 [J].高科技与产业化，2015（10）：26-30.

② 数据来源：高然.关于自主创新时期我国科技社团发展模式的思考：基于弗朗霍夫协会的经验 [J].学会，2019（10）：5-13.

根据协会总章程，理事会的主要职能包括决定协会基本研发政策的制定等。

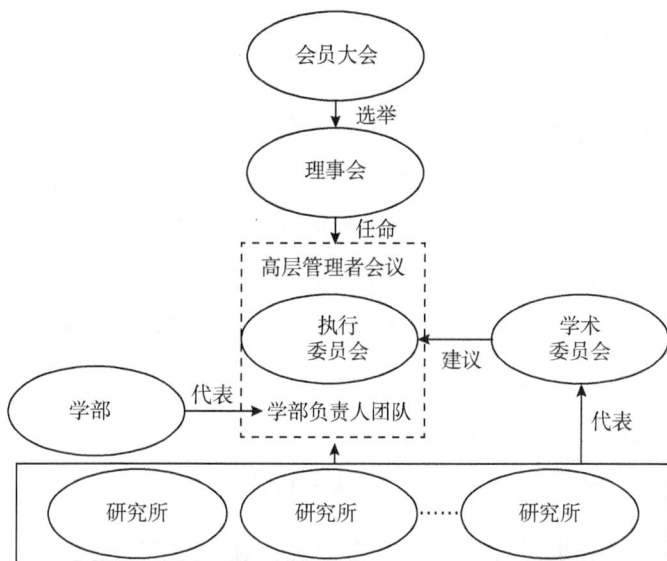

图6-4　德国弗劳恩霍夫应用研究促进协会组织结构

（资料来源：作者根据弗劳恩霍夫协会官网章程绘制）

执行委员会是协会的日常管理机构,由主席和最多4位全职委员(高级副主席)组成,这些成员中须有两位是自然科学家或工程师,一位是有经验的商业管理人士,另一位必须曾在公共服务部门担任过高级管理职务[2],这一规定既可以有效保障科学家在协会运营中的决策主导权,同时也有利于协会公益目标的实现和科研资源的高效利用。执行委员会每届任期5年,允许连任,所有成员均由理事会聘任。在聘约规定的范围内,执行委员会享有充分的管理自主权,但必须定期提交工作报告,接受监督。执行委员会的基本职能包括全面负责协会事务的管理等。

学术委员会是协会的内部咨询机构,其成员由协会各研究所所长、研究所高级管理人员及每个研究所选举出来的科研人员代表组成。学术委员会每届任期3年,每年至少举行一次例会,日常工作由包括主席等9位成员组成的常务委员会主持。学术委员会的主要职能包括就协会的发展规划和重大科研事项进行论证等。

高层管理者会议是协会管理和运行的协调机构,由执行委员会成员和学部的负责人组成，每季度举行一次例会。高层管理者会议参与执行委员会的决策制定过程，并拥有对执行委员会的工作提出建议和意见的权力。

研究所是协会的基本研究单元，自主开展工作并独立核算。研究所实行所长负责制，通常从所在大学的知名教授中选聘。各研究所还设有管理咨询委员会，其成员一般由来自研究所外部的 12 位科学界、工业界、商业界和公共部门的人士组成，协会执行委员会在研究所所长的建议下聘任管理咨询委员会成员。管理咨询委员会主要在研究所研究方向和研究所结构调整等方面担当顾问。

在协会和研究所之间，设有"学部"这一层级，其基本功能是协调协会下同一学科领域里不同研究所之间的交流与合作，实现科研资源的共享与高效利用，同时还参与协会重大事项的协调与决策。"学部"设有管理协调小组，成员为各研究所长，组长由理事会任命，副组长则由其成员推选产生[3]。目前，弗劳恩霍夫协会共设有 8 个学部，包括信息和通信科技学部等。

（二）面向产业统筹开展的"前沿研究"和"合同科研"

协会主要开展两个方面的研究，一是面向现有产业的研发和研发服务，以合同科研形式进行，二是聚焦未来产业相关领域，开展前沿研究。

合同科研是弗劳恩霍夫最重要的业务领域。协会可以从产品的研发需求分析到系统设计，再到产品原型开发，为客户量身定制系统性解决方案，成为中小公司花费低、见效快的应用研究实验室。在合同科研活动开展过程中，合作双方通过共同分析研究要解决的问题，研究确定要达到的目标，商定方法、进程和费用等条件，以签署合同的方式加以固定。通过这种方式，用户可以得到针对自身需求，量身定制的项目开展方式及合作范围等，获得系统解决方案。使得研发任务完成后，科研成果马上就可应用于生产，实现知识向生产力的高效转化。

前沿研究是协会可持续发展的重要保障。在德国联邦教育和科技部的基础和工程项目基金支持下，协会持久从事非合同式的、对未来具有重要意义的前沿科技研究。协会通过内外部组织网络协商机制确定未来研究方向，从源头上保证和规范研究成果的前瞻性与竞争性。从"世界级的挑战"和"总趋势"等相关议题入手，选择协会整体战略研发议题，采取从上往下的方式通过协会小组的审核和分级将议题范围逐渐缩小，设定为不同的子议题，在各个研究所之间进行分工协作。然后，各研究所召集不同的研究团队对子议题进行分析，挑选特定主题，提出综合解决方案。之后，通过从下往上的项目展示方式进行投标，最有信服力的项目将被确定为核心研究议题，作为协会未来 3～7 年的主要资助主题。

（三）"竞争性" + "非竞争性" 的经费结构， "固定性" + "差异化" 的经费分配

弗劳恩霍夫应用研究促进协会的经费主要包括"非竞争性资金"和"竞争性资金"两种类型，前者主要为德国联邦和地方各州政府及欧盟投入的面向工业和社会未来发展的科技事业基金等，占比 25%～30%；后者主要指来自公共部门的招标课题及与产业界签订的研发合同收入等，占比 70%～75%（图 6-5）。这种经费结构既通过竞争性经费激励开展产业导向的研发活动，也通过非竞争性经费维持机构一定比例的科研独立性，保证研究所对高风险的、研发周期更长的前沿技术、基础性研究的投入。

非竞争性资金是协会总经费的组成部分，由协会总部（董事会）负责管理，协会管理层可以自行决定如何使用。协会只需向联邦和各州政府报告使用事业费对德国创新体系形成的贡献，而无须对单个项目进行评估并做出报告。同时，政府为协会提供的 30% 资金不是固定的，用一个公式表示就是：

政府基本投资 =（协会产业税收 + 协会公共税收）÷2[4]。

这种政府资金拨付机制既起到了激励协会研究机构更多争取竞争性经费的作用，又为机构开展非营利性研发活动提供了保障。

竞争性经费是协会总经费的主要来源。其中，合同科研收入是竞争性经费的主体。除合同研究带来的竞争性经费外，协会每年还从大量具有应用前景的专利中获取收益。例如，2007 年 11 月 15 日，德国联邦议会预算委员会通过了批准弗劳恩霍夫协会创建"弗劳恩霍夫基金"的决议。该基金的宗旨在于利用 MP3 许可证收入中的"非常收益"建设新的"专利集群"[5]。协会借助"MP3 技术保护法"取得了相当丰厚的许可证收益。这笔收益使一批"自选研究计划"得到资助，并为"生成新知识产权集群"提供了良好机会。"弗劳恩霍夫基金"的创建使该协会所有的"知识产权集群"计划都有可能实施。基金每年都能为"知识产权集群"项目提供 1000 万欧元的特别经费。

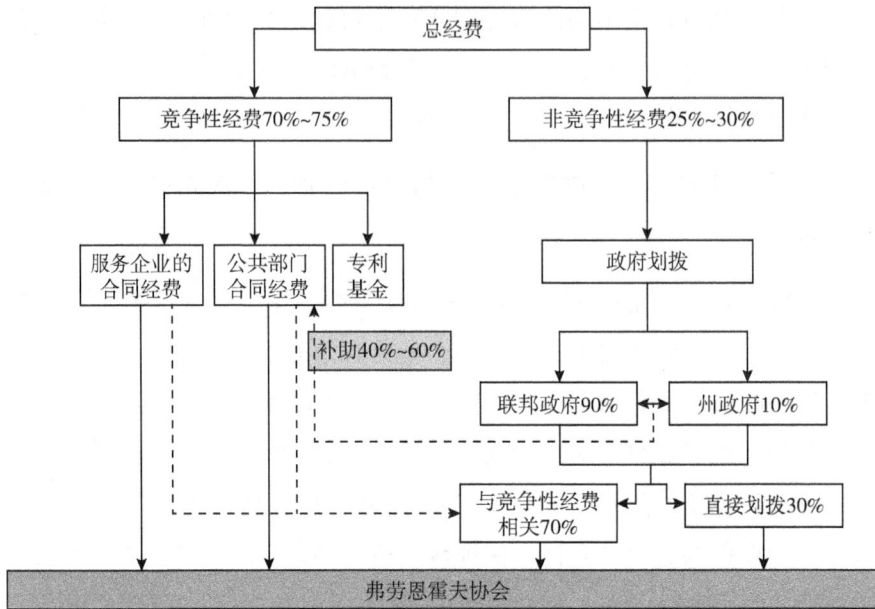

图 6-5　德国弗劳恩霍夫应用研究促进协会经费来源

（资料来源：图片由作者在"王春莉，于升峰，肖强，等.德国弗朗霍夫模式及其对我国技术转移机构的启示［J］.高科技与产业化，2015（10）：26-30"的资料基础上整理）

在协会内部，协会总部统筹政府拨付研究经费的分配。来自政府的非竞争性收入的分配问题每年都要在协会总部执行委员会上进行讨论。

一是协会将政府下拨事业基金的少部分无条件分配给各研究所，保障研究所进行前瞻性、基础性的研究。

二是大部分经费与研究所上年的合同科研收入挂钩，按比例分配。具体操作为，政府与协会根据各研究所承担的课题性质，通过签订协议的形式，设定差异化的资助比例。这种做法既保证了各研究所的基本运行，也起到了激励研究所从市场上争取更多经费的效果。

三是鼓励承担大型课题，协会将对两个以上研究所合作研发的项目提供专项补贴。

四是资金比例的构成与研究的优先级高度挂钩，具备很强的灵活性。由于弗劳恩霍夫下属的 76 家研究机构都有不同的成本费用，所以它们的实际资金比例也各不相同。

（四）复合式+"流动性"的用人机制

研究所所长具有复合工作经历。协会各研究所所长均由所在地的大学教授担任，且大部分所长都曾经担任大企业的董事或研究与发展部的主任，这样有利于把当地产业界的科技需求、大学的科研能力和研究所的科技开发活动紧密地结合起来。

科研人员具有"流动性"和"项目化"的特点。协会所属研究所实行固定岗与流动岗相结合的人员管理方式。一般来说，只有在研究所连续工作 10 年以上的专业人员才可能得到终身工作职位。协会的大多数科研和技术人员都是合同制人员，新进人员普遍签订与项目承担周期一致的定期合同，一般为 3～5 年。合同到期或项目完成后，员工一般都要离职去企业或申请进入其他项目组。到企业部门工作后的研究人员往往都会与协会保持联系，并将当前任职企业的合作项目带回到各研究所。

雇员中有 40% 是大学的高年级学生。聘用学生雇员参与研究，增加了培养造就卓越工程师和科学家的可能性。学生雇员在协会研究项目上的平均工作时长为 5 年，在此期间他们被允许申请博士学位，并自行完成相关学术工作。在协会工作期间，学生要承担项目管理责任，并从研究中获得回报[4]。这种雇佣方式使学生员工们具备了"先进的技术专长 + 企业家应具有的全方位的商业技能"和广泛的商业关系网。

（五）"入股式"的孵化企业培育

弗劳恩霍夫协会鼓励支持科技人员离开研究所创办公司（Spin-off Company），以推动自主开发的、经过经济分析及市场验证，确有发展前景的技术实现产业化。研究所与公司持续保持密切的关系，为了降低公司启动运作时的压力和风险，协会通过设立"投资小组"为其提供市场研究与预测、公司业务计划制订等方面的帮助。经济上，除专有技术作价入股的支持方式外，协会还常以入股方式给予这类企业一部分启动经费（约占总股份的 15%）。协会并非以此营利，而是待企业正常运转后，再通过股权转让回笼资金并用于支持新企业。此外，协会允许产业化阶段存在困难的企业在 2 年内返回研究所。

（六）"专家评判式"的绩效评估

弗劳恩霍夫根据与政府签订的"确保科研质量"协议，对协会及所属研究所工作实施评估。按照协会章程，各研究所每年度须向协会提交年度报告，协会执行委员会委托专家对报告进行审查，并给出评价意见。

协会每5年对各研究所进行一次综合评估，评估委员会由来自协会外部的学术界、产业界和公共部门的专业人士组成。协会对研究所的评价主要考察其科技竞争力及战略计划完成情况，评价的程序包括研究所状态报告审阅与实地考察2个部分，实地考察的时间一般是2～3天，主要对研究所的科研队伍、科研设施、管理机构和科研辅助系统进行具体考察，并举行对研究所所长的质询答辩。

值得一提的是，由于协会的定位是面向产业界开展以共性技术为主的应用研究，所以考核中，论文发表情况仅是一个参考指标，主要考核其项目承担情况、经费使用情况，特别是研究成果在产业界的实际应用情况。评估结果是协会未来确定事业发展规划、制定资源分配方案、改聘研究所所长和确定员工薪酬水平的主要依据[3]。

三、经验启示

德国弗劳恩霍夫应用研究促进协会"在政府资助下，以企业形式运作，官产学研相结合，公益性地进行应用科学研究"的这种独特运营方式被誉为"弗劳恩霍夫模式"。这种模式融通基础研究、应用研究、开发研究，联结科技界、教育界、产业界、政府界，对于建设新型研发机构有着重要的启示和借鉴意义。

（一）清晰定位，与其他创新主体形成有效协同

弗劳恩霍夫协会主要从事技术开发和成果转化，面向中小企业提供新的技术。这一清晰的发展定位使弗劳恩霍夫与德国的马克斯·普朗克科学促进学会、莱布尼茨科学联合会、亥姆霍兹国家研究中心联合会等研发机构围绕创新链形成了有效协同关系，也使得其成为德国国家创新体系中不可或缺的组成。

（二）明确机构性质，保证主责主业不偏移

协会的"民办"性质是指其不隶属于任何一个政府部门；"公助"性质是指政府部门提供其基本的运行经费；"非营利"性质是指协会不以营利为目的，协

会不从新技术或创新的商业运作中直接获得利益，通过科研活动取得的收入不得用于出资人和机构人员的分配，而是用于事业的再发展[4]。这使得协会能够专注研发与研发服务，开展产业共性技术研发，从事竞争前研发活动，而不在创新链后端与企业进行产品市场竞争。

（三）创新运行机制，有效集成创新资源

弗劳恩霍夫模式实现了围绕产业技术研发，对政府、大学、产业界等各领域资源的集成。例如，通过人才机制实现了对高校人才资源的整合，形成了机构研究活动开展的核心力量；通过科研合同与产业界建立紧密合作，形成了对产业需求的深度把握，并获得持续性运营经费；通过政府拨款，与政府间形成资源沟通，并通过基本经费支持保证了机构公益属性的持续。

同时需要指出的是，协会具有显著的企业管理制度设计。例如，会员大会作为协会的最高权力机关，相当于公司的股东大会；理事会是协会的最高决策机构，相当于公司的董事会；执行委员会负责协会的日常管理工作，相当于公司的经理层；学术委员会作为协会的最高咨询机构，相当于现代公司的监事会；高层管理者会议相当于扩大了的经营班子会议[3]。

（四）"固定经费+差异化分配"引导研发活动开展，实现资源的合理配置

为协调协会研发活动有序开展，激励研究所具备自身造血机制，协会采取"固定经费+差异化分配"的方式，一方面，无论研究所大小均拨付一笔年度固定经费；另一方面，根据各研究所的规模和业务效益对经费进行差异化分配，分配标准包括合同科研收入、承担课题数量和研究所成本费用等。这种方式在最大程度上实现了公平分配，既保障了各研究所的研究经费基础，又能有效激励各研究所面向公共部门和产业界自主开展研发活动。

第二节　比利时微电子研究中心

20世纪80年代，微电子已风靡美国，但在比利时还不发达。1982年，比利时弗拉芒大区启动微电子产业支持计划，6名毕业于斯坦福大学的比利时鲁汶大学教授向当地政府阐明大学研究与微电子产业发展严重脱节的问题。政府听从他

们的建议，1984 年由比利时联邦政府与弗拉芒大区政府共同拨款 6200 万欧元，以鲁汶大学微电子系为基础，联合弗拉芒大区的根特大学、布鲁塞尔自由大学、安特卫普大学、哈瑟尔特大学微电子研究力量和其他研究机构组建比利时微电子研究中心（Interuniversity Microelectronics Centre，IMEC），总部在鲁汶。

一、IMEC 独特的运行机制

IMEC 定位于纳米电子和数字技术领域全球领先的前瞻性重大创新中心。得益于独特的产学研开放创新机制，不到 40 年时间里，IMEC 从最初 70 人小组发展到拥有来自 95 个国家 5000 多名优秀人才的欧洲领先机构，其中企业派驻研究人员及访问学者 800 多人。经费从几千万欧元增长到 7 亿余欧元，且超过 75% 来自企业合作，而企业客户中有 75% 来自比利时以外的国家和地区。其产学研开放创新运行机制具有以下特征。

（一）明确超前 3 ~ 10 年的研发使命定位

IMEC 定位"在微电子技术、纳米技术及信息系统设计的前沿领域对未来产业需求进行超前 3 ~ 10 年的研发"。IMEC 根据技术发展阶段决定合作类型。

（1）基础研究比市场应用早 8 ~ 15 年。IMEC 与 200 多所有博士学位授予资格的大学合作开展基础研究，研究材料基本特性，探索实现技术目标的不同途径。IMEC 将基础研究成果用作启动新生态系统的背景知识，从而确保其以最新的技术专业知识为基础发挥未来产业研究计划协调人的角色。

（2）应用研究侧重于比市场需求提前 3 ~ 8 年的技术。IMEC 通过发挥协调人的作用，将半导体上下游合作伙伴聚集在一起，创造合作伙伴愿意公开讨论技术路线图的环境，定义创新生态系统，推进特定纳米电子技术研究，促进符合合作伙伴需求且有价值的产业联盟研究项目。

（3）发展研究侧重于比市场应用提前 2 ~ 3 年的主题，并基于产业合作伙伴和 IMEC 之间的双边合作。

（二）官产学融合的董事会为最高决策机构

为保证 IMEC 的中立性和独立性，并协调政府、大学和产业公司之间合作关系，IMEC 董事会采用类似"官产学"结构，约 1/3 是政府官员，1/3 是产业界代表，

1/3 是高校教授,使其研发目标能够基于产业前沿需求,构建面向未来商用的生态,从而持续引导集成电路技术发展。IMEC 还邀请国际知名学者和企业高管组成科学顾问委员,提供科技咨询建议。

(三)政府稳定资助和大学合作经费分配权

1984 年成立以来,弗拉芒大区政府每年给予 IMEC 资助并且稳步增长,从起初每年资助 1000 万欧元,到 2017 年增长到 1.08 亿欧元,并要求 IMEC 至少将 10% 拨款以合作研发方式转给本地大学机构,以获取产业界不愿过多介入的战略先导性、前瞻性技术,从而不断地为 IMEC 积累丰富的基础知识。这些基础研究成果成为 IMEC 吸引产业合作的"资本"。通过公共资源投入的内在耦合机制设计,提升不同创新单元之间的协作动力。

(四)研究基础设施投资与开放式创新齐头并进

为了让芯片制造商和工具供应商在更大晶圆上生产更复杂芯片的竞赛中处于领先地位,IMEC 使研究基础设施投资与开创性的开放式创新齐头并进,通过这个独特模式,整个半导体价值链相关企业协同开展竞争前创新研究,从芯片制造商和无晶圆厂公司到集成商,以及材料和工具供应商,共同分担日益复杂的研发负担和风险。

成立之初,IMEC 就将研究基础设施作为其发展战略的重要组成部分,IMEC 总部包括 2.4 万平方米的办公空间、实验室、培训设施和技术支援室,以及 2 个约 1.2 万平方米的洁净室,一个是用于传感器与微型电子机械系统(MEMS)等技术研发的 200 毫米洁净室、一个是专注于研发 10 纳米工艺技术的 300 毫米洁净室,此外专注于针对 3 纳米半导体工艺技术研发的 450 毫米无尘室也已准备好。IMEC 总部还有硅和有机太阳能电池的试生产线、用于生物电子学研究的专用实验室,以及材料表征和可靠性测试的设备。IMEC 拥有传感器、成像技术、无线连接的物联网技术研究专用实验室。IMEC 与 ASML 建立了重要的合作关系,利用该公司的光刻机成为微缩技术的领先研究中心,制造具有更强大功能的更小芯片。

这些大型研究基础设施成为 IMEC 的战略研发平台,也成为企业内部研发的重要补充,耗资 25 亿欧元的 300 毫米洁净室"试验线",使研究人员能够研究比当前前沿制造技术领先两到三代的芯片制造工艺。目前世界上最先进的芯片是

5 纳米，但 IMEC 已经在研究 2 纳米及以下芯片。在强大研发设施支持下，IMEC 研究几乎涵盖纳米电子学各个方面，所涉及专业领域多元但聚焦，在众多细分研究领域中，IMEC 将其研发工作围绕智能移动、智能健康、智能产业、智能能源、智能城市、智能教育等大类别进行分组，以对应现在及未来现实产业需求。

（五）专业客观的产业联盟研发计划

作为其与产业界的主要合作方式，1991 年 IMEC 提出产业联盟计划（IMEC Industrial Affiliation Program，IIAP），1992—1994 年 IMEC 启动头 2 个 IAP 计划。2000—2013 年 IMEC 协调超过 25 个 IAP 计划。目前，IMEC 在运行的 IAP 计划有 12 个，IAP 计划收入已经占到 IMEC 年收入的 50% 以上（专栏 6-1）。IAP 计划多边合作模式被公认为是国际微电子界研发合作模式中最成功的一种，已被全球高技术产业界广泛认可。

IAP 计划在共享研发费用、科研人员、知识产权，以及共担风险的基础上，开展领先市场需求 3 ~ 8 年的竞争前共性技术研究，每个参加 IAP 的合作伙伴要向 IMEC 缴纳背景知识产权的入门许可费（license fee），而且合作研发期原则上不低于 3 年，以攻克在产业应用前的技术瓶颈。IAP 计划通常由几十家存在竞争关系的企业参与，形成多学科大团队的协作攻关。

IMEC 凭借自身深厚的专业背景，在总体把握各方信息基础上，充分考虑现实市场需求，以满足项目参与各方对行业关键共性技术突破的迫切需要，独立客观地做出研发 IAP 计划项目集选择的专业决策，并且之后被时间和市场检验为正确的决策。IAP 计划项目集确定之后，有意向的企业通过自身评估和外部环境考察，决定是否参与项目。

专栏 6-1　3D 系统集成 IAP 计划

以 IMEC 领导协调的 3D 系统集成 IAP 计划为例。在计划开始时，IMEC 考虑到各参与伙伴的贡献和需求，与 IAP 合作伙伴进行未来可能产生的前景知识产权的双边安排。

一般来说，技术最终用户可以访问与设计和制造相关的前景知识产权。其他合作伙伴可以访问更小、更具体的一组知识产权。例如，设备供应商可以访问与其设备相关的知识产权。设备和材料供应商通常还需就其他人获取有关其特定设备和材料性能的知识进行限制谈判。大多数 IAP 合作伙伴与 IMEC 协商通用技术共同研究，以及少量专有后续研究的可能性。

与主要合作伙伴签订第一批合同后，就可启动 IAP，IMEC 研究人员开始与企业派驻研究人员合作开发 3D 技术，其他合伙人后续也加入进来。IMEC 协调组织 5 年期的 3D 技术 IAP 计划，其经费 2% 来自公共资金、14% 来自供应商、其余 84% 来自其他合作伙伴，如铸造厂、无晶圆厂公司和半导体垂直整合型公司（IDM），其研究团队 IMEC 人员占 69%、IAP 不同合作伙伴的企业派驻研究人员占 24%、该技术领域博士生占 7%。

再如 IMEC 著名的 193 纳米深紫外线（DUV）芯片工艺 IAP 计划，全球共有 30 多家企业参加，其中包括顶尖芯片生产商（如英特尔、AMD、Micron、德州仪器、飞利浦、意法半导体、英飞凌和三星等）、设备供应商（如 ASML、TEL、Zeiss 等）、基础材料供应商（如 Olin、Shipley、JSR、Clariant 等）、芯片设计软件供应商（如 Mentor Graphics 等），以及 4 个集成电路产业联盟（SEMATECH、IST、MEDEA、SELETE）。

各类合作伙伴在 IMEC 的战略研发平台上，可以形成紧密协同和接力研发，很快在芯片核心工艺上取得重大突破。

（六）独特的知识产权分享机制

产业联盟计划开放式协同创新的前提是要制定和明晰组织内的知识产权规则，IMEC 精细的知识产权分享机制设计，解决了协同创新组织最重要的规则问题。

IMEC 要求合作伙伴支付一次性项目加入费和年度费用，其用途包括对背景知识产权的补偿、基础设施建设、研究人员费用和研究设备费用等。IMEC 合作伙伴分为核心成员和项目成员，相应支付的项目费用也不同。核心成员由于支付的项目费较高，参与的深度和广度更大，享受的权益也更多。无论实力强弱，各主体都可在公平、共享的机制原则下，实现各自所需的利益，也防止"搭便车"的行为。

对于芯片制造商、制造设备商、基础材料供应商、芯片设计公司等不同的研发合作伙伴，IMEC 设计了有针对性的知识产权商业合作模式，对 IAP 计划研究成果预期产生的知识产权进行严格分类管理，产业联合项目将知识产权分为

R0、R1、R2 三类，实施相应的规则：

（1）R0，IMEC 独有的知识产权；

（2）R1，IMEC 与合作伙伴共同所有的知识产权；

（3）R2，合作伙伴独有的知识产权。

此外，R1* 是 IMEC 与某合作伙伴通过共同研发获得共有知识产权，但该技术在其他合作伙伴间进行选择性分享。对于芯片代工制造伙伴，IMEC 往往要求共享相关项目集产生的知识产权。而对于相关专业材料供应商，由于业务的特殊敏感性，研发伙伴将拥有相关的化学结构的排他性拥有，而且 IMEC 将无权单独披露相关信息。

（七）完善的成果转移转化机制

在 IMEC 带动下，培养的科技人才、孵化的科技公司，以及吸引来的项目合作上下游科技企业等，已经逐渐在当地形成聚集效应，在 IMEC 所在地形成"数字信号处理器（DSP）谷""多媒体谷"等产业聚集地。其中，DSP 已经聚集超过 100 家企业和研究机构，以微电子技术为中心，几乎涵盖全产业链。当 IMEC 获得的技术或知识产权与新的产业联盟计划无关时，或者该技术已能够成熟地运用于市场时，可通过一次性技术买断的方式转移到受让公司。

另外，IMEC 将部分成果通过孵化公司的方式实现商业化，每年至少成立 1 家子公司。对于没有外部公司引入且具有价值的技术，IMEC 在充分可行性论证基础上，以成立孵化公司的形式将成果进行转化。IMEC 通常将部分相关人员分离出去，并且将相关技术以一次性买断的方式转让给子公司，获取孵化公司 5%～15% 的股权，并给予新公司人才、技术和种子资金的支持。目前，IMEC 已孵化数百个科技公司。

（八）兼顾本地化与全球化

1999 年，IMEC 开始全球化战略，将其合作模式成功推广到世界各地。

2005 年，在荷兰政府的支持下，IMEC 和荷兰国家应用科学研究组织在荷兰埃因霍温高科技园区成立霍尔斯特研发中心，开发应对全球社会挑战的健康、电力、能源、气候、交通、工业 5.0 领域的微电子和传感器技术。

2019 年，IMEC 与瓦赫宁根大学、拉德堡德大学在荷兰海尔德兰省共同创立研究中心，开发健康和可持续食品用芯片和数字技术。

目前，IMEC 已在旧金山、东京、大阪、上海和班加罗尔等 3 大洲设有 21 个区域合作伙伴办事处，加强其与本地高校、科研机构和企业间的技术转让、许可和研发合作活动。IMEC 拥有 600 多个世界领先行业合作伙伴和全球学术网络组成的生态系统，核心科研合作伙伴囊括几乎全球所有顶尖信息技术公司，如英特尔、IBM、德州仪器、应用材料、AMD、索尼、台积电、西门子、三星、爱立信和诺基亚等。

二、IMEC 对我国的启示

IMEC 作为比利时国家战略科技力量在产业共性关键技术研发中发挥战略性核心平台的重要作用，深度联结产学各方协同攻关重大源头技术，构建面向产业前沿突破的高效创新生态，其对我国国家战略科技力量建设有三点启示。

一是定位上，明确应用导向的战略性核心平台定位。坚定其在产业共性关键技术攻坚体系中应用导向的战略性平台定位，实现分散资源的高效整合与优化配置，促进松耦合参与者间的开放式创新聚合与创新生态的深度对接。作为国家战略科技力量，重点承担突破关键共性技术的主要战略任务，在突破关键核心技术的"主航道"中，形成有效的战略领位和卡位，不越位与产业合作伙伴在市场上争利。

二是机制上，精细管理合作产生的知识产权。在重大项目实施前，对可能的利益冲突进行研判，并通过透明制度设计进行预先规范；根据产出来源和贡献程度对关键知识成果的归属进行明确划分，充分考虑各个创新参与方的核心利益关切。作为国家战略科技力量，以雄厚知识积累、研发基础设施和权责清晰的合作规则，对产业研发伙伴形成强大的平台吸引力和凝聚力，彼此信任方能"并肩前行"。

三是路径上，本地化与国际化合作并重。越是在当前全球经济陷入泥沼、合作陷入封闭的情况下，更是应该加大力度开展国际性合作。IMEC 专注产业共性技术，既注重与本地大学的基础研究合作，又借助与国际企业与科研力量形成合力，与企业实际紧密结合，促成更加强大的科研中心的形成。而一旦培育出 IMEC 这样作为世界级的科研中心的国家战略科技力量，不仅会对我国的科技产业与科技人才形成巨大助力，更有助于我国成为全球科技创新中心。

第三节　美国制造业创新研究院

为重塑美国制造业的全球领导地位和竞争力，美国政府于2012年启动了国家制造业创新网络（NNMI）（2016年更名为"制造业 USA"），解决基础研究和商业化之间的"死亡之谷"问题，推动先进制造技术向产业转移、向生产力转化。美国制造业创新研究院（IMIs）是承载制造业网络的重要载体，每个研究院布局于一个特定的和有前途的先进制造技术领域，聚焦共性关键技术的供给与应用。根据《美国制造业创新亮点报告：2021年成就与影响力概述》，截至2021年年底，美国已建设16家"制造业创新研究院"，组成了一个遍布全国的"国家制造创新网络"。制造业创新研究院在联合"政、企、学"力量构建创新生态、进行项目评价等方面进行了高效率、有益的探索。本节对 IMIs 发展和运行特色进行分析，并从中总结经验启示，以期对我国新型研发机构建设与发展提供参考。

一、基本情况

（一）建设背景

21世纪初期，在全球化快速推进的浪潮中，以美国为代表的发达经济体纷纷进行去工业化，将本土制造业转移至发展中国家，自身经济发展逐渐依赖起房地产、金融等虚拟经济领域，由此出现了"产业空心化"现象。金融危机之后，美国开始反思虚拟经济盲目扩张带来的弊端，并重建实体经济，其中一项重要举措即为振兴制造业的全球竞争力。美国制造业的发展虽然在国民经济和安全方面都占有第一重要的位置，但近几十年来美国制造业呈现出衰退的趋势，引起了诸多关注。

一方面，制造业对美国经济和国家安全都至关重要。虽然制造业只占美国国内生产总值的12%，但超2/3的私营部门研发资金、超2/3的国家研发人员、绝大多数获得的专利及美国出口的大部分都依赖于美国制造业（图6-6）。制造业行业员工的总薪酬通常比非制造业同行高出14%。同时，制造业具有很高的经济乘数效应：一个制造业工作岗位产生的效益相当于其他行业1.6个工作岗位产生的效益，其中，先进制造业的乘数效益最大，每个先进制造业岗位产生的效益相当于其他行业5个工作岗位产生的效益[6]。

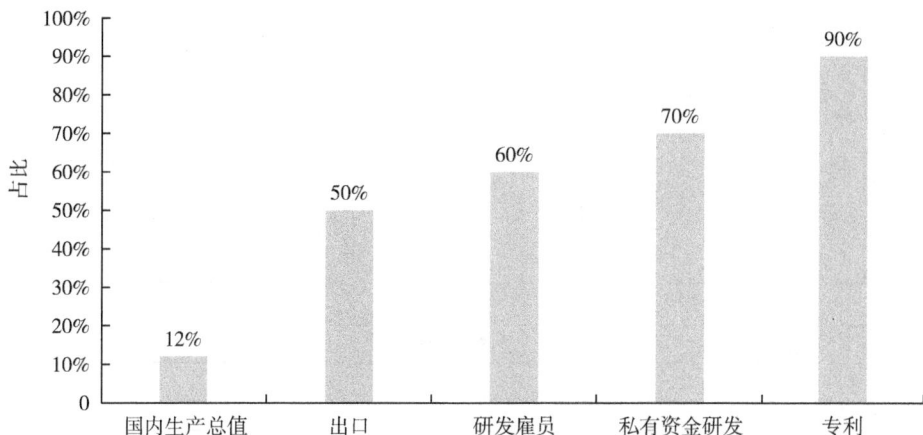

图 6-6　美国制造业在各项经济指标中所占比重

（资料来源：数据来源于美国总统科技顾问委员会《就抓住先进制造的国内竞争优势而致总统的报告》）

　　另一方面，美国的制造业在衰退。虽然长期以来，美国一直是基础研究领域的全球领导者，但其许多研究发现并没有转化为商业利益或产品，基础研究和生产之间的空缺阻碍了美国制造业的进步，这主要是由于制造业应用技术的复杂性和高投资风险，使得私营部门特别是中小型制造公司不愿意进行投资，因此美国制造业创新链条上存在空白（图6-7）。此外，美国制造业还面临着制造业大量外迁，很多产品无法在本国内生产，从而出现危及国家安全、减少国内就业机会、降低产业工人待遇等问题[7]。

　　为解决制造业应用阶段投入的严重不足，美国联邦政府发起 NNMI，在 NNMI 框架下建设制造业创新研究院，充分调动"政、产、学、研"的积极性，共同组成创新联盟，聚焦于共性技术的研究与开发，来打通"基础研究—应用研究—商业化"环节。

　　据 2016 年发布的《国家制造创新计划网络战略计划》，NNMI 项目有四个主要目标：①提高美国制造业的竞争力；②促进创新技术向可扩展、成本效益高的国内制造能力过渡；③加快先进制造业劳动力的发展；④支持帮助研究机构形成稳定和可持续的商业模式。

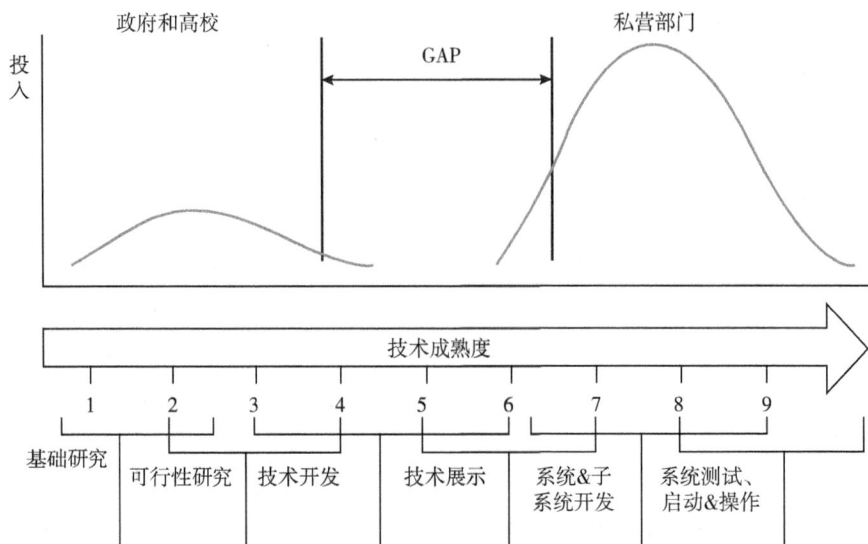

图 6-7 美国制造业创新链条的投资差距

（资料来源：图片来自科学研究动态监测快报）

（二）建设历程

2011 年，美国总统科技顾问委员会发布报告《确保美国在先进制造业的领导地位》，认为美国先进制造业衰退的重要因素是在将发明和发现实现产业化、转化成产品这个流程上出了问题，并建议成立"先进制造伙伴"（Advanced Manufacturing Partnership，AMP）。AMP 旨在将"政、产、学、研"等力量联合起来以促进美国制造业的发展。同年 12 月，先进制造国家项目办公室（AMMPO）成立，以更好地促进 AMP 工作，后成为 NNMI 项目的主要管理者。

2012 年 3 月，美国总统奥巴马在参观劳斯莱斯喷气发动机涡轮盘制造工厂时发表演讲，建议投资 10 亿美元设立由 15 家 IMIs 组成的 NNMI。

2012 年 7 月，AMP 指导委员会在给总统的国内竞争优势报告中，提出了提高美国制造竞争力的建议。其中的关键是提议美国建立一个"国家制造创新网络"，通过公私合作以促进形成先进制造业技术方面的区域生态系统。

2012 年 8 月，作为 NNMI 的试点，首个增材制造创新研究院（NAMII）在俄亥俄州正式挂牌成立，美国国防部、能源部和商务部等 5 家政府部门将共同出资 4500 万美元，位于俄亥俄—宾夕法尼亚—西弗吉尼亚技术带（tech-belt）上的企业、学校和非营利性组织组成的联合团体将出资 4000 万美元进行匹配。

2013年1月，发布《国家制造创新网络：初步设计》，提出构建NNMI。

2014年12月，国会通过了《振兴美国制造业和创新法案》（RAMI法案），该法案授权商务部长和政府建立制造业创新网络计划，通常被称为NNMI计划。NNMI正式成立。

2016年2月，先进制造国家项目办公室发布2015年年度报告和第一个三年战略计划。此后，年度报告或美国制造业亮点报告每年发布。

截至2021年年底，NNMI在美国已经建立了16家IMIs，其中，国防部（DoD）资助的制造业创新研究院9个，能源部（DoE）资助的制造业创新研究院6个，商务部（DoC）资助的制造业创新研究院1个。

美国制造业创新研究院现行布局如表6-1所示。

表6-1　美国制造业创新研究院现行布局

序号	成立年份	名称	简称	资助部门
1	2017	国家生物制药制造创新研究所	NIIMBL	商务部
2	2012	国家增材制造创新研究所	America Makes	国防部
3	2014	数字化制造创新研究院	MxD	国防部
4	2014	未来轻质材料制造创新研究院	LIFT	国防部
5	2015	美国集成光子学制造创新研究院	AIM Photonics	国防部
6	2015	美国柔性混合动力电子产品制造创新研究院	NextFlex	国防部
7	2016	先进功能纤维制造创新研究院	AFFOA	国防部
8	2016	先进可再生制造创新研究所	BioFabUSA	国防部
9	2017	先进机器人制造创新研究院	ARM	国防部
10	2020	国防生物工业制造创新研究院	BioMADE	国防部
11	2015	先进复合材料制造创新研究院	IACMI	能源部
12	2017	减少内含能量与排放创新研究院	REMADE	能源部
13	2017	清洁能源智能制造创新研究院	CESMII	能源部
14	2017	过程强化部署快速推进创新研究院	RAPID	能源部
15	2015	电力美国创新研究院	PowerAmerica	能源部
16	2020	网络安全制造创新研究院	CyManII	能源部

注：依据《美国制造业创新亮点报告：2021年成就与影响力概述》整理。

（三）发展成就

美国制造业创新研究院取得了显著的发展成果。依据2022年10月发布的《美国制造业创新亮点报告：2021年成就与影响力概述》，报告认为各研究院均构建了强大的公私合作创新网络，在制造业先进技术开发、劳动力培训发展、创新生态建设等方面做出了突出贡献。

（1）建设创新生态系统：美国制造业创新研究院广泛调动"政、产、学、研"的积极性，寻求多方面的参与，共同组成创新联盟以推动美国制造业的快速发展。在2021财年，各研究院共开展了700多个先进制造业领域的应用研究和开发项目，并与2300多个成员组织合作执行这些项目。在这些机构的成员中，有63%是制造企业（其中有72%是中小型企业）。其他项目成员包括22%的科研院所（如社区学院、主要研究型大学）及15%的国家和地方经济发展实体[①]（图6-8）。

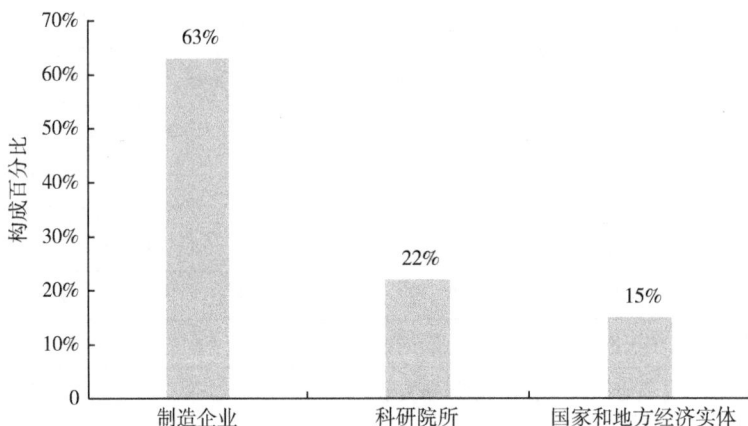

图6-8　项目合作成员构成

注：依据《美国制造业创新亮点报告：2021年成就与影响力概述》整理。

（2）发展先进的制造技术：各研究院及其成员组织在各自的先进制造技术领域的竞争前应用研发项目（R&D）上进行合作，目前有708个正在进行的研发项目，包括以下几个。

---

① 数据来源：MANUFACTURING USA Highlights Report：A Summary of 2021 Accomplish-ments and Impacts，November 5，2021，https://doi.org/10.6028/NIST. AMS. 600-9.

一是为生物制药用的生长细胞降低了90%的成本：Potomac Affinity Proteins与马里兰大学帕克学院合作扩大细胞因子的规模化生产。通过使用其大肠杆菌表达系统，该团队能够以90%的成本生产和验证细胞因子（从每毫克1000～50 000美元到每毫克100美元）。这使得此行业能以更低的成本实现更大的规模生产，同时扩大了行业的灵活性。

二是提供复合结构桥梁的可持续基础设施解决方案：IACMI与学术和制造合作者在田纳西州建造了第一座纤维增强聚合物汽车桥面，减少了安装时间及施工期间的能源成本。复合桥面具有高强度设计，使用寿命为100年，比混凝土轻90%。该甲板还嵌入了智能传感器，以监测其健康状况和性能。

三是新一代健康状况监控：AFFOA与麻省理工学院林肯实验室的国防织物发现中心合作，成功开发并测试了一种具有缺氧状态检测功能的头带，从而可以在受伤前做出反应，如对血氧水平波动的患者进行提前治疗。该织物包含嵌入的微电子元件，可以连续测量和无线传输关键的生理条件，包括温度及血氧水平。

（3）发展先进的制造业劳动力：在2021财年，超过9万名工人（包括退伍军人和受新冠疫情影响的人）、学生和教育工作者参与了制造业创新研究院的劳动力项目。

（4）吸收投资基金：截至2021年8月，联邦政府对制造业创新研究院的财政援助总额约为17亿美元；非联邦实体（包括来自工业领域、学术领域、其他州和联邦政府奖项等）的资助总额约为26亿美元。这种1.5∶1的投资比例远超过项目初始设计的1∶1，显示了联邦投资的催化效果。

二、运营与管理

（一）基本组织与管理：美国政府深度介入

各制造业创新研究院是NNMI项目的核心，从事于先进制造业的特定专业领域，并聚焦于当前领域的应用研究环节（技术成熟度4～7阶段）。研究院还承担着劳动力教育和培训、培养创新生态的功能。制造业创新研究院共同组成全国性的制造创新网络。

制造业创新研究院具备浓厚的官方色彩，美国政府始终扮演着重要角色，除了政府主导建设外，商务部下属的先进制造国家项目办公室（AMNPO）是制造创新网络的主要管理者。AMNPO 成立于 2012 年，由美国商务部国家标准与技术研究院（NIST）所属的商务部主办，是一个跨部门的团队，成员由各研究院、联邦部门和其他相关机构代表共同组成。AMNPO 既向商务部部长汇报工作，也能向总统行政办公室报告。这样的汇报机制使得 NNMI 的影响力大为增加，体现了美国行政部门的高度重视[7]。AMNPO 具体执行 NNMI 计划内的各项事务，监督管理整个创新网络层面的公共事务，形成统一的解决方案，并主动寻求各研究院之间资源共享的机会，主要职责包括[8]以下几点。

· 监督 NNMI 项目的计划、管理和协调。

· 与相关联邦部门和机构签订谅解备忘录，以落实 NNMI 项目目标。

· 为最大限度地协调与促进 NNMI 项目和其他联邦政府、机构间的合作，制定所需的程序、流程和标准。

· 建立 NNMI 项目活动相关的公共信息交流所。

· 作为该网络的召集者。

· 至少每 3 年更新一次指导 NNMI 计划的战略计划。

· 将霍林斯制造扩展伙伴关系（MEP）纳入 NNMI 计划，以惠及中小型企业。

（二）机构组建与运行："产学研政"共同参与建设运行

NNMI 项目希望各制造业创新研究院形成一个可持续的商业模式使得自身能够单独在市场生存。各研究院采用公私合作伙伴关系（Public-Private Partnership，PPP）公私合营模式建设，是由非营利机构组织主导运营管理，政府、学术界和企业界共同参与建设，充分整合各类创新资源的联盟组织。

在研究院的组建方式上，各制造业创新研究院的建设费均是由政府资本和社会资本共同承担，先进制造国家项目办公室要求社会资本部分不得少于政府资本。一般政府首先出资 7000 万～12 000 万美元作为引导资金，吸引社会资本进入，政府利用 5～7 年的时间帮助研究院成长起来，然后逐渐退出，之后研究院的生存完全自负盈亏独立发展。

在政府资助的成长期间内，研究院主要活动包括招募员工、决定如何共享知识产权、开发技术路线图、开展先进制造业的研发工作、开发展示先进制造工具、在成员间分享预备竞争力相关知识及制定劳动力培训课程。这些活动在早期无法为研究院带来收益，但作为培育机构的措施，为研究院研发活动构建了稳定的制度环境，是研究院后期资金来源的重要保障。联邦政府的资助资金在初始阶段逐渐减少，5～7年后政府退出，此后研究院以灵活的运作形式获取可持续收入，比如会员费、服务费、合同委托研究或产品试制、知识产权使用费等，实现自我造血（图6-9）。

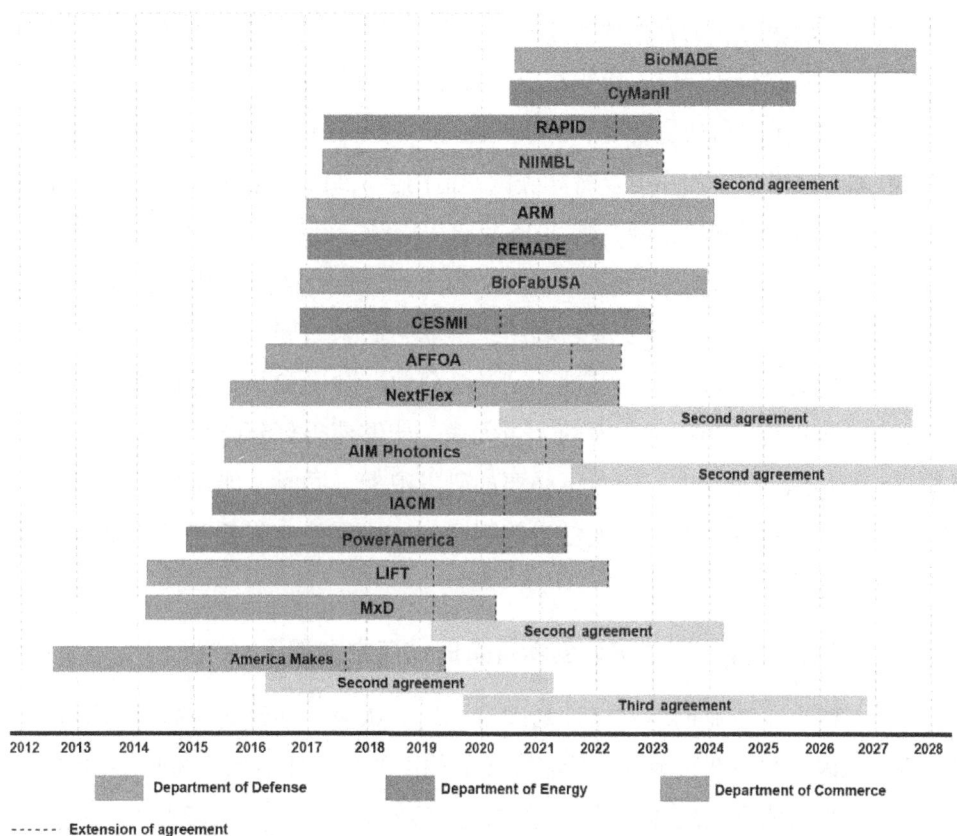

图6-9　截至2021年9月的研究院联邦财政援助期间的计划开始和结束日期

（资料来源：图片来自《先进制造业：创新研究院报告技术进展，成员对其参与感到满意》）

研究院的选址强调能够有效依托当地资源。在白宫确定重点支持领域和方向后，国防部、能源部等相关联邦政府部门牵头负责具体制造业创新研究院的选址和建设工作[9]。研究院并不是去扶持一个地点从零开始发展，而是非常注重利用当地的基础设施、现有产业能力和创新要素等资源，去推动特定技术发展的同时向外辐射，带动区域制造业能力提升。

对于研究院的日常管理，一般交由一个独立的非营利组织，实行以董事会为核心的商业化治理模式。董事会负责研究院重大事项的决策，董事会成员来自各个会员机构，"产学研政"各方都会拥有一定的席位。此外，董事会还会引入以制造企业代表为主的独立董事。执行董事由负责日常管理的非营利组织带头人担任。研究院还设有一个层级分明的合作伙伴体系，"产学研政"各方会员根据自身条件与意愿，参与到不同的合作层级，承担相应的义务，包括缴纳会费、参与技术开发与成果转化的合作、提供科研资源等，并享受相应的权利，包括董事会席位、技术和知识产权获取、研发设施使用等。譬如美国制造的会员组成，根据捐助的资金或实物分为白金级、黄金级和白银级，到 2015 年末美国制造已有近 150 家会员[10]。

制造业创新研究院将政府部门、大中小企业、行业联盟与协会、高等院校、社区学院、国家重点实验室及非营利组织等联合起来共同参与建设与运营，构建了一个以特定先进制造技术为基础、"产学研政"共同参与的创新生态系统。这样的创新生态系统，避免了政府的大包大揽，能够使得创新技术甄别、技术路线选择等更能贴近产业需求，避免不必要的研发浪费，同时又能通过共享测试实验室装备、技术的培训、技术研发信息等资源产生协同效应降低美国产业的成本，提升其全球竞争力。

（三）项目选择：定位突破创新链条的"死亡之谷"

美国《国家制造业创新网络计划战略规划》认为，导致美国高技术制造业出现衰落的原因，并不在于劳动力价格高（如德国的工资比美国高 30%～40%），而在于美国将发明和发现转化成"美国制造"的产品和流程上逐渐失去立足点[11]。必须填补国家技术创新体系的空白，特别是研发活动与技术应用之间的鸿沟，需要美国政府有所作为，在国家层面上加强对创新机构和资源的战略协调，实现公私创新资源协同共治。

为促进创新技术转化成经济高效的规模化产能，制造业创新研究院聚焦于技术成熟度在 4～7 的研究成果，关注如何打通"基础研究—应用研究—商业化"环节。这一定位意味着制造业创新研究院选择的是拥有着广阔前景的蓝海，相比于基础研究的长期见效，和已经进入市场激烈拼杀的商业化成果阶段，制造业创新研究院能够推进已经进行小规模市场化阶段的技术。通过降低成本、提升性能等途径，成为更具市场竞争力的技术与产品，可以开创全新的市场空间。

为确定项目，制造业创新研究院首先广泛征求大学、研究院所、大企业、中小企业等各方意见，反复调研，引入多方成员进行评估，确定技术领域。在确定技术领域之后，研究院面向会员和社会征集项目提案，由学术界、企业界联合组成项目团队进行项目申请实施，并确定项目研发计划和筹资方案（研发计划包含了具体开发步骤和解决方案、成果转化和商业化方案、配套的劳动力技能升级方案等内容。筹资计划要求详细描述联邦政府和各会员机构如何分摊相应的研发成本）[12]。最后，通过招标选出最优方案，并以项目的形式落实。每个项目团队由 1 个牵头单位和多个参与单位组成，项目成员来自企业、学校、国家实验室、行业协会等各方单位，高度体现产学研政合作关系（图 6-10）。例如，"开发能够实现增材制造蜂窝机构高效设计的拓扑优化工具"项目由匹兹堡大学牵头，成员来自 ANSYS 联合技术公司研究中心、Ex One 公司、GE、美铝公司、材料科学公司、陆军航空导弹研发工程中心、ACUTEC 精密加工公司等八家单位。

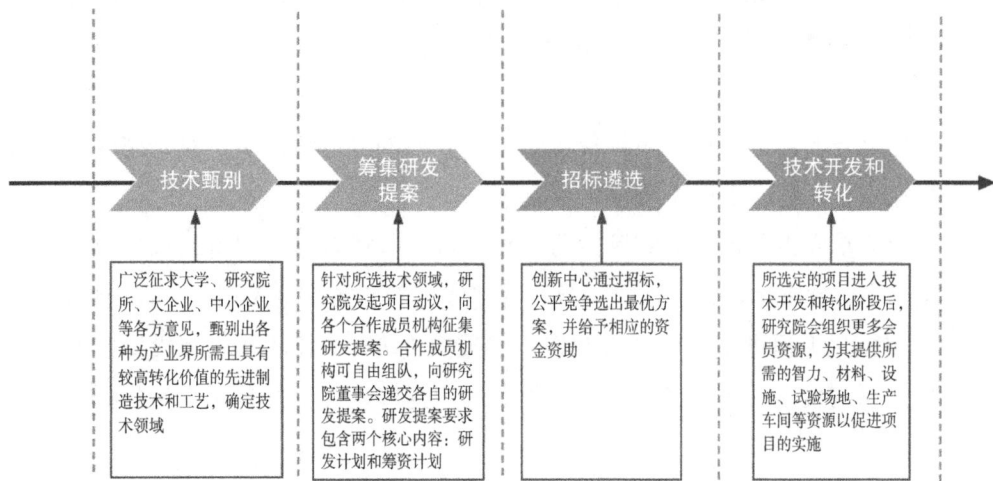

图 6-10　IMIs 项目选择流程

（资料来源：依据国务院发展研究中心"激发创新主体的活力"课题组《美国制造业创新中心的运作模式与启示》绘制）

（四）评价机制：围绕目标的持续业绩评估

《RAMI 法案》和《国家制造业创新网络计划战略规划》要求对制造业创新研究院进行定期评估。制造业创新研究院现有评价体系，一是 AMNPO 构建的各制造业创新研究院自行组织评价的评价框架和指标体系；二是委托美国审计总署等机构开展的第三方评估。

AMNPO 构建的制造业创新研究院的评价框架和指标体系随着时间变化不断修订。根据最新商务部向国会提交的 2021 财年评价报告，美国现有制造业创新研究院的评估体系为：依据 NNMI 项目的四个目标，设置了 4 个相对应的一级指标，并进一步细化到了 26 个评价项目，所有指标不设权重，只考察定量数据。以下为 4 个一级指标。

一是竞争力（指创新机构对美国创新生态系统的影响力），主要对项目成员数量和成员多样性 2 个维度进行考查，下设 5 个细化评价项目。

二是技术进步（主要指在技术开发、转让、商业化方面取得的成就），通过正在进行的项目数量、实现的关键项目目标进行评估，下设 2 个细化评价项目。

三是劳动力（指在培养先进制造领域劳动力），主要从教育和劳动力发展（EWD）的项目实施情况、资金来源及资金支出三个维度进行考察，下设 16 个评价项目。

四是财务的可持续性（主要指资金收益方面的可持续性），对研究院资金来源的渠道进行评估，下设 4 个评价项目。

评价活动先由各创新研究院自行组织，再由 AMNPO 对评价结果进行汇总并对社会公布，频率为每年一次。另外，制造业创新研究院也采用了一些定性指标，包括在规模化上促进基本创新力制造技术成熟度 4～7 级的非联邦投资的孵化、区域生态系统发展、供应链和劳动力发展等。这些定性指标是对定量指标的良好补充。

除了每年公布一次的美国国家制造业创新网络绩效定量评价结果外，《RAMI 法案》还要求美国国会下属的政府问责局（GAO）每 2 年提交一份关于 NNMI 的评估报告，截至目前，政府问责局已发布 3 份评估报告。在对现状评价的基础之上，政府问责局还会提出增加计划有效性的建议。在最新的评估报告中，针对制造业创新研究院的活动进行了以下汇报：

① Manufacturing USA 项目实现国家先进制造战略计划目标的情况；②各机构处理政府问责局的建议的情况；③各研究所在实现其技术目标方面取得的进展；④中小型研究所成员如何与美国制造业创新研究院合作，以及赞助机构和研究院为确保这些成员能够利用研究所的工作而采取的措施；⑤赞助机构对于研究院的计划。

（五）劳动力发展：人力资源培养是 NNMI 的伴随战略

制造业创新研究院关注对劳动力的教育和培养，充分培育包括技术人员、熟练生产工人、制造工程师、科学家和实验室人员等在内的人力资源以确保美国制造业发展的人才需求。

在人力资源教育与培养上，制造业创新研究院关注以下 5 个方面。一是培养年轻学生对 STEM 等领域的兴趣。提前培育对这些领域的兴趣，能够拓宽未来接受专业培训和教育的生源。二是支持和拓展中高等教育。研究院对各层次劳动力进行培训，开发有效的员工培训项目，如开展学徒制和合作教育（雇主－教师）项目，让学生通过学习，在职业发展中实现无缝衔接。三是加大先进制造技能的教育和培训。创新院与各种机构合作培训所需的岗位技能，如开展所需的员工资质认证和测试工作等。四是培养高水平研究人员。研究院中的实习项目为寻求实践经验的理工科学生创造了实习和参与培训的机会，这些实习生有望成为下一代工程师和研发人员。五是确认下一代劳动力所需的技能。创新机构关注新技术、新材料和新工艺的研发所需的新能力，并将其加入社区、技术学院和大学的教育课程中。

三、经验启示

（一）致力于先进制造技术的应用和推广

美国制造业创新研究院定位于解决研究和商业化之间的"死亡之谷"，承担了先进技术的应用研究任务，相当于创新网络中的技术"孵化器"，对具有一定成熟度的技术进行更深层次的工程化开发和商业化应用具有促进作用，能够为制造企业提供经过验证的先进制造技术和应用示范，促进前沿创新技术向规模化、经济高效的制造能力转化[12]。

（二）构建深度融合的创新生态

NNMI 项目将地方政府、企业、高校等各方力量协调在一起对各制造业创新研究院进行建设和运营，形成了多主体参与的覆盖全产业链的创新生态，能够促进产业链创新链融通融合，通过有效的产业协同解决"基础研究"和"产业化"之间的"死亡谷"问题，最大化消除基础研究产业化过程中的不必要成本，使得美国在全球产业链中占据优势地位。

（三）优化布局创新网络

制造业创新研究院是 NNMI 的核心，16 个制造业创新研究院构成了遍布全美的制造创新网络。每个制造业创新研究院聚焦于先进制造业的特定专业领域，着力于支撑提升美国制造业竞争水平和突破基础技术应用发展的瓶颈约束。并在运行机制上，积极探索政府引导下的多元资金投入和退出机制，强化考核和激励机制，以高效的体制机制推动高技术快速高效产业化加速。此外，AMNPO 还牵头加强各个制造业创新研究院之间的创新合作和经验分享，分析研究解决共性问题的具体路径。这样的结构之下，既能充分激发各个制造业创新研究院的活力，又能通过协同效应实现制造业创新网络整体效能的提升和资源的高效配置。

（四）多渠道研发经费投入

制造业创新研究院的资金不仅有联邦政府拨款，还有会员费、服务收费、研发收费、社会捐赠等。在建设初期都能得到联邦政府财政资金支持，并通过发挥好联邦资金的撬动作用吸引社会资本的进入以提升制造业创新研究院的自身造血能力和实现自我的可持续发展。新型研发机构建设过程中，应合理运用货币政策工具、绿色通道和奖励金机制等手段，引导金融机构、科创基金及投资公司优先投资新型研发机构，减少对国家政府资金的依赖，提高发展的可持续性[10]。

第四节　英国弹射中心

一、英国弹射中心诞生的历史背景

英国长期面临基础科研优势难以转化为经济优势的问题，"重科学、轻技术"

及科技成果转化应用少、经济效益差等现象突出[13]。

20 世纪 80 年代，撒切尔政府进行了一系列改革促进科技转化为生产力，如平衡国防与民用研发经费、促进工业界对研发的投资等，强化了科技政策的市场化导向。但在新自由主义的影响下，政府对除国防科技外的科技工作秉承"少插手、不干预"的原则，缺乏清晰的科技政策主张和有效的执行机制[14]；同时大力发展跨国经济、金融与服务业，使得产业"空心化"现象凸显，经济陷入衰退[15]。

20 世纪 90 年代，英国政府第一次明确科技为国家创造财富的目标，先后提出了一系列提升国家创新能力的计划，将科技创新上升为国家战略，改变了政府不介入"近市场"研发的政策逻辑。国际金融危机前，政府研发经费投入保持了持续增长的态势，带动了私营部门的研发投入，创新对于英国劳动生产率增长的贡献在 2000—2008 年达到了 63%①。

2008 年，金融危机使英国再次陷入衰退，为尽快复苏，英国政府明确科技创新作为推动经济发展的核心动力，进一步强化了在创新治理中扮演的角色[16]。2010 年，在政府的委托下，赫曼·豪瑟博士撰写了《英国技术创新中心现状及前景》的报告[17]，建议英国政府借鉴德国弗劳恩霍夫协会、荷兰国家应用科学研究组织等建设经验，在研究基础、工业基础和技术吸收能力较好的区域，投资建设一批国家技术创新中心，以推动科技创新与成果转化，为英国经济复苏和创新发展注入新的动力。这一提案很快获得了批准。

2010 年 10 月，英国政府宣布，由英国技术战略委员会（后更名为英国创新署）负责，建立一批国家技术创新中心（后称为"弹射中心"）。弹射中心的建立，使英国政府将市场主导与政府的战略干预结合，进一步整合了私营部门和公共部门的资源，形成了新的服务于国家战略的创新治理机制[18]。

二、英国弹射中心概况

（一）基本情况

弹射中心（Catapult Center）是由 9 家世界领先的技术创新中心组成的网络，

---

① 数据来源: 刘云, 陶斯宇. 基础科学优势为创新发展注入新动力: 英国成为世界科技强国之路[J]. 中国科学院院刊, 2018, 33（5）: 484-492.

主要由英国政府资助，英国创新署（专栏6-2）负责建设并监督，在促进英国科技成果的快速产业化的同时，承担政府部分促进区域经济转型升级、提高国家生产力和技术竞争力的使命（图6-11）。

弹射中心作为独立、非营利的担保有限公司，定位于解决技术成熟度4~6级的问题，因其具备的中介性和连接性，作为"中立的召集人"连接"产、学、资、用"各端，通过"需求拉动"弥合学术界与产业界、科学研究与商业应用之间的鸿沟，促进科技成果向产业转移转化[19]。

弹射中心的主要任务一是知识供给。帮助企业获得顶尖的技术和知识，推动技术进步。二是合同研发。通过竞争获得企业的研发合同。三是合作研发。面向企业需求，与企业合作开展应用研究。四是资源链接。举办活动链接企业与科研机构。五是技能培训。建立技能中心，推动国家专业技能发展。六是建成世界领先的研发基地[20]。

专栏6-2　英国创新署

英国创新署（Innovation UK）是英国商务、能源与工业战略部下属的创新机构，负责从国家层面推动创新活动，通过激励创新主体、集聚创新要素、提供创新资助等手段，促进英国经济增长，支撑英国2035年打造全球创新中心的目标[23]。弹射中心是英国创新署"工具包"的重要组成部分，英国创新署负责建设和监管弹射中心，并提出发展目标和下拨支持资金[18]。

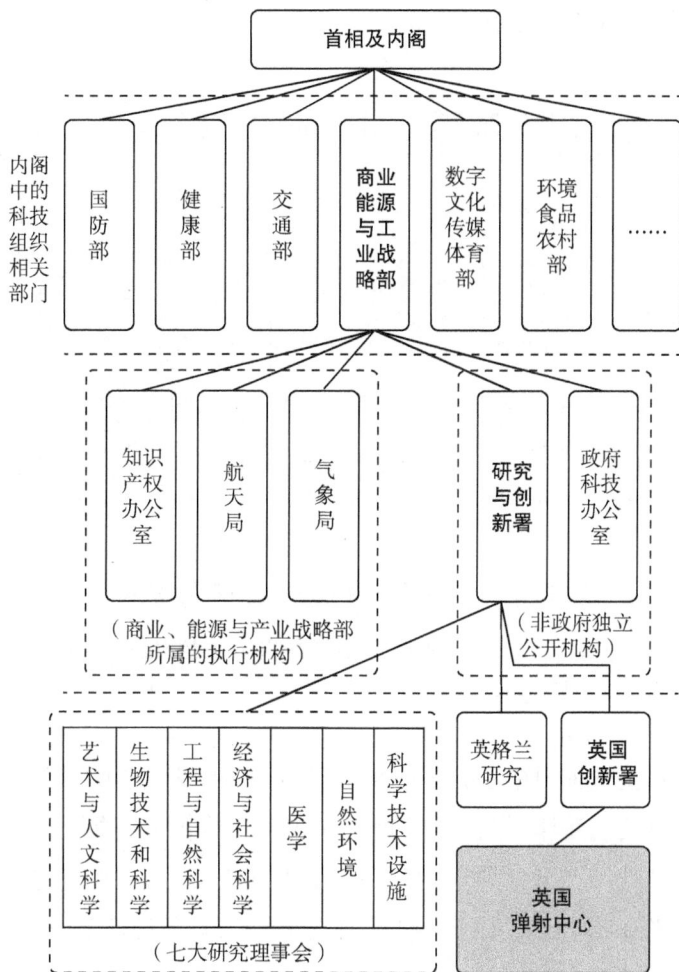

图 6-11　英国政府科技创新管理体系架构及英国弹射中心的位置

（资料来源：图片根据孔江涛等[14]信息绘制）

（二）发展阶段

根据英国创新署的计划，弹射中心建设将分为初期建设（图 6-12）、构建创新网络、融入国家创新体系三个阶段[20]。

第一阶段：布局建设弹射中心（2011—2019 年）。前 3 年计划投资 2 亿英镑，在研究基础、工业基础和技术吸收能力较好的区域，布局一批弹射中心。自 2010 年启动建设以来，英国先后建立了高价值制造、近海可再生能源等 11 个弹射中心，经合并、撤销后保留了 9 个弹射中心 ①。

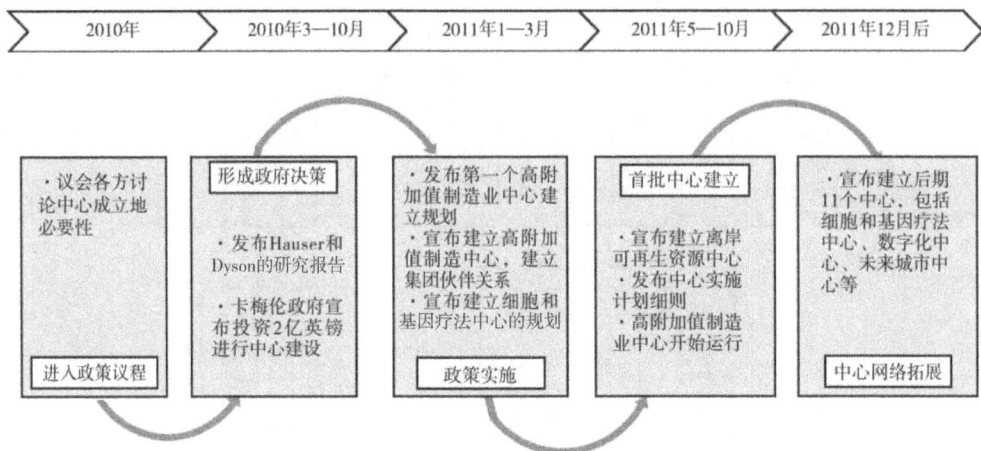

图 6-12　英国弹射中心建设初期的过程

[图片来源：杨雅南 . 高端创新 : 来自英国弹射创新中心的实践与启示 [J]. 全球科技经济瞭望，2017，32（6）：25-37，51.]

第二阶段：基于弹射中心在不同领域建立创新网络（2019 年至今）。英国政府认为，建立科技创新体系关键在于加强科研机构和商业组织之间的联系。因此，以每个弹射中心为节点建立创新网络，吸引不同规模的企业（包括跨国公司和中小企业）进行跨领域合作，以及促进企业与高校、科研院所的合作，初步形成英国新的技术创新体系。

第三阶段：将弹射中心融入国家创新体系（未来）。加强弹射中心与其他研究和技术组织、独立实验室、创新中心及某些重点高校技术转移部门的有效结合，共同构成更广泛的中介部门。同时，促进弹射中心与英国创新平台计划、研发合作计划、知识转移网络、知识转移伙伴计划、小企业研究计划等英国已有的创新措施相结合。

目前，弹射中心已经走过了布局建设阶段，正进入网络优化阶段。这一阶段的关键是利用弹射中心网络，增加弹射中心内部合作量，使交叉领域的创新项目，

---

① 9 个弹射中心分别是高价值制造、细胞与基因疗法、近海可再生能源、卫星应用、数字化、能源系统、医药研发、复合半导体应用、联域。

可以在不同弹射中心之间转移[22]。2022 年 11 月，英国创新署与弹射中心制定了新的协议，计划在未来 5 年对弹射中心的资助增加 35%，支持总额达到 16 亿英镑，以进一步提升创新活动的影响力，发挥对私营部门的杠杆作用①。

（三）发展成效

截至 2022 年，弹射中心总投入超过 14 亿英镑，拥有员工超 5100 人，开展学术合作 5560 次、产业化合作 1.8 万次，支持中小企业 1.2 万家/次，参与国际化项目 1120 项②。

作为非营利组织，弹射中心在英国创新系统中发挥了重要作用，为产学研各主体提供技术知识供给、创新平台设施、高端研发设备和专业技能培训，推动新技术和概念在开放式、国际化的创新网络中向市场应用转化。

2022 年评估表明，弹射中心对企业实现创新项目、提升产品质量与建立创新合作发挥了重要作用。300 家合作企业中，80% 表示如果没有弹射中心的参与，他们的创新项目就不会实现或者更慢实现，弹射中心提高了他们的产品和服务的质量；90% 的受访企业称，弹射中心在帮助创新企业形成伙伴关系方面也发挥了重要作用③。

三、机构特色与模式创新

（一）建设布局：明确建立标准，整合优势资源

首先，弹射中心的布局会经历一系列论证和审核过程：一是扫描具有潜力的技术优先发展领域，运用建立标准（专栏 6-3）识别具有最强竞争力的候选者；二是与企业和学术界深入讨论、评估在该地区建立中心的可行性；三是运用选择性招标和正式招标两阶段过程来选择运行中心和识别主要合作伙伴；四是与选定主办者共同制定战略框架和创新业务规划[18]。

---

① 数据来源：英国研究与创新署网站，https://www.ukri.org/blog/boosting-growth-and-productivity-through-innovation/.

② 数据来源：英国弹射中心网站，https://catapult.org.uk/our-work/our-impact/.

③ 数据来源：英国研究与创新署经济和社会研究委员会企业研究中心网站，https://www.enterpriseresearch.ac.uk/publications/catapulting-firms-into-the-innovation-system-analysing-local-knowledge-spillovers-from-catapult-centres/.

专栏6-3　英国创新署建立弹射中心的标准

英国创新署运用7项标准对其进行审核[①]：

· 该中心支持的创新领域/行业应具有巨大的全球市场价值；

· 英国在该领域/行业工业能力应足够强大，能够承载价值链中的关键和高价值的部分；

· 英国在该领域应具有全球领先的研究能力；

· 政府政策和行为在该领域/行业应能对市场产生影响；

· 该领域/行业应具有对英国经济产生溢出效益的潜力，包括多个行业效应、区域和技术溢出及提高生产力等影响；

· 该中心应解决现有中心或设施未解决的市场失灵问题；

· 该中心应对英国经济的可持续发展和公民的生活质量产生积极影响。

其次，弹射中心建设秉承新建与改建相结合的原则，以结合各地发展优势，整合创新资源。如高价值制造弹射中心利用了已有投资和基础，整合了谢菲尔德大学先进制造研究中心、工艺创新中心有限公司、制造技术中心、国家复合材料中心、苏格兰国家制造研究所、核先进制造研究中心及华威大学制造工程学院7家中心的资源；而细胞与基因疗法及联域弹射中心是完全新建的弹射中心（图6-13）。

（二）组织模式：采用"政府指导+企业自主发展"的模式

在政府指导方面，英国创新署负责弹射中心的领域布局，提供资金支持和监督管理，并重点关注各中心的基础能力建设和技术研发。

一是负责弹射中心建设领域的选择。英国创新署通过每年发布年度资助及行动计划，选择战略性产业和领域的资助方向，对弹射中心进行布局，并设定建立标准。如2016年4月发布的《2016—2017财年资助及行动计划》决定，在2016—2017财年出资5.61亿英镑，重点聚焦新兴和智能技术。健康与生命科学、基础设施体系、制造和材料等重点领域。二是对弹射中心进行监督管理。由英国

---

① 资料来源：英国商务、能源与工业战略部报告：How the *UK's Catapults can strengthen research and development capacity*. https://www.gov.uk/government/publications/catapult-network-review-2021-how-the-uks-catapults-can-strengthen-research-and-development-capacity.

```
                                                              铸件先进制造研究中心
                                                              医学先进制造研究中心
                                                              复合材料中心
                                                              知识转移中心
                                                              国家金属技术中心
                                  先进制造研究中心（AMRC）    设计和原型制造中心
                                                              高级结构测试中心
                                                              工业博士学位中心
                                                              培训中心
                                                              2050工厂
                                                              劳斯莱斯未来工厂

                                                              国家印刷电子中心
                                                              国家配方中心
                                                              国家工业生物技术设施
                                  工艺创新中心（CPI）          国家生物制剂生产中心
                                                              卓越RNA中心
                                                              药品制造创新中心
                                                              国家医保光电子中心
          1.高价值制造弹射中心                                 石墨烯应用中心
            (2011)
                                                              安斯蒂科技园总部
                                  制造技术中心（MTC）          先进制造培训中心
                                                              国家增材制造中心

                                  国家复合材料中心（NCC）

                                                              先进成型研究中心
                                                              数字化流程制造中心
  弹射中心                        苏格兰国家制造研究所（NMIS）  轻量化制造中心
  网络                                                        制造技能学院
                                                              数字化工厂

                                                              谢菲尔德大学先进制造园总部
                                  核先进制造研究中心（NUCLEAT AMRC）
                                                              模块化制造研发中心

                                  华威大学制造工程学院（WMG）

          2.细胞与基因治疗弹射中心 (2012)

          3.近海可再生能源弹射中心 (2013)

          4.卫星应用弹射中心 (2013)

          5.数字化弹射中心 (2013)

          6.药物发现弹射中心 (2015)

          7.能源系统弹射中心 (2015)

          8.化合物半导体应用弹射中心 (2016)

          9.联域弹射中心 (2019)
```

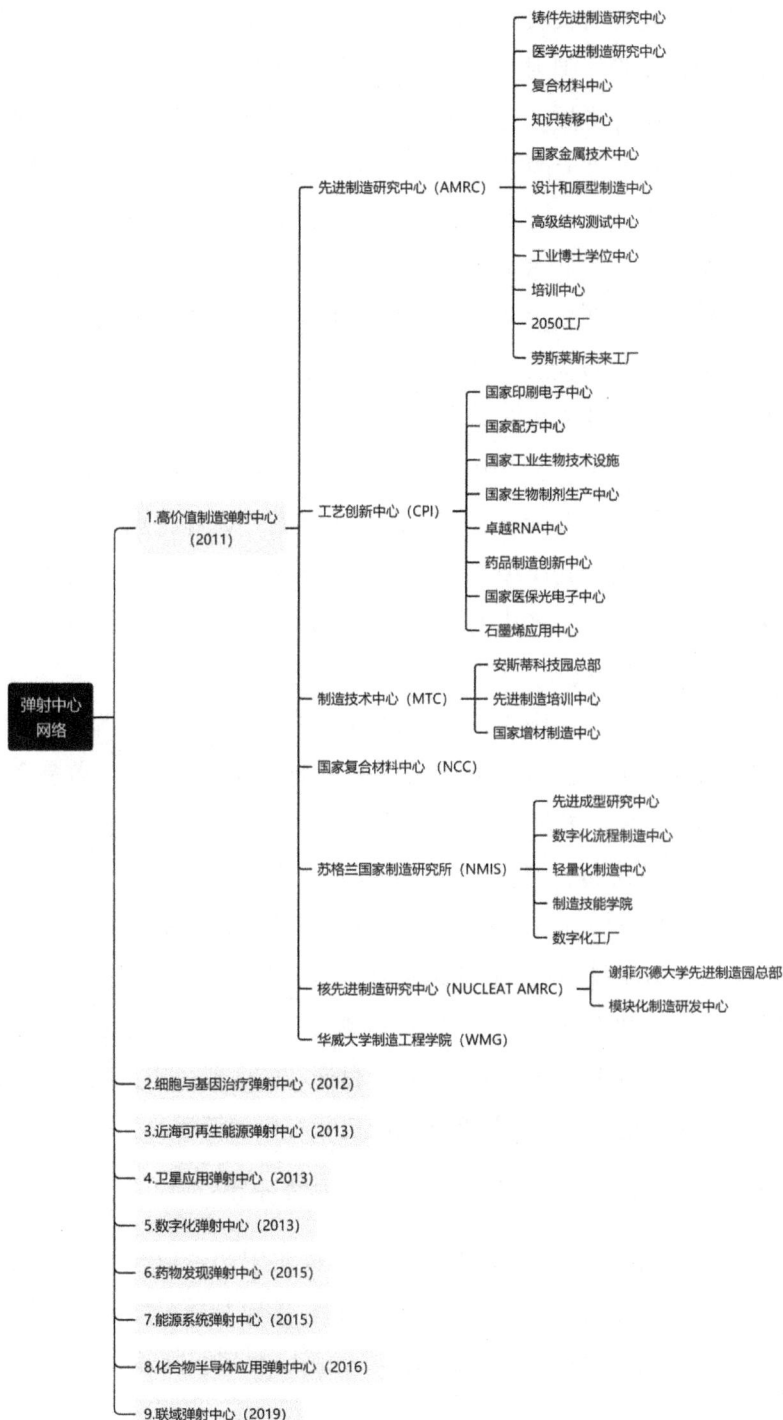

图 6-13 弹射中心网络及高价值制造弹射中心布局

（资料来源：作者根据英国弹射中心网站整理）

创新署下设的咨询监督委员会负责监管所有弹射中心，在战略方向设立和网络运行方面提供咨询，以确保弹射中心与国家创新系统建立牢固联系，就未来投资提供建议，同时审查中心进展，定期报告弹射中心网络的整体绩效。各弹射中心在具体运作过程中被赋予很大的自主性，英国创新署只是规定其发展目标，中心可以根据情况调整需求变化和商业模式。三是对弹射中心进行资金支持。英国创新署每年向每个弹射中心提供 500 万 ～ 1000 万英镑，投资周期 5 ～ 10 年。四是关注弹射中心基础能力建设和技术研发。政府对弹射中心资助资金的 60% 投入创新平台和设备购置，40% 投入人员和项目启动经费。比例的变动取决于弹射中心建设过程中是否使用已有设施和设备。

在企业自主发展方面，9 家中心作为独立、非营利的有限责任公司，均采用公司治理结构，在协议和政策目标范围内自主运营，允许根据客户不断变化的需求和业务基础调整经营。每个中心负责自身业务规划、自身资产负债、设备管理和设施所有权及知识产权。各中心由董事会及执行管理团队负责中心的运营，并对中心各类工作提供指导。

一是董事会负责监督弹射中心的运行及执行管理团队、制定弹射中心的总体发展战略，规模为 8 ～ 12 人，下设技术战略委员会、监督委员会，董事会主席人选必须同时具备创业精神、工业经验和学术基础三方面能力。二是执行管理团队负责弹射中心的日常运营决策，将重大事件告知董事会并寻求董事会的建议，规模为 10 人左右，由于中心核心产业领域不同，高级管理团队职务设置有所差异，主要包括首席执行官、首席科学官、首席信息官、财务总监兼执行董事、首席运营官、首席临床主任、参与和沟通主管、实验室和新兴产品主管、质量总监、营销经理、中期财务负责人等。各中心有义务围绕各自目标和核心业务制订商业计划，有独立的资产和负债、独立的设备和设施及知识产权所有权和管理责任 [23, 20]。

（三）创新合作：为中小企业发展定制支持计划

9 家弹射中心结合各自领域的特点，分别针对中小企业和初创企业社区制订了专门的支持计划。通过提供先进的创新平台、测试环境、专业技术知识及参与合作研发项目等方式，为企业提升创新能力提供定制化的服务①。

---

① 英国弹射中心网站，https://catapult.org.uk/work-with-us/business-and-industry/.

一是成果转化。通过提供调查、评估、开发和演示技术的工具，与客户和供应链建立合作，改进产品、流程和技术，以提高技术的成熟度，并促进成果转化。二是孵化服务。通过产品快速商业化、企业孵化器和加速器计划，支持初创阶段、创业公司和规模化企业，使其能够充分利用弹射中心的资源、能力和专业知识。三是咨询服务。提供独立的项目尽职调查、市场分析、成本建模、商业案例等支持，制订与行业相关的研发项目计划，布局知识产权体系。四是资源链接。提供合作伙伴选择、知识共享网络访问支持，包括链接其他弹射中心和供应链组织的途径。五是金融投资。通过协助开拓融资途径（包括识别机会、资本对接、申请流程），优化创意，增加与投资者接触的机会，帮助企业获得政府和私人投资。六是其他服务。例如，提供监管和合规指导，提供人员培养方面的建议，以及提供获取国际化经验的途径等 [①]。

（四）成果扩散：注重以知识产权转移推动成果扩散

根据项目来源的不同，弹射中心建立了专业透明的知识产权管理制度，鼓励知识产权协作和开发利用，从而更好实现研发成果的产业化。弹射中心遵循3项原则确定知识产权归属：一是足够灵活以适应不同规模的合作伙伴和客户；二是以促进行业利益为目标，管理新技术的发展、保护和开发，鼓励了解现有第三方知识产权权利；三是不给中小企业及其他客户造成额外负担 [20]。

弹射中心根据资金来源而采取不同所有权分配方式，主要有3种。一是在政府公共投资的核心资金资助下完成的成果：弹射中心拥有知识产权，并可通过合适的授权、分拆及其他灵活方式授权给企业用户。二是企业合同研究成果：公司将获得知识产权开发权，但知识产权保护不得阻止弹射中心将来使用知识产权的研究基础。三是公共和私营部门共同资助的合作研发项目成果：分享、利用知识产权须经所有合作伙伴同意，并就知识产权商业化方式进行协商。

（五）经费来源：多元化收入来源，降低创新资金风险

英国弹射中心的资金投入方式与德国弗劳恩霍夫研究院类似，均包括竞争性收入和非竞争性收入。各弹射中心的资金来源主要分为三类：一是来自企业的合同收入（Commercial），约占中心全部收入的1/3。二是来源于公共和私营部门

---

① 资料来源：Catapult.org.uk，"Support Programmes for SMEs and Startups（2022）"，December 2022,https:// catapult. org. uk / about – us / publications /.

共同资助的合作研发项目（CR&D），约占中心全部收入的1/3。以上两部分均属于竞争性收入。三是政府直接下拨的核心补助（Core），约占中心全部收入的1/3，由英国创新署提供，每年为每个弹射中心提供500万～1000万英镑，投资周期5～10年。其中企业合同研究资金和合作研发项目资金主要用于人力费用和启动项目。政府的核心补助资金则主要用于创新平台建设和设备购置，投入比例与各个弹射中心在建设过程中是否使用已有设施和设备相关[20]。

这种资金模式使得中心在招标之初，就特别注重3个方面：一是中心需要在各投资资本之间取得适当平衡；二是中心需要避免为获得英国创新署核心公共投资而投入太多精力和资金与学术机构直接竞争；三是中心需要确保可以寻找产业金融而不是公共资金，以避免财政资金紧缩时所导致的创新资金风险。此外，英国创新署不允许弹射创新中心运用政府公共投资的核心资金进行合作研发项目投资①。

目前，根据建设时间的不同，9家弹射中心在执行3个"三分之一"方面取得了不同程度的成功。例如，2011年建立的高价值制造弹射中心最接近目标；化合物半导体应用弹射中心由于成立于2017年，主要依赖于核心资金。

（六）网络搭建：推进创新网络与品牌建设

弹射中心具有网络化协同运行的特征。英国创新署为了更好地促进弹射中心的发展，增强产业创新能力，不断加强弹射中心的网络化运行。

一方面，英国创新署通过建立弹射中心网络（Catapults Network）将所有的弹射中心联系在一起，使英国逐步形成世界领先的技术创新网络；2019年，9家弹射中心共同组建并资助了弹射中心网络办公室，负责协调整个网络的活动。各弹射中心首席执行官轮值担任弹射中心网络主席，主席根据年度的关键事项，制定弹射中心网络具体的年度目标。成立弹射中心网络办公室主要目标：一是开发和推广网络的价值；二是统一声源向关键的利益相关者传达弹射中心网络的整体主张；三是在网络层面上与英国创新署或英国研究院等主要利益相关者互动；四是推动跨节点的协调、合作；五是促进弹射中心之间的知识共享和分享最佳

---

① 数据来源：英国弹射中心网站报告 *Impact at the heart of the UK's industrial strategy (2016)*，https://catapult.org.uk/about-us/publications/.

实践[①]。

另一方面，鼓励每个弹射中心建立"分中心"，充分发挥分中心在各自领域的专业优势，与其他中心进行跨领域跨专业的合作，做到资源共享和优势互补，共同打造网络化的技术创新体系。例如，高价值制造弹射中心分别依托谢菲尔德大学、伯明翰大学、拉夫堡大学、诺丁汉大学、布里斯托大学、曼彻斯特大学和华威大学等建设了7个分中心，使其具备从基本的原材料到高完整性的产品组装过程的能力[②]。目前，弹射中心及其分中心已经覆盖英国50多个地区。

弹射中心成立之初便确立了品牌化运作的思路。虽然各中心在不同地区运营，但同一品牌使得不同中心拥有共同愿景，每个中心都必须将自身作为这一强大创新网络的一部分。共同愿景使得新网络有一个清晰和强大的企业形象，并且品牌建设有助于形成一种声誉，有助于在未来英国经济增长中发挥积极作用[18]。

（七）绩效评估：采用"季度报告+周期性评估"等方式

英国创新署和英国商务、能源与工业战略部采用"季度报告+周期性评估"的方式对弹射中心进行绩效评估。

在季度报告方面。弹射中心与英国创新署签订5年期资金协议后，需按季度报告其关键绩效指标（KPI），必要条件下，季度报告可以触发增强的绩效管理，英国创新署以此监测各中心周期内的个体绩效。在指标上，英国弹射中心以CREAM（即明确Clear，相关Relevant，经济Economic，适当/充足Adequate，可检测Monitorable）为指导原则，设计高质量创新评价指标，并基于不同中心发展环境和技术参数，制定弹射创新中心关键绩效指标[18]。

此外，为支持2018—2023年的资助决策，2017年英国创新署通过审查小组，评估了7个建立时间较早的弹射中心，但此次评估并未纳入正式的周期性评估当中。报告提出了评估弹射中心影响力的总体框架，并为各弹射中心分别建立了"输

---

① 资料来源：英国商务、能源与工业战略部网站报告 *How the UK's Catapults can strengthen research and development capacity*，https://www.gov.uk/government/publications/catapult-network-review-2021-how-the-uks-catapults-can-strengthen-research-and-development-capacity.

② 高价值制造弹射中心网站，https://hvm.catapult.org.uk/who-we-are/what-is-a-catapult/.

入－活动－输出－短期结果－中长期结果－总体影响"的评估模型①（图6-14）。

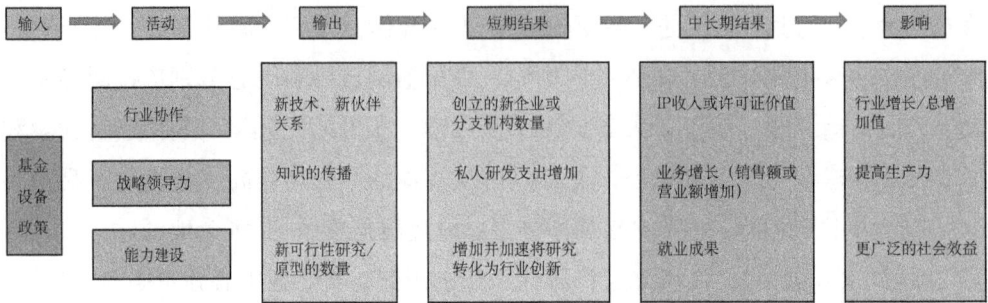

图 6-14 "输入－活动－输出－短期结果－中长期结果－总体影响"评估模型

（资料来源：图片来自英国商务、能源与工业战略部网站报告 *Catapult programme*：*evaluation framework*）

在周期性评估方面。自2011年弹射中心计划启动以来，英国商务、能源与工业战略部分别于2014年、2017年和2020年，以不同的评估主体，对弹射中心网络开展3次不同形式的评估②。评估的核心目标是审查弹射中心是否弥合了研究和产业之间的鸿沟。

2014年，委托豪瑟博士对弹射中心网络进展及发展前景和规模进行评估。在商务部及大学和科学部委托下，豪瑟博士采用函询、利益相关者磋商、实地调研及与弹射中心管理人员访谈等方式，对各弹射中心进行案例研究，并就政策持续性、资金模式、建设进程等9个方面提出建议③。

2017年，委托第三方会计师事务所对绩效进行独立评估。在英国商务、能源与工业战略部委托下，永安会计师事务所对弹射中心网络的绩效进行了独立评估，重点关注其绩效。评估强调了创新中心在促进创新成果方面的显著成就，并就战

① 资料来源：英国商务、能源与工业战略部报告：*Catapult programme: evaluation framework*，https://www.gov.uk/government/publications/catapult-programme-evaluation-framework.

② 资料来源：英国商务、能源与工业战略部报告：*How the UK's Catapults can strengthen research and development capacity*，https://www.gov.uk/government/publications/catapult-network-review-2021-how-the-uks-catapults-can-strengthen-research-and-development-capacity.

③ 资料来源：英国弹射中心网站报告：*Hauser Review of the Catapult network (2014)*，https://catapult.org.uk/about-us/publications/.

略、治理、绩效管理、资金、经济影响和运营提出了建议①。

2020年，英国商务、能源与工业战略部采用材料审查、案例分析与利益相关方访谈等方式评估。评估过程分两个阶段进行。第一阶段用于提取出关键主题，为期3个月，包括对绩效报告、交付计划、年度报告、影响评估、案例研究和国际比较的审查；与利益相关者访谈，如企业、大学、政府部门、地方企业合作伙伴、英国研究与创新署、英国创新署和弹射中心。确定的关键主题包括地域、资金、技能、网络变化和新机遇、作为网络运作及绩效指标。第二阶段旨在研究已确定的主题，明确如何利用弹射中心为英国的企业、经济和政府的协同发展服务，为期6个月，包括与利益相关者进行对话，收集弹射中心对政府研发路线图的回应，并结合案例研究得出评估结论②。

四、经验启示

（一）统筹有为政府与有效市场

英国政府逐步转变创新治理方式，通过弹射中心统筹了有为政府与有效市场。政府的政策引导和资金支持为创新提供了坚实基础，而市场导向和广泛合作则有助于将科技创新转化为经济效益。

一方面，弹射中心秉承市场主导的原则，作为"中立的召集人"连接"产、学、资、用"各端，通过"需求拉动"弥合学术界与产业界、科学研究与商业应用之间的鸿沟，促进科技成果向产业转移转化。另一方面，新治理方式将市场主导与战略性和积极性的政府干预相结合。弹射中心计划是由公共部门和私营部门共同实施国家创新战略，中心的建立获得了英国各地政治界的支持和共识，英国商界代表也敦促政府制定可比较的、长期的工业战略。弹射中心以全球市场发展前景分析和英国已有的卓越科学研究为基础，整合公共部门和私营部门资源，建立新型治理机制，使每个中心成为实现国家创新优先发展战略的重要推手。

① 资料来源：英国商务、能源与工业战略部报告：*Catapult Network Review 2017, independent report from Ernst and Young*，https://www.gov.uk/government/publications/catapult-network-review-2017-independent-report-from-ernst-and-young.

② 资料来源：英国商务、能源与工业战略部报告：*How the UK's Catapults can strengthen research and development capacity*，https://www.gov.uk/government/publications/catapult-network-review-2021-how-the-uks-catapults-can-strengthen-research-and-development-capacity.

（二）设计非营利创新组织模式

英国弹射中心组织模式与英国以企业为主导的创新管理体制密切相关，展现了政府监督和资金支持、自主性和灵活性、公司治理结构，以及目标导向和独立负责等关键特点。这些要素共同形成了一个有效的组织模式，为中心提供了稳定的运营环境，同时鼓励创新和发展的成果。

一是政府监督和资金支持。英国创新署对弹射中心进行监督管理，并提供资金支持。政府的监督角色可以确保中心的运营符合政府制定的目标和要求，而资金支持则为中心保障非营利性提供了稳定的经费来源。二是自主性和灵活性。弹射中心作为独立、非营利的担保有限公司，在协议和政策目标范围内享有自主运营的权利。这使得中心能够根据客户需求和业务基础的变化进行灵活调整和经营管理，以适应创新的不确定性。三是公司治理结构。弹射中心采用公司治理结构，包括董事会和执行管理团队。董事会负责监督中心的运营和制定总体发展战略，而执行管理团队则负责日常运营决策。这种分工和合作确保了治理过程的高效性和专业性。四是目标导向和独立负责。各中心有义务围绕自身的目标和核心业务制订商业计划，并独立负责资产和负债、设备和设施及知识产权的管理。这种目标导向和独立负责的模式可以激励中心在创新和发展方面取得积极成果。

（三）注重为中小企业创新赋能

中小企业是推动经济增长和创新的重要因素，在快速发展的全球新兴市场往往还是新型、颠覆性商业模式的创造者。弹射中心通过系统的创新支持和定制化服务，为中小企业创新赋能，降低创新风险。

一方面，弹射中心作为创新支持机构，扮演着促进中小企业与技术、知识和市场资源的对接和合作的角色。这种协作和合作有助于激发中小企业的创新潜力，加速技术成熟和市场落地。另一方面，中小企业在创新方面具有较高的灵活性，但可能面临资源和能力方面的挑战。弹射中心为中小企业提供专门的支持计划，如技术工具、孵化服务和咨询支持，可以帮助它们克服挑战，提高创新能力。此外，弹射中心采用系统的方法支持创新，如成果转化、孵化服务、咨询支持、资源链接和金融投资，以满足中小企业不同阶段和需求的支持。这种多元化的支持方法能够针对性地解决中小企业的具体问题，提供定制化的服务。

（四）强调多元化创新资本来源

英国弹射中心资金管理以企业资金运营为基础，设立首席财务官来核算创新成本。在考虑产业需求和独特性的基础上，保证资金来源多元化，注重长期投资（如至少五年），激励中心网络链接已有研究基础，从而实现创新投入重复的最小化。这一经费模式不仅能保证有基本经费用于日常开支，同时更加注重激励中心以市场为导向组织创新资金来源，尤其是争取国外投资机构对该中心的资金支持，以多元化创新资本来源保证中心创新资金稳定性，并避免政府财政能力和创新投入变化对关键核心产业竞争力造成影响。

（胡贝贝　安温婕　张秋菊　施　谊　余智泓　韩希萌　周祉豪）

参考文献

［1］高然.关于自主创新时期我国科技社团发展模式的思考: 基于弗朗霍夫协会的经验[J].学会，2019（10）：5-13.

［2］胡智慧.世界主要国立科研机构管理模式研究［M］.北京：科学出版社，2016.

［3］樊立宏，周晓旭.德国非营利科研机构模式及其对中国的启示：以弗朗霍夫协会为例的考察［J］.中国科技论坛，2008（11）：134-139.

［4］马继洲，陈湛匀.德国弗朗霍夫模式的应用研究：一个产学研联合的融资安排［J］.科学学与科学技术管理，2005（6）：53-55，86.

［5］黄宁燕，孙玉明.从MP3案例看德国弗劳恩霍夫协会技术创新机制［J］.中国科技论坛，2018（9）：181-188.

［6］王春莉，于升峰，肖强，等.德国弗朗霍夫模式及其对我国技术转移机构的启示［J］.高科技与产业化，2015（10）：26-30.

［7］GEI新经济瞭望.【新型研发机构案例】德国弗劳恩霍夫协会：制度卓越的应用型科研机构［EB/OL］.（2019-08-16）［2024-05-30］.https://mp.weixin.qq.com/s?__biz=MzA3NjMwMTEwMQ==&mid=2454116762&idx=1&sn=c9dd9704f007547d23c2c16ceff4508b&scene=0.

［8］NATIONAL NETWORK FOR MANUFACTURING INNOVATION PROGRAM STRATEGIC PLAN.［EB/OL］.（2016-02-15）［2024-05-30］.https://www.manufacturingusa.com/reports/national-network-manufacturing-innovation-nnmi-program-strategic-plan.

［9］中国电子信息产业发展研究院.美国制造创新研究院解读［M］.北京：电子工业出版社，2018.

［10］赛迪研究院.赛迪观点：美国未来产业研究院与制造业创新研究院的对比及启示［EB/OL］.（2021-11-15）［2024-05-30］.https://baijiahao.baidu.com/s?id=17164572353520

89838&wfr=spider&for=pc.

[11] 丁明磊，陈宝明.美国国家制造业创新网络战略规划分析与启示［J］.全球科技经济瞭望，2016，31（4）：1-5.

[12] 国务院发展研究中心"激发创新主体的活力"课题组.美国制造业创新中心的运作模式与启示［J］.发展研究，2017（2）：4-7.

[13] 刘云，陶斯宇.基础科学优势为创新发展注入新动力：英国成为世界科技强国之路［J］.中国科学院院刊，2018，33（5）：484-492.

[14] 孔江涛，蒋苏南，谈戈.英国高效能国家创新体系架构与特点［J］.全球科技经济瞭望，2019，34（7）：7-14.

[15] 黄平，李奇泽.英国工业因何衰落和空心化［J］.瞭望，2021（25）：62-64.

[16] 陈强，余伟.英国创新驱动发展的路径与特征分析［J］.中国科技论坛，2013（12）：148-154.

[17] HAUSER H. The Current and Future Role of Technology and Innovation Centres in the UK［A］. National Archives，2010.

[18] 杨雅南.高端创新：来自英国弹射创新中心的实践与启示［J］.全球科技经济瞭望，2017，32（6）：25-37，51

[19] Catapult Network Executive Summary（2017）［EB/OL］.（2017-01-01）［2024-05-30］. https://catapult.org.uk/about-us/publications/.

[20] 任海峰.借鉴英国"弹射中心"，推进我国制造业创新体系建设［J］.产业创新研究，2017（2）：41-45.

[21] UKRI. Innovate UK：Who We Are［EB/OL］.［2024-05-30］. https://www.ukri.org/about-us/innovate-uk/who-we-are/.

[22] COOK A. Catapults are making UK innovation happen-the future of UK R&D and innovation capability［EB/OL］.［2024-05-30］. https://www.politicshome.com/members/article/catapults-are-making-uk-innovation-happen.

[23] 中国国际科技交流中心网站.构建有利于科技经济融合的创新组织：案例19：英国弹射中心 UK Catapult Centers［EB/OL］.（2020-08-24）［2024-05-30］. https://mp.weixin.qq.com/s?__biz=MzU1MDcxMTY2OA==&mid=2247489271&idx=3&sn=353bd755411ca6b05cb8e151d27cf99b&chksm=fb9d2eeccceaa7fa2fdaecb04556efd81df776e81661b158f4d56cfa6efc3f6f4f73a9e5c661&scene=27.

第三篇

新型研发机构的宏观管理与促进政策

第七章
新型研发机构的组织与战略管理

着眼当前我国新型研发机构建设尚处起步探索阶段，为促进新型研发机构良性发展，各级政府部门需要结合新修订的《中华人民共和国科学技术进步法》（简称《科技进步法》）和科技部《关于促进新型研发机构发展的指导意见》（简称《指导意见》），全面加强对新型研发机构的宏观管理。

第一节　深化对国家建设导向的认识

《科技进步法》和《指导意见》是指引我国新型研发机构发展的纲领性文件，是现阶段建设新型研发机构和促进新型研发机构发展的基本导向，需要在各地和各级政府部门有完整的理解和正确认识。

一、基本导向和共性要求

《科技进步法》和《指导意见》提出，促进新型研发机构发展是为了深入实施创新驱动发展战略、提升国家创新体系整体效能、培育新型创新主体。就各级地方政府的推进工作而言，建设和"认定"新型研发机构主要着眼的是当前地方或产业普遍存在科技链（或创新源头）缺失现象、解决国民经济中长期存在的科技和经济"两张皮"问题。促进新型研发机构发展，会强化根植于地方和产业的前置性"研发"，使地方创新生态自身具备"研发"赋能能力，从而筑牢创新体系的根基，有效促进地方创新体系和产业体系升级，对丰富和完善区域乃至国家科技创新体系有重要意义。

总体而言，目前全国各地新涌现的科技创新组织很多、并呈广泛和多样化存在，政府建设新型研发机构和认定特定部分创新组织作为"新型研发机构"是为了引领和带动新型科技创新组织发展、丰富和完善区域乃至国家创新体系。基于这样的导向要求，建设和"认定"新型研发机构一般需要满足 3 个条件。

（1）具有"创新为主责、研发为主业"的发展导向或目标定位。"创新为主责"是因为《科技进步法》明确"新型研究开发机构是新型创新主体"；"研发为主业"是因为《指导意见》要求新型研发机构"主要从事科学研究、技术创新和研发服务"。

（2）承载推动区域和产业创新的"政府意志"。地方政府建设和"认定"新型研发机构是为了让这些机构能更好发挥对地方创新体系建设的"外部性"（即公共性和公益性）作用，因此，纳入宏观管理和政策支持范畴的新型研发机构需要承载"政府意志"，而不是仅为了满足这些机构自身的商业目标利益。

（3）该组织是独立法人实体。这是源于《指导意见》对新型研发机构有"独立法人"的资格要求。"独立法人"意味着这些组织是可以独立承载使命的行为主体，能够有效成为政府建设创新体系的组织抓手。

二、发展定位和研发活动解析

（一）发展定位

《指导意见》提出新型研发机构"主要从事科学研究、技术创新和研发服务"，这主要是在强调新型研发机构要有"混成"性质和可加区分的科技创新活动开展。

（1）主要从事科学研究。主要是指具有做基础研究和应用研究目标定位的机构。这类机构建设一般更加强调学术性和学科导向性，科研工作和人才团队建设是重心，组织运行与传统科研机构区分不大，故此类机构一般也称为"新型科研机构"。例如，中国科学院深圳先进技术研究院就把自己称为"新型科研机构"，中国科学院北京生命科学研究院和北京脑科学与类脑研究中心等也都属于这种"新型科研机构"类型。

（2）主要从事技术创新。一般而言，"技术创新"主要强调的是新知识的商业转化及应用。《指导意见》提出主要从事"技术创新"，主要指向的是定位于综合开展技术开发、转化、孵化等的新型研发机构。此类新型研发机构一方面需要强调研发，但更强调研发成果的商业转化和创业孵化，即强调实现创新的市场价值。就全国实际情况来看，当下各地认定的新型研发机构有许多也是技术转移转化或孵化组织，只不过这些组织是因为自身有"研发"功能被纳入新型研发机构范畴。因此，此类新型研发机构的建设形态和组织运行与传统技术转移、成果转化、创业孵化类机构相通，或是由传统的转移转化组织或孵化器转化而来，或是为更好地服务于转移、转化和孵化等目标新建的"研发"组织。故此类机构也可视为是传统转移转化组织及孵化器的升级版，是适应新时代发展的"新型转移转化机构"或"新型孵化服务载体"。

（3）主要从事研发服务。《指导意见》提出的"研发服务"主要指面向企业技术创新需求的新型研发机构。这类机构的"研发"可以表现为多种形式，如企业委托独立开展的研发项目、与企业联合进行的技术改造或技术升级，以及基于专业知识对企业的创新赋能行为等。在实际中，"研发服务"大多属于"知识的应用与转化"范畴，经常以企业委托研发任务的形式开展。从新型研发机构上报的研发活动考察，主要从事"研发服务"的新型研发机构占绝大多数，是目前各地"认定"的新型研发机构的主要类型。

在现实情境中，尽管每个新型研发机构的"科学研究、技术创新和研发服务"有不同侧重，但往往不能严格区分，在日常业务活动开展中往往3类业务都会兼顾。就各级政府对新型研发机构的建设和"认定"工作而言，"科学研究、技术创新和研发服务"三者都是新型研发机构的研发活动开展形式，有这些目标定位的组织都可以纳入新型研发机构建设范畴。这也指明地方政府在对新型研发机构的建设和"认定"工作中不需要刻意拘泥于单一方面，强调基础研究、应用研究、技术开发、知识转化等"混成"目标发展，是新型研发机构需要秉持的方向。

（二）研发活动

新型研发机构必须要有"研发"，这是作为"新型研发机构"的必要条件。但新型研发机构的研发活动往往不像传统科研组织直观，由此很多地方也提出了如何界定新型研发机构的"研发"问题。结合上述对"主要从事科学研究、技术创新和研发服务"阐述，新型研发机构的"研发活动"与传统科研机构相比会有差异，各级政府相关部门可从3种视角增进对新型研发机构"研发活动"的认识。

（1）学科或科研导向的研发。以往我国学科或科研导向的"研发"主要是国立科研机构或大学在开展，新型研发机构开展这种导向的科研活动与传统大学或科研机构所从事的科研活动本无二致。开展这样的研发活动一般需要明确的科研方向、相对固定的科研团队和相对稳定的经费支持。目前，一些相对发达省、市在做这方面建设努力，如许多新建的省、市实验室从建设伊始就要求要有学科方向和科研目标，并围绕学科方向和科研目标组建研究院所及人才团队。这种功能定位的新型研发机构可以认为是《指导意见》提出的主要"从事科学研究"类别，也是最易被接受或习惯认同的"研发活动"形式。

（2）场景或需求导向的研发。目前，各地"认定"的新型研发机构有许多以往主要是从事科技成果转化和创新服务的组织，这些组织并没有明显的学科方向和科研导向，其研发活动开展主要是围绕企业技术需求或现实场景提出的问题。因此，该类新型研发机构的研发活动经常表现为临时性的、合同性的或任务委托性的。课题组认为，此类研发活动尽管其不表现为明确学科方向和科研导向的常态化组织推进，但其吻合《指导意见》提出的主要"从事技术创新和研发服务"类别，仍然属于新型研发机构的"研发活动"范畴。并且，就现阶段发展而言，这种形式的"研发"是当前我国新型研发机构的主流存在形式。

（3）通过链接和整合外部资源组织"研发"。这也是当前我国新型研发机构大量存在的一种情形。在这种情形下，新型研发机构的"研发活动"开展并不必须事前具备科研条件和研发团队，但有驾驭"研发"目标任务的能力，主要采取的方式是通过资源链接和价值共创机制开展"研发"和组织"研发"。课题组认为，这种形式开展的研发也应属于新型研发机构的"研发"范畴。并且，鼓励新型研发机构的体制机制创新，以及鼓励新型研发机构"用人机制灵活"，目的之一就是倡导新型研发机构能够灵活开展"研发活动"的方式。

（三）强化内涵发展要求

按以上解析，"新型研发机构"首先应是为区域或地方植入科技"研发"的功能组织，"创新为主责，研发为主业"应成为是否纳入新型研发机构序列的主要鉴别标准，尤其"研发"功能对新型研发机构的基本和普遍要求。因此，要按"创新"和"研发"强化新型研发机构的内涵发展。

目前的上报统计存在完全没有"研发"活动的法人组织（如单纯技术转移和成果转化机构、创业孵化机构和创新服务组织等）被纳入新型研发机构情况，这不完全符合国家导向要求。尤其有些上报的"企业法人"属性新型研发机构，尽管有"创新"，但基本没有"研发"功能，这样的"企业"可以纳入政府的"创新服务"组织或"高企"类别管理，没有必要纳入政府的"新型研发机构"范畴管理。

另外，考虑到我国大量新型研发机构尚处幼稚期，"研发"主业应是持续强化的过程，早期建设也不能过于苛刻，尤其"认定"过程不能教条化和拘泥于"定式"，"学科或科研导向的研发""场景或需求导向的研发""通过链接和整合外部资源组织的研发"都属于新型研发机构的"研发活动"范畴。新型研发机构的研发能力提升需要在发展的过程中不断积累和夯实，这也正是这一新生事物的生命力所在，也体现了新型研发机构在体制机制上的创新意义。

三、兴建方式与"机构"辨析

对《指导意见》强调新型研发机构建设要"投资主体多元化""可依法注册为科技类民办非企业（社会服务机构）、事业单位和企业"，各地在推进建设过程中要做全面理解。

（一）投资主体多元化

按"投资主体多元化"组建新型研发机构有促进我国科技体制改革的意义，即通过"投资主体多元化"改变过往科技机构单纯国家包办的状况，形成由广泛社会力量共同参与的共建。但仅拘泥于"投资"，现阶段各地组建和"认定"新型研发机构很难严格贯彻，尤其很多事业单位法人和民非法人新型研发机构，机构的法人属性决定了其无法严格做到"投资主体多元化"。

因此，要对《指导意见》的本意做深入理解。"投资主体多元化"背后的用意在于新型研发机构要有广泛组织建设资源的能力；规避由于单一投资可能带来的对组织及运行的绝对控制；便于形成充分整合各方资源的体制结构；有助于多元混成功能的业务活动开展；以及形成能真实发挥科学决策作用的理事会（董事会）治理。从这些意义出发，强调"投资主体多元化"不一定要严格强调有多元主体参与的"投资"，而更在于强调新型研发机构要有"政、产、学、研"等共同参与的"建设"。

因此，各地的推进建设不必过于纠结其是否完全吻合"投资主体多元化"，而应看其是否具有多元参与的组织建设、治理架构、有效整合创新资源的体制柔性，以及是否有助于形成自组织发展的良性机制。

（二）"机构"与法人

《指导意见》提出新型研发机构"可依法注册为科技类民办非企业单位（社

会服务机构）、事业单位和企业"，但从政府"认定"视角着眼，不是任何"法人"都可以纳入新型研发机构范畴。本研究前已阐述，就"机构"二字的表意而言，称"机构"需要有公共属性或载有政府目标意志。

目前，事业法人类型新型研发机构主要由政府发起、出资或主导建立，发展导向有政府的赋权或使命赋予，称"机构"一般不存在歧义。社会服务机构属性的新型研发机构主要是由产学研联合设立，其发展导向一般都具有社会公益性和符合公共目标利益，只要满足一定条件认定为"机构"也不存在太多歧义；但现行上报统计的"企业"法人有很多并不适合冠以"机构"名义。

关于"企业"法人新型研发机构，除强调"创新为主责，研发为主业"之外，还需要强调其是否具有公共性或"政府性"，即其能够充当政府推动区域或产业创新的组织抓手，能够表现出"社会性企业"[1]性质。所以，新型研发机构可以是"高企"，但不是任何"高企"都可以纳入新型研发机构。纯粹服务于自身目标的企业、即便"研发"实力强大，也不宜于纳入新型研发机构范畴，如华为等高科技公司及其兴办的研究院等下属单元，在政府的分类管理中，更多应归类为"以企业为主体"的科技创新支持类别，而不应纳入新型研发机构范畴管理。

四、组织管理与运行机制

在各地促进建设过程中，需要不断深化对《指导意见》"管理制度现代化、运行机制市场化、用人机制灵活"的认识。

（1）关于"管理制度现代化"。《指导意见》强调新型研发机构要"管理制度现代化"，但管理制度现代化没有标准模板。课题组认为现阶段来看，新型研发机构的"管理制度现代化"主要是看两点：一是其是否建立起了"公开、透明、合规"的"人、财、物"管理制度；二是看这些制度的建立是否能契合该机构的目标定位和功能、业务开展，以及是否能有效发挥该机构的组织运行效益、效率。因为新型研发机构承载着科技创新议题下的多元目标行为，推进"管理制度现代化"任务艰巨且复杂，需要不断探索和逐步完善，而且需每个新型研发机构的个性化定制和"因地制宜"。

（2）关于"运行机制市场化"。"运行机制市场化"主要在于强调新型研发机构要区别于传统国立科技组织的类行政化运行，其生存和发展要按市场规律组织和按市场机制运行。主要表现：①有自组织或"自我造血"能力；②有嵌入市场或与市场主体雷同的目标和行为逻辑；③有按市场法则建立的组织运行机制和管理。就现实而言，目前各类新型研发机构都在积极向这样的方向努力。

（3）关于"用人机制灵活"。"用人机制灵活"与"运行机制市场化"高度关联，主要是强调新型研发机构的用人要突破陈规旧制，按市场机制和法则选人和用人。包括不受编制约束、不受来自上级单位或主办方的经费预算限制、破除唯职称唯学历唯论文论资排辈等陈规旧习、建立按需设岗、能上能下、能进能出的用人制度，以及实施按绩效考核和按贡献分配的薪酬体系和激励制度等，这些方面也都旨在强调要按"市场法则"建立新型研发机构的组织、人才和用人队伍管理。目前，各地新型研发机构都普遍在强调这些方面的建设特征。

五、讨论和建议

总体认为，科技部《指导意见》有宏观指导性，更多体现的是宏观管理部门对促进我国新型科技创新组织发展所倡导的目标方向，而地方实践探索应有灵活性，地方建设和"认定"新型研发机构主要是为选定能推动本地域科技创新的行为主体和组织抓手，不必过于纠结二者间的严格对应。在地方的推进建设和实际"认定"过程中，贯彻落实《指导意见》精神是需要的，但不必要把《指导意见》表达的每一"术语"作为是否可被"认定"为新型研发机构的教条依据。

从有效促进新型研发机构群体发展和推进新型研发机构的现代治理着眼，针对不同目标定位的新型研发机构，政府需要在宏观管理、考核评价、政策配置等方面做出差异化和精细化的处理，需要通过"精准施策"提升政府的政策效能，以及财政或公共资源配置等使用效率。

第二节　组织分类与管理

一、组织类型及与政府的关系模式

按科技部《指导意见》要求，新型研发机构呈3种基本法人类型：一是事业单位法人新型研发机构，目前各地上报的这种类型新型研发机构为498家，约占上报总数（2412家）的20.65%；二是社会服务机构类型新型研发机构（即民非），各地上报178家，约占总数的7.38%；三是企业法人类型新型研发机构，各地上报1736家，约占上报总数的71.97%。

事业法人属性新型研发机构主要由政府发起、出资或主导建立，社会服务机构属性的新型研发机构主要是由产学研联合设立，企业法人属性的多由大企业或人才团队主导建立。结合2412家统计观察，投入主体包含了企业、高校或院所两类主体的新型研发机构占全国新型研发机构总量的比例为10.59%，投入主体包含了地方政府、企业两类主体的新型研发机构占比为6.70%，投入主体包含了地方政府、高校或院所两类主体的新型研发机构占比为7.71%，投入主体包含了地方政府、高校或院所、企业三类主体的新型研发机构占比为2.32%。其中，由单一主体投资建设占比达到53.01%，仅有39.22%和7.77%新型研发机构的投入主体涉及2种、3种及以上类型的机构。新型研发机构建设基本体现了地方政府、高校和科研院所、企业、社会服务机构、其他事业单位乃至个人等的广泛参与和联合共建形式。

结合实证观察，这些新型研发机构不论是由地方政府的倡导或主导兴建，还是由地方政府"认定"纳入新型研发机构范畴，都是各级政府（包括国家、省、市乃至园区等政府部门）为构筑本地域科技创新体系（主要是区域或地方创新体系）而着力建设和促进发展的组织。因此，不论其源于何种出身和注册为何种类型，其自身发展都需要与各级政府建设本辖域科技创新体系的目标诉求关联，表现出三类组织与政府间大致存在三种程度不同的关系模式。

（1）新型研发机构自身发展与政府目标诉求一致。这样的机构建设一般在创新系统中发挥科技创新的源头和引领作用，机构建立要充分体现政府意志，是政府为构筑科技创新体系而主导建设的引领性组织，并在属性上多表现为政府事业单位。

（2）新型研发机构自身发展与政府目标诉求相向而行。该类组织一般表现为其自身发展与当地的创新链、产业链高度融合，是对当地产业科技创新活动的加持。建设或促进该类机构发展，能够有效提升区域产业链或产业集群的创新发展水平。就现状看，当前在该类机构中，事业法人、民非法人和企业法人三种属性的组织都有不同程度存在。

（3）新型研发机构自身发展具有相对独立性和自主性，其科技创新活动主要是在市场中进行和通过市场机制开展。尽管政府意志对此类新型研发机构的附加程度较低，但此类机构有促进区域或地方科技创新的外部性作用，能对市场中的科技创新需求及时响应，尤其是地方科技创新体系中为数众多的构成单元，发挥着活化创新要素和提升创新体系效能的作用，因此是政府建设科技创新体系和营造创新生态需要大力促进发展的组织。就现状看，目前各地上报的新型研发机构该类组织存在的数量最多，并主要表现为企业法人类型。

三种关系模式决定着政府宏观管理的程度和方式。尽管新型研发机构都属于区域或地方创新系统的有机构成，但政府在指导和支持其发展方面需要有所区分，各级政府需要结合各自创新体系建设视角，首先理清机构发展与政府目标诉求的关系，从而规范各类新型研发机构发展，这是有效实施管理的前提。

二、事业单位法人要强化"政府意志"

结合上述新型研发机构与政府的关系模式，"事业单位"法人新型研发机构在宏观管理方面的重点是要强调"政府意志"赋予，即赋予政府目标使命的规划建设、组织建设和战略管理，尤其重要的是要建立由政府主导的决策架构和理事会治理机制。

这是因为该类新型研发机构是基于政府动机或政府目标使命的规划建设，采用事业单位法人身份也是为了便于政府对该类机构开展政府使命导向的建设投入和运行管理。目前这些新型研发机构一般由地方政府在推进建设，在体制上基本遵从"三无"原则，即无级别、无编制、无固定经费。一般采用理事会决策的治理架构。

理事会治理架构在现实中经常会遇到3个方面的问题。一是作为"三无"事业单位，理事会经常没有足够可动用资源的能力支撑新型研发机构正常运行。尤其在建设新型研发机构的早期阶段，由于自我造血能力不足，离开政府支持，"理事会决策"常常流于形式。二是存在理事会决策能否充分体现"政府意志"问题。目前有些新型研发机构存在过度放任"理事会决策"现象。对理事会的过度让权会造成"个别人意志大于政府意志"现象，使该机构的发展走向偏离政府初心，有些时候甚至会产生"公器私用"问题。三是存在政府对理事会的过度干预问题。与过度放任"理事会决策"相反，有些地方则存在政府过度干预现象，表现为该机构的运行和业务开展完全依附于政府，机构本身缺乏自主性和能动性。过度干预会造成体制机制回归，使机构沦为"新瓶装旧酒"游戏。总体而言，理事会决策的治理架构看似能规避传统型事业单位的体制固化和机制羁绊，但同时也带来了是否能充分体现"政府意志"问题。这是一对矛盾，需要在推进新型研发机构发展的过程中不断加以完善。

为解决好理事会决策与贯彻"政府意志"的矛盾，主要建议是主导建设的地方政府要有"一对一"的针对性举措促进其发展，毕竟在法理上"事业单位"是隶属于政府的机构。尤其对肩负区域创新发展重要使命的新型研发机构，主导建设的政府部门（包括党委、人大等）一方面要参与该机构的组织建设和顶层决策，另一方面需要按"一机构一策"加强引导、规制和扶持，让这些机构的决策和治理既有"上位法"依据，也有可真实操作执行的"理事会决策"空间。如江苏省委省政府对江苏省产业技术研究院的建设发展就专门出台相关规定和促进措施。

三、"民非"法人要强调"社会力量"参与

"民非"法人新型研发机构要特别强化其社会属性和"社会力量"参与。就组织性质而言，"民非"属于社会公益组织，其公益性主要表现在其服务于区域和地方科技创新体系建设的目标，因此与各级政府的目标使命高度一致。但不同于事业单位，"民非"类新型研发机构建设尽管需要来自政府的支持或扶持，但政府不是建设的责任主体，也即"民非"组织理应更多体现"社会属性"或"社会力量"参与。

调查发现，目前大部分此类机构看似由大学、科研院所或行业协会等发起或主导建立，但实际上主要是由政府动员资源（如国企或国有投资平台公司）兴办，现阶段建设和运行主要依赖政府，因此其建设和发展很难与现存"三无事业单位"区分。如北京协同创新研究院和北京石墨烯研究院是此类机构的典型代表，二者都在"民非"体制机制建设方面有许多有益探索，但现阶段依然与政府存在深度"绑定"关系，其建设和运行还主要依赖政府，政府实际充当了"主办方"或"实际控制人"角色。这是当前此类新型研发机构普遍存在的问题。

从促进新型研发机构群体发展着眼，"民非"在体现"社会公益"属性、体制机制创新和健全理事会治理等方面要比事业单位有更多优势。与"三无事业单位"比较，"民非"促进科技创新的"灵活空间"更大，也更便于融入和促进社会的"创新生态"，因此需要大力倡导。但"民非"的主体责任在社会，更需要

强调社会力量参与建设。

四、"企业"法人要引导其承载政府目标使命

"企业"法人属性的新型研发机构本质上是从属于市场的，其发展的逻辑始于市场也终于市场。政府建设和"认定"的动机在于要更大程度发挥出此类机构的外部性作用或社会公益属性，也即发挥此类机构对活化创新体系效用的能动作用，这是"企业"作为新型研发机构需要承载的政府使命，也是其与一般高科技企业作用表现的明显不同。

目前在上报的新型研发机构群体中，"企业"法人占大多数，涵盖"纯国有型""纯民营型""国有+民营混合型"，因为此类需要部分承担政府目标使命，政府有义务加强引导和支持，包括政府为促进该类组织发展提供资金、条件和资源匹配等发展支持。但政府对建设和"认定"此类机构需要有要求和规范，不是任何一个高企或创新型企业都可以纳入新型研发机构范畴。

一般而言，该类机构多由国资背景的企业、行业龙头企业或创新领军企业主导建设，本身就是创新生态的重要组织构成，在新时代科技创新生态的发展演化中发挥着重要的"活化""催化"和"衍生"作用，因此需要大力促进其发展。如陕西半导体先导技术中心是企业属性的新型研发机构，是由中国西电集团有限公司、西安电子科技大学、西安高新区管委会三方共同发起成立，以公司的存在形式致力于推进成为国家级半导体产业新技术和新工艺的推广转化基地的目标，开展科技创新全链条的相关公益组织和经营活动，对陕西省的光电产业集群的创新发展有重要的引领、带动和辐射作用。

五、倡导和鼓励"混合"体制建设

当前，在各地的新型研发机构建设中广泛存在"两块牌子、一套人马、一体化运行"或"两块牌子、两套人马、一体化运行"等体制架构和机制运行。所谓"两块牌子"是指新型研发机构同时拥有"事业单位+公司"或"民非+公司"双重身份，"一体化运行"主要是指两个法人机构受控于统一的决策和治理架构，这就形成了新型研发机构的"混合"体制。

（1）"事业单位+公司"混合体制。主要存在两种情形：一种是"事业单位"

法人与"企业"法人并行，一般"企业"法人另由其他国有平台公司（如政府基金）出资建立，呈现"两块牌子、两套人马、一体化运行"；另一种是"事业单位"直接投资或下设"公司"，这种情形一般表现为"两块牌子、一套人马、一体化运行"，如江苏省产业技术研究院就属于这种体制。在国家现行制度框架下，"事业单位"投资或下设"公司"一般需要上级单位或上级政府的特别审批。

（2）"民非+公司"混合体制。一般也存在两种情形：一种是发起人（企业或社会组织）先共同发起成立"民非"性质的研究院所，为配合该研究院所的业务开展，相关发起人再另行设立与"民非"研究院所的并行公司，或者直接由"民非"研究院所出资设立新的并行"公司"；另一种是发起人先注册公司，再由所注册的公司作为主要发起单位捐资成立"民非"研究院所，这种建设模式多是由依靠政府背景建设的"民非"采纳。如北京市政府为建设"民非"性质的北京石墨烯研究院，先由国有平台公司注册成立"北京石墨烯产业技术研究院有限公司"，再由该"研究院有限公司"为主要发起人捐资成立"北京石墨烯研究院"。之所以采取这样的迂回路径，主要是为了不违背我国有关财政或国有资金管理的有关规制。

总体而言，混合体制新型研发机构建设有利于突破现行规制约束，是应对新发展需求和挑战行之有效的体制机制创新，值得大力倡导。但同时，混合体制也会给不良意识或不良行为留下"寻租"空间。相关政府需要加强对"混合"体制的指导和监督，包括在组织建设中要增强党的领导、选任合格的决策者和管理者，以及加强对混合体制中"双跨"人员的思想教育等，让新型研发机构的组织体制和运行机制建设不断走上规范。

第三节　战略分类与管理

伴随近年来各类新型科技创新组织雨后春笋般兴起，各地新建和认定的新型研发机构在规模和数量上迅速扩张。规模和数量的增长同时带来新型研发机构的多样化和差异化发展，需要结合各类新型研发机构在各级创新体系建设中的作用发挥，建立新型研发机构发展的战略分类和全面加强战略管理。

一、建立战略分类

新型研发机构建设有促进我国创新体系发展的战略意义，这种意义既表现在国家创新体系建设层面，也表现在区域创新体系和地方创新体系建设层面。目前我国新型研发机构呈多样化和复杂形态，从每一机构所具备的研发条件和能力、队伍规模和资金实力，以及在各级创新体系中所发挥的作用和影响力各不相同，呈现出助力国家创新体系、支撑区域创新体系和夯实地方创新体系的不同作用。

结合这些不同作用，对当前阶段我国新型研发机构大致可做 3 种战略分类，即对国家科技创新体系建设有战略领军意义的新型研发机构，对区域科技创新体系建设起骨干支撑作用的新型研发机构，对地方科技创新建设起基础构成作用的新型研发机构，可简要区分为战略领军类、骨干支撑类和基础构成类（图 7-1）。

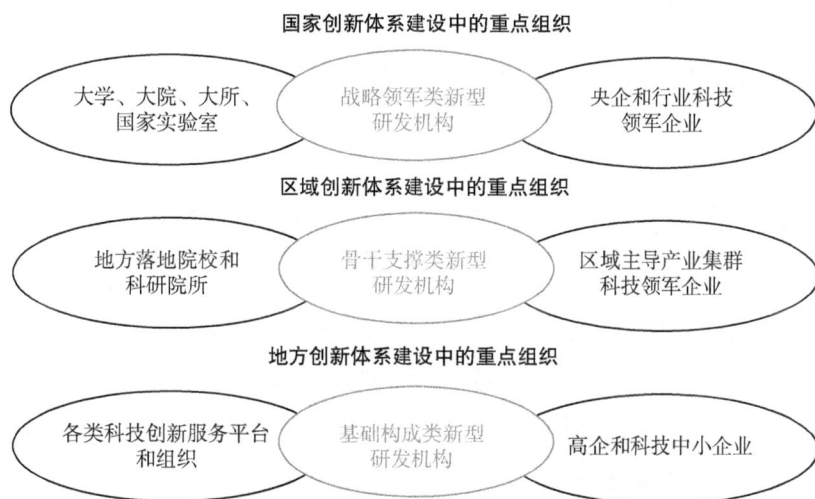

国家创新体系建设中的重点组织

大学、大院、大所、国家实验室　　战略领军类新型研发机构　　央企和行业科技领军企业

区域创新体系建设中的重点组织

地方落地院校和科研院所　　骨干支撑类新型研发机构　　区域主导产业集群科技领军企业

地方创新体系建设中的重点组织

各类科技创新服务平台和组织　　基础构成类新型研发机构　　高企和科技中小企业

图 7-1　创新体系建设中的重点组织与新型研发机构

（1）战略领军类新型研发机构在建设能级和发展作用上具有完善国家创新体系建设的战略意义。这类新型研发机构属于我国新型研发机构群体中的高水平引领性机构，是国家战略科技创新力量的重要组成，一般是集成高水平大学、科研院所、央企和行业科技领军等相关力量共同建设。

（2）骨干支撑类新型研发机构是推动区域科技创新和产业发展的重要组织。这类新型研发机构是在区域层面"以科技创新引领现代产业发展"的重要抓手，是围绕区域主导产业或未来产业发展需求、致力于在重点技术领域实现技术突破和推动成果转化的组织，一般由省市级政府主导建设。

（3）基础构成类新型研发机构是地方夯实创新体系和活化"科技创新引领产业发展"的根植性组织。这类新型研发机构一般是完全嵌入市场的群体，其在地方科技创新中发挥着面向市场需求、供给创新服务、直面解决企业技术难题等重要作用，是我国新型研发机构中数量规模最大的一类，目前主要由地方（区县级）政府在促进建设。

3种新型研发机构群体统一构成了我国"新型研发机构建设体系"。在该体系下，战略领军类填补了国家创新体系在国家战略科技力量方面的组织缺失，骨干支撑类发挥着贯通国家创新体系和区域创新体系建设作用，基础构成类发挥着活化地方创新体系末梢神经和繁育地方科技创新生态的底层支撑作用，上下贯通的"新型研发机构建设体系"有开启我国科技创新体系建设新时代和新篇章的意义。

二、战略领军类建设与管理

（一）择优建设

在新型研发机构体系建设中，需要择优建设战略领军类新型研发机构。择优标准主要参考以下几个方面。

（1）在机构发展的目标定位上要有承载国家使命的意愿和表现。这类新型研发机构需要以国家科技和产业前沿发展的战略需求为导向，能为国家的未来产业布局和战略性新兴产业发展提供引领和支撑。具有全国乃至全球领先的研发条件、运营实力和人才组织优势。

（2）在研发活动开展上，此类机构需要立足全球竞争性目标的前沿领域，以基础研究、应用研究和技术开发相结合的形式，组织开展原始创新、根技术突破和产业发展关键核心技术攻关等相关活动。一般而言，此类机构属于"学科驱动型"，主要依托大院大所和高校等的学科或专业领域背景组建，在许多场合中，此类机构也经常被称为新型"科研"机构。如北京量子信息科学研究院是基于重点高校的学科背景组建，在推动量子产业发展目标下，开展基础研究、应用研究和技术开发，通过引领性和原创性科技突破推动以量子技术未来产业发展。

（3）在促进科技创新的综合业务开展上，此类机构主要着眼国家重点发展的产业领域，基于自身研发成果和知识储备开展科技与产业融合的创新活动，能够在专业领域成为贯通科学研究、技术开发、成果转化和创业孵化等的综合集成平台。

（二）协同管理

就宏观管理而言，对于战略领军类新型研发机构，因其具有代表国家参与全球竞争的重要战略意义，不论其是由何类主体建设和表现为何种组织属性，都应建立中央和地方政府协同的建设、促进、指导和管理机制。

在中央层面，战略领军类新型研发机构应纳入中央科技委员会议事范畴，应把其作为国家实验室建设的重要补充。科技部、国家发展改革委、工业和信息化部等相关部委应与各级地方政府建立协同的工作推进机制，加强管理协调和资源统筹，统一部署、指导和支持战略领军类新型研发机构发展。

各省级政府应会同市、区等地方政府扎实做好战略领军类新型研发机构的起步条件建设和科研基础设施配置，以及会同相关建设主体共同做好运营体制和治理架构安排，形成与区域发展战略有机结合的体制机制。

（三）树立示范

我国近年来由科技部、国家发展改革委、工业和信息化部分别倡导建设的国家技术创新中心、国家产业创新中心、国家制造业创新中心（专栏7-1），在发展定位上应属于典型的战略领军类新型研发机构。但目前包括三大国家创新中心在内的战略领军类新型研发机构建设工作都处在摸索阶段，从中央到地方的协同和联动机制尚未务实建立，很多政府性议题停留在表观层面，需要在今后的建设推进中进一步去伪存真和优化完善，树立作为国家战略科技力量的建设示范，引领全国新型研发机构发展。

专栏7-1 三类国家创新中心介绍

一是国家技术创新中心。2020年4月13日，科技部印发《关于推进国家技术创新中心建设的总体方案（暂行）》的通知。通知明确，国家技术创新中心在目标定位上，突出面向国家重大区域战略、影响国家产业发展的重点领域技术创新需求，实现从科学到技术的转化，促进重大基础研究成果产业化。在核心业务上，以关键技术研发为重点，强调产学研协同推动科技成果转移转化与产业化，为区域和产业发展提供源头技术供给，为科技型中小企业孵化、培育和发展提供创新服务。在建设运营模式上，强调政产学研多主体投入共建、市场化运营等要求。自 2016 年启动建设工作以来，已批复建设 19 家（综合类 3 家、领域类 16 家）。从 19 家国家技术创新中心的运行看，这些机构在内涵上属于新型研发机构，且在目标定位、主要业务活动、运营的条件和水平方面基本与战略领军类新型研发机构保持一致。

二是国家产业创新中心。2018 年 1 月 11 日，国家发展改革委印发《国家产业创新中心建设工作指引（试行）》（以下简称《指引》）。《指引》指出，国家产业创新中心在定位上，是特定战略性领域颠覆性技术创新、先进适用产业技术开发与推广应用、系统性技术解决方案研发供给、高成长型科技企业投资孵化的重要平台，是推动新兴产业集聚发展、培育壮大经济发展新动能的重要力量。在业务活动上，强调技术研发与产品开发、成果转化与商业化、创业投资与孵化、知识产权管理与运营等。在建设运营方面，要求广泛吸纳地方资金和社会资本参与建设投资；通过提供创新服务、承担国家和地方项目、出售孵化企业股份、增资扩股、接受捐赠等方式，扩大运行资金来源；探索人才激励新举措，等等。国家发展改革委根据印发的《指引》，开展国家产业创新中心建设工作。目前，国家发展改革委已批复 5 家、建设 2 家产业创新中心，这些机构同样在内涵上符合战略领军类新型研发机构的基本特征。

三是国家制造业创新中心。2016 年 8 月 19 日，工业和信息化部、国家发展改革委、科技部、财政部四部委联合发布了《制造业创新中心建设工程实施指南（2016—2020 年）》（以下简称《指南》）。《指南》指出，国家制造业创新中心在定位上，是国家级创新平台的一种形式，是面向制造业创新发展的重大需求，突出协同创新取向，以重点领域前沿技术和共性关键技术的研发供给、转移扩散和首次商业化为重点，充分利用现有创新资源和载体，完成技术开发到转移扩散到首次商业化应用的创新链条各环节的活动，打造跨界协同的创新生态系统。在业务功能上，主要开展产业前沿和共性关键技术研发、技术转移扩散和首次商业化应用等活动。在建设运营上，突出企业、科研院所、高校等各类创新主体自愿组合、自主结合，以企业为主体，以独立法人形式建立的新型创新载体；探索采取企业主导、多方协同、多元投资、成果分享的新模式，构建多元化融资渠道等。截至目前，已布局建设了动力电池、增材制造等 22 个国家级制造业创新中心，两个国家地方共建的制造业创新中心。这些机构同样在内涵上符合战略领军类新型研发机构的基本特征。

自 2010 年奥巴马执政后，美国联邦政府大力推动的国家制造业创新中心和区域创新中心建设是我国战略领军类新型研发机构建设的重要参考（参考《新型研发机构的建设理论与管理模式研究》形成的案例报告）。

三、骨干支撑类建设与管理

（一）重点建设

骨干支撑类应作为省市级乃至区县级地方政府重点推进建设的新型研发机构，这类机构主要应具有以下几个方面的特征。

（1）在机构发展的目标定位上应肩负推动区域（省市层面）主导产业技术升级和未来产业创新发展的战略使命，能在区域层面有效解决产业创新发展面临的关键技术制约和前瞻性技术供给，是区域实现"以科技创新引领现代产业发展"的源头引领力量。同时此类机构应具有开放化、平台化和网络化的组织特点，是区域创新网络的重要节点（组织者），能够与区域内的各类创新主体建立网络共生关系，发挥在区域创新体系建设中缔造和促进创新生态发展的"结构洞"作用。

（2）在研发活动开展上，主要应立足区域主导产业和未来产业发展的关键技术需求开展攻关和科技转化活动，研发活动主要呈现的是"技术导向型"，更多表现出应用研究和技术开发相结合的特征。因此，一般此类机构需围绕确定的产业技术方向组建，政府支持建设此类机构的主要目的是为谋求建立本地域重点产业发展的技术竞争优势。

（3）在促进科技创新的综合业务开展上，应以促进国内外的优秀科技成果转化为主线，并围绕这一主线开展相关的概念验证、产业化、创业孵化和研发服务等贯通的创新活动，具有集成应用研究、技术开发、概念验证、中试试验、成果转化和创业孵化的平台组织性质。如广东省依托华中科技大学建设的广东华中科技大学工业技术研究院就具有这样的平台性质，其落地东莞有力推动了东莞市产业的转型升级。

（二）个性化管理

从我国现实发展来看，此类新型研发机构呈现出多样性和差异化，主要分属新一代信息技术、高端装备制造、新材料、生物医药、新能源、数字创意、节能环保等不同产业技术领域。从组织形态看，目前大多各省设立的省级实验室、概念验证中心、产业技术研究院、制造业创新中心等都可纳入骨干支撑类新型研发机构范畴，一些对区域创新体系建设有重要促进作用的产业创新共同体或综合体等，也属于这一类别的新型研发机构。

对此类新型研发机构建设需要做好在省市级层面的统筹，并针对每一机构建设加强个性化或"个案"管理，包括按差异化目标和需求，为机构建设、能力提升和业务活动开展有针对性地提供资金支持和相关资源配置。

省市级政府层面在做好对此类机构统筹建设的同时，相关管理部门应全程参与此类机构的组织建设、规划决策和体制治理。应针对每一机构加强顶层设计，尤其需要协调区域科技创新领军企业等重要创新主体的组织参与，使此类新型研发机构自建设伊始就能深度嵌入区域产业集群，真正成为区域产业创新发展的战略引领和支撑。

在建设落地的地方政府层面，应会同省市级相关政府部门按"一机构一策"对骨干支撑类新型研发机构的建设条件、资金需求和配套服务等提供支持，并代表上级政府部门具体实施对该类新型研发机构的指导、监督和管理。

四、基础构成类建设与管理

（一）促进建设

基础构成类是我国新型研发机构中为数最大的群体。此类新型研发机构有极强的活化地方创新生态作用，是地方繁荣技术要素市场和黏结创新资源的重要生态网络组织。因此，需要地方政府大力促进建设。

（1）此类新型研发机构发展定位主要面向市场需求，通过研发服务、成果转化和创业孵化等活动，为地方产业发展提供直接科技创新服务。

（2）在研发活动开展上，此类机构的研发多表现为"市场驱动型"，以解决企业发展中的实际需求为目标，研发活动多表现为提供研发服务的形式并多以整合和组织外部资源进行，是活化和夯实地方科技创新活动的组织。

（3）在综合创新业务开展上，此类机构需要开展多样化的科技成果转化、创业孵化和创新服务活动，很多此类机构也是从传统转移转化组织和科技企业孵化服务组织转化而来，故此类组织也经常被看成是转移转化孵化服务组织为适应新发展需求的转型升级，是创新体系中最贴近微观企业现实需求的群体。

（二）管理方式

基础构成类新型研发机构主要由地方政府（县、区级）实施管理。管理的主要方式是要开展对新型研发机构的规范"认定"和开展政府目标诉求的绩效评价工作，通过"认定"和评价强化政府导向，并由此提供相应政策支持。

需要特别指出的是，因为市场中的此类创新组织呈大量存在，纳入新型研发机构范畴需要强调此类机构的社会公益属性，即强调其作为政府建设创新体系组织抓手的目标、行为和意志。

第四节　统筹推进新型研发机构发展

从"以科技创新引领现代化产业体系建设"着眼，中央、省、市、地各级政府都需要进一步加强顶层设计，统筹推进我国新型研发机构发展。

一、营建新型研发机构体系

目前，我国新型研发机构的群体发展和多样化形态已经构筑出"体系"建设雏形，该"体系"既不同于过往按科技领域划分的科技创新体系，也不同于过往按产业领域划分的产业发展体系，而成为"科技创新与产业发展融合"的"新型"创新要素组织体系。

该"体系"建设对提升我国创新体系的建设效能和促进产业体系的发展升级有双向意义，是新时代实现"以科技创新引领现代化产业体系建设"的重要力量。为此，从国家到地方都需要加强顶层设计，大力促进其发展，逐步构建起具有中国特色的"新型研发机构建设体系"。

二、规范不同组织类型建设

对不同组织类型新型研发机构，要结合各级政府的建设诉求及与政府的不同关系模式促进建设和实施管理。重点分为以下几个方面。

对"事业法人"类新型研发机构，要强调相关级别的"政府意志"赋予，相关级别政府不能推卸作为主办方的权力、责任和义务。

对"民非法人"类新型研发机构，要强化其建立与产业界或社会组织的共建关系，在其建设和发展过程中政府不应承担"无限连带"责任，或变相成为此类机构的"衣食"依附。

对"企业法人"类新型研发机构，要引导其向能承载政府目标使命的方向发展，纳入政府"认定"和支持序列不能仅仅局限于考量其自身目标利益的研发和创新。

三、分层级促进新型研发机构战略发展

结合新型研发机构在各级创新体系建设中的价值层级，应全面加强对新型研发机构的战略分类、分级管理。

战略领军类新型研发机构有赢得全球竞争优势的国家战略意义，应纳入国家战略科技创新力量建设范畴，各级政府都有支持其建设与发展的责任。

骨干支撑类新型研发机构是区域创新体系建设的源头引领性组织，省市级政府需要在其建设和发展中发挥主导作用。

基础类新型研发机构重点发挥着活化创新体系的组织作用，应主要由地方政府促进其发展。

在推进三类新型研发机构建设中，需要明确各层级政府承担的责任，目前责权关系不清的宏观管理方式不利于我国新型研发机构这一崭新事业的良性发展。

四、严肃开展新型研发机构评价工作

评价工作是政府对新型研发机构实施宏观管理的主要方式，也是各级政府建立资金支持和政策配置的主要依据，因而需要严肃对待和务实开展。

目前，大部分省市尚未有效开展对新型研发机构的评价工作，即便有业已开展的评价，也存在"走过场"或简单粗放现象，形式主义和教条主义问题都不同程度存在。这些状况不利于促进新型研发机构的健康发展，也往往造成政府在资金支持和资源配置上的错配甚至浪费。

因此，各层级促进新型研发机构发展都需要高度重视评价工作，要把评价工作作为各级政府实施宏观管理的主要抓手和手段。

（王胜光　胡贝贝　朱常海　韩思源）

参考文献

[1] DEES J G. The meaning of "social entrepreneurship" [J]. Corporate governance international journal of business in society, 1998(5):95-104.

第八章
新型研发机构的认定与评价管理

认定和评价工作是各级政府对各类新型研发机构进行宏观管理的重要方式，也是政府确立发展导向乃至实施各项支持政策的基本依据，因此各级政府需要全面加强这方面的工作力度。

第一节　认定和评价工作现状

目前，我国各地都在相继开展新型研发机构的认定与评价工作，这一工作开展主要是按照国务院及相关部委先后发布的涉及新型研发机构的系列政策文件，并结合地方实际进行，初步形成了开展认定和评价的工作基础。

一、基本依据

目前，在中央政府层面没有关于新型研发机构认定和评价的指导性或操作性政策文件。自 2014 年以来，中共中央和国务院及各部委先后出台的《深化科技体制改革实施方案》（2015 年 9 月）、《关于深化人才发展体制机制改革的意见》（2016 年 3 月）、《国家创新驱动发展战略纲要》（2016 年 5 月）、《"十三五"国家科技创新规划》（2016 年 7 月）、《国家技术转移体系建设方案》（2017年 9 月）、《关于全面加强基础科学研究的若干意见》（2018 年 1 月）、《关于分类推进人才评价机制改革的指导意见》（2018 年 2 月）、《关于促进新型研发机构发展的指导意见》（简称《指导意见》）（2019 年 9 月）、《中华人民共和国国民经济和社会发展第十四个五年规划和 2035 年远景目标纲要》（2021 年3 月）、《中华人民共和国科学技术进步法》（2021 年 12 月）等都涉及引导和促进新型研发机构发展，是开展新型研发机构认定和评价工作的基本依据。

结合这些文件精神，尤其是结合科技部的《指导意见》，新型研发机构建设主要强调 5 个方面：一是作为新型创新主体，强调促进科技创新的目标定位；二是在主营业务上，要开展"科学研究、技术创新和研发服务"；三是在建设模式上，要倡导"投入主体多元化""社会化""非营利性"组织建设；四是在运行机制上，强调"运行机制市场化、管理制度现代化、用人机制灵活化"；五是强调独立法人建制。

二、地方政府实践

依据中央政府相关文件精神，目前各地在广泛开展结合本地域实际的新型研发机构认定和评价工作。截至 2023 年年底，全国 31 个省（自治区、直辖市）和 5 个计划单列市均已开展新型研发机构认定工作，28 个省（自治区、直辖市）和 4 个计划单列市开始了新型研发机构的考核评价工作。

（一）认定工作

从认定工作看，截至 2021 年年底，各省市认定或纳入备案库的机构数量已超过 2400 家。结合调研观察，各地对新型研发机构的认定主要涉及如下几个方面：一是在发展导向与主营业务上，强调新型研发机构要面向本区域产业开展研发、转化和孵化服务；二是在运营条件上，强调新型研发机构要有有效开展业务的人员、研发场地、仪器设备等；三是在机构性质和运行机制上，强调新型研发机构要有独立法人属性且具有公益属性，同时在运营上要有不同于传统科研院所的新机制、新模式，如灵活的用人机制、市场导向的研发机制等。

但各地在具体认定上存在显著差异。例如，在对发展导向和主营业务要求上，虽然都强调与区域产业发展结合，但上海更强调开展前沿技术和重大行业技术攻关，而河南等省市则更加强调开展成果转化、创业孵化工作。在组织属性上，虽然大部分省市都要求新型研发机构要具备独立法人资格，但也有部分省市将企校联合创新中心等非法人组织纳入。在建设模式和运行机制上，安徽省将多元投入主体的建设要求作为硬性要求，强调"申报机构需拥有多元化的投资主体，由单一主体举办的研发机构，原则上不予受理"，而山东省则要求政府主导建设的新型研发机构为"政府注资独立建设模式"。在机构运营条件上，各省市对人才、研发条件和资金实力等也都有各自设定的要求和标准。

（二）评价工作

目前各地的评价工作主要由当地科技管理部门主导开展。就共性而言，各地评价普遍强调新型研发机构服务产业创新发展的目标和效果，指标体系一般涉及机构人才队伍建设、研发投入与产出、成果转化活动开展、机制与模式创新、经济和社会效益等大类。

就具体评价工作开展而言，各地也存在显著差异。在评价指标与权重设计方面各有侧重，有些省市主要关注新型研发机构的研究与开发活动，也有省市侧重考核新型研发机构的成果转化和创业孵化成效。在如何开展评价上有差异，有些省市采用一套评价体系一开展评价，也有省市采取分类评价方式。例如，山东省将新型研发机构分为科学研究类、技术创新类和研发服务类，上海市按基础研究类、应用研究类和成果转化类开展分类评价。在评价周期上也不尽相同，一些省市以开展年度考核评价为主，也有省市采取 3～5 年的周期性考核评价，还有省市采取年度考核评价和建设周期考核评价相结合的方式。

（三）存在问题

调研发现，各地开展的认定和评价工作存在以下主要问题。

一是在国家顶层设计层面缺乏对新型研发机构这一特殊类型的组织界定和规范要求，在宏观管理层面也缺乏可操作性的指导原则，各类政策文件的表述过于混淆和宽泛，导致各地对新型研发机构的理解不一致。

二是各地对新型研发机构的性质有认识不清的问题，造成对认定和评价工作的把握不统一。例如，现行统计中有大量不具有新型研发机构内涵特征的组织（如入库机构中有大量内置于企业的研发组织、仅服务于单一企业目标利益的创新组织、以销售创新产品为主业的科技企业等）被纳入新型研发机构范畴。

三是新型研发机构群体是由多样化的个体构成，机构个体在发展定位、组织属性、组建方式、业务活动开展和运行机制等方面都表现优异，这对有效开展认定和评价工作也造成不小难度。

第二节　国际经验借鉴

从全球着眼，欧美等发达国家的应用研究机构建设与我国新型研发机构建设有较多共性，他们对应用研究机构的评价对我国开展新型研发机构的认定和评价工作有借鉴意义。

一、德国弗劳恩霍夫应用研究促进协会

德国弗劳恩霍夫应用研究促进协会（Fraunhofer Society）（简称"弗劳恩霍夫协会"）是世界领先的应用研究机构之一，下设76个研究所，并对其所属研究所采取"年度评估"+"综合评估"的双重评估模式。

从评估目的看，弗劳恩霍夫协会的评估体系旨在要求研究所满足社会和市场需求，确保研究活动的高质量和相关性；促进科学知识和技术成果的有效转移，加强与工业界的合作；提升研究所的国际竞争力，吸引顶尖科研人才。评估结果会成为协会今后确定事业发展规划、制定资源分配方案、改聘研究所所长和确定员工薪酬水平的主要依据。

从评估组织和流程看，弗劳恩霍夫协会根据与政府签订的"确保科研质量"协议，对协会及所属研究所工作实施评估。按照协会章程，各研究所每年度须向协会提交年度报告，协会执行委员会委托专家对报告进行审查，并给出评价意见。协会每5年对各研究所进行一次综合评估，评估委员会由来自协会外部的学术界、产业界和公共部门的专业人士组成。协会对研究所的评价主要考察其科技竞争力及完成战略计划的情况，评价的程序包括如下几点。①审阅自评报告：研究所首先提交一份详细的自评报告，介绍其研究成果、项目执行情况、财务状况等，评估委员会对自评报告进行审阅。②开展现场访问：评估委员会对研究所进行现场访问，与研究团队成员进行交流，深入了解研究活动和管理运作。③出具第三方评估报告：基于自评报告和现场访问，评估委员会编写一份综合评估报告，包含评价结果和建议。④跟进和实施：研究所根据评估报告的建议进行改进，确保研究和管理质量的持续提升。

从评估指标体系来看，弗劳恩霍夫协会的5年绩效评估指标主要包括战略计划完成情况、重点课题实施进度、科研人员素质与结构、科研设施水平与利用率、"竞争性资金"的比例与组成、成果转让数量和收益、客户结构与满意度等。由于协会的定位是面向产业界开展以共性技术为主的应用研究，所以发表论文的情况仅是考核中的一个参考指标。

新型研发机构
建设导论 >>>

二、英国弹射中心

英国弹射中心（Catapult Center）（简称"弹射中心"）是由 9 家世界领先的技术创新中心组成的网络，主要由英国政府资助，英国创新署负责建设并监督，在促进英国科技成果的快速产业化的同时，承担政府部分促进区域经济转型升级、提高国家生产力和技术竞争力的使命。

英国创新署和英国商务、能源与工业战略部采用"季度报告＋周期性评估"的方式对弹射中心进行绩效评估。

在季度报告方面。弹射中心与英国创新署签订 5 年期资金协议后，需按季度报告其关键绩效指标（KPI），必要条件下，季度报告可以触发增强的绩效管理，英国创新署以此监测各中心周期内的个体绩效。在指标上，弹射中心以 CREAM（即明确 Clear，相关 Relevant，经济 Economic，适当／充足 Adequate，可检测 Monitorable）为指导原则，设计高质量创新评价指标，并基于不同中心发展环境和技术参数，制定弹射中心关键绩效指标[1]（表 8－1）。

表 8－1　英国弹射中心关键绩效指标 ①

评价维度	指标内容	关键绩效指标
链接产品和服务市场	工作职能：中心提供的工作职能	专注研发（R&D）；咨询（应用）；认证（ISO）的测试，校准，实施认证（ISO）；培训；销售；其他
与大学和知识机构联系	中心创新活动的焦点领域	技术突破；现有技术和方法的改进；应用（新技术或现有技术）；认证，测试；校准市场分析（用户需求）
	合作：过去一年中心与其他组织的合作情况（包括资助和无资助的协作）	公司（制造）；公司（服务）；大学和研究中心；国家政府；科学园区；部门机构；区域增长中心或类似机构；职业培训中心
	知识共享：中心与外部合作伙伴的知识共享和互动的类型	共享出版物参与高等教育和培训（如博士课程）；从外部组织借用／借阅设备，实验室等安置在外部组织或从外部组织安排工作人员；业务分拆／启动；共享专利或其他正式知识产权；无上述相关项

---

① 资料来源：英国弹射中心网站报告——*Catapult to Success (2013)*．https://catapult.org.uk／about－us／publications／．

续表

评价维度	指标内容	关键绩效指标
与大学和知识机构联系	知识产权管理：中心创建或交换知识产权情况	专利；设计注册；版权；商标或品牌开源解决方案；商业机密；保密协议；其他知识产权
	出版物：中心过去一年出版物数量	科学出版物；同行评审期刊的科学出版物；专利申请
资本和财务来源	业务周转：中心的总营业额区间	规模：微型(0～200万欧元)；小型(200万～1000万欧元)；中型（1000万～5000万欧元）；大型（超5000万欧元）
	资金来源：中心营业额各来源所占比例（%）	公共部门（国家或国际）资助；商业收入；知识产权收入；其他来源
	国际化：中心营业额中其他国家资金所占比例	公共和商业票据
	公共资金：中心获得公共部门资金所占比例	无条件的基本资金（国家或地方政府）；绩效相关的基础资金（国家或地方政府）；竞争性资金（国家或地方政府）；有针对性的资金：分配（国家或地方政府）；欧盟资金；公共资金来自其他国家
	商业收入：中心商业收入中来自不同类型企业所占的比例	小型企业（最多50名员工）；中型企业（最多250名员工）；大型企业（超过250名员工）；其他组织（如商业协会）
	业务联系：中心过去一年服务企业情况	小型企业（最多50名员工）；中型企业（最多250名员工）；大型企业（超过250名员工）
人员、能力和技能	规模：中心员工规模	类型：微型；小型；中型；大型
	研究能力：中心员工中研究人员所占比例	研究能力
	博士学位人数：研究人员中拥有博士学位比例	博士生
嵌入进取型国家创新战略	中心是否推动国家创新和研究策略	贡献者
	中心是否参与国家创新和研究策略的制定	影响

在周期性评估方面。自2011年弹射中心计划启动以来，英国商务、能源与工业战略部分别于2014年、2017年和2020年，以不同的评估主体，对弹射中心网

络开展了 3 次不同形式的评估①。评估的核心目标是审查弹射中心是否弥合了研究和产业之间的鸿沟。2014 年，委托豪瑟博士对弹射中心网络进展及发展前景和规模进行评估。在商务部及大学和科学部委托下，豪瑟博士采用函询、利益相关者磋商、实地调研及与弹射中心管理人员访谈等方式，对各弹射中心进行案例研究，并就政策持续性、资金模式、建设进程等 9 个方面提出建议②。2017 年，委托第三方会计师事务所对绩效进行独立评估。在英国商务、能源与工业战略部委托下，永安会计师事务所对弹射中心网络的绩效进行了独立评估，重点关注其绩效。评估强调了创新中心在促进创新成果方面的显著成就，并就战略、治理、绩效管理、资金、经济影响和运营提出了建议③。2020 年，为响应英国首相提出的"弹射中心如何加强区域研发能力、提高生产力并促进英国整体繁荣"，英国商务、能源与工业战略部采用材料审查、案例分析与利益相关方访谈等方式启动了对弹射中心网络绩效及影响的审查评估，评估过程分两个阶段进行。第一阶段为期 3 个月，包括两个部分：一是审查绩效报告、交付计划、年度报告、影响评估、案例研究和国际比较；二是采访利益相关者，包括企业、大学、政府部门、地方企业合作伙伴、英国研究与创新署、英国创新署和弹射中心。第一阶段用于提取出关键主题，确定的关键主题包括地域、资金、技能、网络变化和新机遇、弹射中心网络的运作及绩效指标。第二阶段旨在研究已确定的主题，明确如何利用弹射中心为英国的企业、经济和政府的协同发展服务，为期 6 个月，包括与利益相关者进行对话，收集弹射中心对政府研发路线图的回应，并结合案例研究得出评估结论④。

---

① 资料来源：英国商务、能源与工业战略部报告——*How the UK's Catapults can strengthen research and development capacity*. https://www.gov.uk/government/publications/catapult-network-review-2021-how-the-uks-catapults-can-strengthen-research-and-development-capacity.

② 资料来源：英国弹射中心网站报告——*Hauser Review of the Catapult network (2014)*. https://catapult.org.uk/about-us/publications/.

③ 资料来源：英国商务、能源与工业战略部报告——*Catapult Network Review 2017, independent report from Ernst and Young*. https://www.gov.uk/government/publications/catapult-network-review-2017-independent-report-from-ernst-and-young.

④ 同①。

三、美国制造业创新研究院

2012 年，美国联邦政府宣布，将打造一个由全国范围内相互联系的制造业创新研究院组成的国家制造业创新网络，旨在解决基础研究和商业化之间的"死亡之谷"问题，加快科技成果转化和大规模商业化应用。根据《美国制造业创新亮点报告：2021 年成就与影响力概述》，截至 2021 年年底，美国已建设 16 家"制造业创新研究院"。依据《振兴美国制造业和创新法案》（RAMI 法案）和《国家制造业创新网络计划战略规划》要求，制造业创新研究院要开展定期评估。

从评估组织和周期看，由先进制造国家项目办公室（AMNPO）负责美国制造业创新研究院的统一组织、管理、协调和评价考核[1]。评价活动由各创新研究院自行组织，再由 AMNPO 对评价结果进行汇总并对社会公布，频率为每年一次。

从评价指标体系构建看，AMNPO 在 2015 年 8 月和 2016 年 2 月分别发布了《创新研究院绩效指标指南：国家制造业创新网络》和《制造业创新网络战略规划》，初步构建了制造业创新研究院的评价框架和指标体系。制造业创新研究院在发展的启动期、中期和长期各阶段衡量指标可不同。且 AMNPO 构建的制造业创新研究院的评价框架和指标体系随着时间变化不断修订。

美国现有制造业创新研究院的评估体系为：依据 NNMI 项目的 4 个目标[2]，设置了 4 个相对应的一级指标，并进一步细化到了 26 个二级评价指标，所有指标不设权重，只考察定量数据。一是竞争力（指创新机构对美国创新生态系统的影响力），主要对项目成员数量和成员多样性两个维度进行考察，下设 5 个二级指标。二是技术进步（主要指在技术开发、转让、商业化方面取得的成就），通过正在进行的项目数量、实现的关键项目目标进行评估，下设 2 个二级指标。三是劳动力（指在培养先进制造领域劳动力），主要从教育和劳动力发展（EWD）

---

① 制造业创新研究院涉及的评估除此之外，《RAMI 法案》还要求美国国会下属的政府问责局（GAO）每 2 年提交一份关于 NNMI 的评估报告，其中也涉及对制造业创新研究院的评估；2021 财年开始，国防部（DOD）设立联合防务制造委员会（JDMC），对其资助的制造业创新研究院进行定期评估。

② 提升美国制造业竞争力；促进创新技术向规模化、经济和高绩效的本土制造能力转变；加速先进制造业劳动力发展；支持制造创新机构稳定、可持续发展的商业模式。

的项目实施情况、资金来源及资金支出 3 个维度进行考察，下设 16 个二级指标。四是财务的可持续性（主要指资金收益方面的可持续性），对制造业创新研究院资金来源的渠道进行评估，下设 4 个二级指标。所有指标不设权重，只考察定量数据。另外，制造业创新研究院也采用了一些定性指标，包括在规模化上促进基本创新力［制造成熟度（MRL）4～7级］的非联邦投资的孵化、区域生态系统发展、供应链和劳动力发展等。这些定性指标是对定量指标的良好补充（表 8-2）。

表 8-2　2020—2021 财年美国国家制造业创新网络绩效定量评价结果

指标类别	具体指标	评价项目	2020 财年	2021 财年
对创新生态的影响	参加 NNMI 项目的成员数量	成员数量（个）	2013	2320
	成员的多样性	大企业（雇员超过 500 人）数量（个）	355	407
		中小企业（雇员在 500 人以下）数量（个）	895	1053
		学术机构（综合性大学、社区大学等）数量（个）	459	516
		其他类型（政府实验室、非营利组织等）数量（个）	304	344
财务的可持续性	联邦投资	本财政年度的联邦基础资金	$163M	$127M
	共同投资	不属于本财政年度基本联邦资金的成本分摊支出和联邦资金	$262M	$314M
	新冠肺炎疫情应对	联邦针对新冠肺炎疫情的特别项目资助	N/A	$40M
	总支出	本会计年度内的研究院支出总额	$425M	$481M
技术进步	开展的研发项目	正在进行的项目数量（个）	534	708
	实现的关键项目目标	本财年内关键性技术里程碑实现比重	79%	82%
教育和劳动力发展（EWD）绩效	STEM（科学、技术、工程和数学）教育开展情况	参与创新院项目、实习、培训计划的学生人数（人）	55 478	67 115
		取得合格证，或完成由研究院组织的学徒计划或培训计划的人数（人）	9284	14 676
	教师/培训师参与情况	参与研究院组织的培训的教师或讲师人数（人）	5411	5610

续表

指标类别	具体指标	评价项目	2020 财年	2021 财年
教育和劳动力发展（EWD）绩效		EWD 参与者的总数（人）	70 173	87 401
	研究院 EWD 项目或活动的资金来源	基础资助项目：由原始合作协议或技术投资协议的基础联邦资金资助（项）	83	87
		商业资助项目：由各行业的企业资助（项）	7	9
		联邦机构资助项目：由基础合作协议或技术投资协议资金之外的联邦资金资助（项）	16	44
		国家或地方资助的项目：由州或市政府资助（项）	14	23
		其他资助项目：由慈善组织、非营利组织、基金会或协会资助（项）	9	29
		各研究院经营的 EWD 项目和活动总数①（项）	117	192
	EWD 项目和活动的资金支出	基本资金支出：使用原始合作协议或技术投资协议的基本联邦资金	$10.51M	$10.75M
		商业支出：由各行业企业提供	$0.41M	$1.39M
		联邦机构支出：来自 CA 或 TIA 资金以外的联邦资金	$4.50M	$12.46M
		国家或地方的资金支出：来自州或市政府的资金	$2.17M	$1.41M
		其他支出：来自慈善组织、非营利组织、基金会或协会	$5.06M	$1.66M
		EWD 项目和活动的总支出	$22.65M	$27.68M

资料来源：根据《REPORT to CONGRESS FY 2021》整理。

四、美国未来产业研究所

2021 年 1 月，美国总统科技顾问委员会（President's Council of Advisors on Science and Technology，PCAST）向拜登政府提交了题为《未来产业研究所：美国科学与技术领导力的新模式》（Industries of the Future Institutes：a new model for American science and technology leadership）的咨询报告。提出了未来产业研究所的概念和设计框架。PCAST 宣称，未来产业研究所将成为多部门协作推动前

---

① 此处数值代表独立项目，并不代表以上数值汇总。列表信息展示了可能由多个来源资助的项目，因此，项目总数小于各资助项目数的总和。

沿产业科技创新的范例，成为促进美国国家科研生态系统进一步融合、协同的关键物种。最终，未来产业研究所的科研成果将帮助美国维持在科技领域的全球领导地位，进而确保美国未来的国家安全和经济安全。

这份报告还提出要形成基于功能实现的研究所评价机制，即对于未来产业研究所的评价应以对于国家需要的领域（例如，增强经济能力、创造高薪就业机会、支持国家安全、改善民众健康和福祉）的广泛贡献为导向。具体评价指标应针对各个机构进行量身定制。PCAST 建议，实施研究所内部年度自评估和以 5 年为周期的联邦机构外部审查相结合的评价机制，尽量减少对于研究人员的干扰和时间负担（表 8-3）。

表 8-3　PCAST 建议的未来产业研究所评估指标体系

评估维度	具体指标
组织绩效	申请、授权和许可的专利数量
	转移和成功转化的技术数量
	参与组织成果转化的数量
	从创新到应用的时间缩减
	由研究所参与者领导的创业公司和其他转化活动
	研究所生态系统多样性和包容性的增加
STEM 教育与劳动力培训	设计和提供新教育项目的能力
	STEM 能力劳动力规模的增加
	支持传统弱势群体更多地参与 STEM
	为科研受训者提供指导经验
政策影响	减少研究人员的行政负担，并以此推动全国范围内的政策变化
	新的知识产权策略是否能够促进创新并推动全国范围内的政策变化
	研发领域合作和协调的新模式

五、小结

以上机构的评价实践对我国开展新型研发机构评价工作有所借鉴。

一是建立年度评价和阶段性评价相结合的评价制度。能够及时跟踪和判断新型研发机构发展状态，并基于评估结果调整政府政策。

二是建立多元参与的评估方式。主要表现在结合相关参与方的建设要求、建设主体的目标绩效和社会各界的价值认同开展综合评估，包括多种途径搜集可靠信息和数据、开展自评估和第三方评价，以及现场论证等。

三是建立有针对性的评价指标体系。即在指标体系设计上，既要考虑机构发展的特殊性、数据可获得性，以及定性指标与定量指标的配合等，也要结合时代演进，适时调整评价指标。

第三节　规范推进认定工作

开展认定工作的目的是在科技创新的各类要素组织中筛选出"新型研发机构"这一特殊群体，使其成为新时代省、市、地政府建设创新体系的组织抓手。

从这一目的出发，新型研发机构区别于传统的或一般的科技创新组织：如完全市场属性的，特别是企业内置的或完全从属于单一企业的研发组织不属于新型研发机构范畴；完全从属于国家科技力量布局的科研机构，包括新建的国家实验室，以及已经存在的大学科研院所等也不在新型研发机构的范畴之内。

新型研发机构是一类既有政府公共目标属性又有市场行为方式的特殊组织，对这类组织实施有效管理首先需要建立规范的选择或"认定"过程。

一、建立一般性认定框架和指标体系

从共性要求着眼开展对新型研发机构的一般性认定。

一般性认定主要可基于各类创新组织的主责主业、运营条件、基本属性 3 个维度，观察其是否满足作为新型研发机构的基本要求。

1. 主责主业

作为新型研发机构需要建立"创新为主责、研发为主业"的发展定位，是开展"科学研究、技术创新和研发服务"等业务活动的组织，这是对新型研发机构的基本要求。

2. 运营条件

作为新型研发机构必须具备良好的开展主责主业活动的基本条件，包括场地条件、基础设施、资金条件、人员条件、设备条件等，能为开展研发和创新业务开展提供基本保障。

3.体制机制建设

具备吻合国家导向并与地方实际相结合的体制机制。主要需要观察其法人治理、决策机制、组织建设、运行机制和管理制度等方面，以及能否兼顾承载政府目标意志、社会公共属性和市场化运行机制。

按上述3个维度可构建对新型研发机构开展一般性的认定指标体系，各地可结合本地实际选择认定指标，表8-4列出的指标可作为各地开展一般性认定的参考。

表8-4　新型研发机构一般性认定指标参考

一级指标	二级指标
1 主责主业	1.1　具有支撑产业技术创新的研发组织目标定位（章程和实际）
	1.2　机构业务内容至少包含以下领域中的两类： ①基础研究和应用基础研究 ②产业技术开发 ③科技成果转化 ④科技创业孵化 ⑤企业研发服务（含检验检测认证服务）
	1.3　机构在1.2选择的业务收入占总收入的 *%（含）以上（政府在建设期的经费支持不计入此处总收入）
2 运营条件	2.1　机构负责人和科研带头人须是机构全职人员
	2.2　研发人员数量占比不低于 *%
	2.3　具备开展研究、开发和试验所需的科研仪器、设备和场地
	2.4　近三年未发生科研失信行为、重大安全事故、重大质量事故
3 体制机制建设	3.1　独立法人机构
	3.2　实行理事会或董事会决策机制下的院（所）长负责制，建有完善的管理制度
	3.3　有竞争性（市场化）的研发或服务收入来源及方式
	3.4　机构有自组织和可持续的发展目标规划

注：*% 的数值根据各地的实际情况而定。

二、加强分类和分级认定工作

鉴于新型研发机构的多样化建设形态和在不同层级创新体系建设中的意义，省市地相关政府部门需要在一般性认定基础上，逐步推进和完善对新型研发机构的分类、分级认定工作。尤其表现在择优建设战略领军类新型研发机构和重点建设骨干支撑类新型研发机构两个方面。

1. 择优战略领军类新型研发机构

结合一般性认定指标，战略领军类新型研发机构的推荐和择优，重点强调以下几个方面：①主责主业聚焦未来产业和战略性新兴产业发展，有代表国家参与全球竞争的意义；②在运营条件上，具备开展高水平研发活动的场所、人员和设备等条件，如机构应有科技领军人才、高水平研发队伍、全球或全国领先的研发设备条件等；③在体制机制建设上，应具有新型科技组织建设的示范性和科技体制改革的引领性。

2. 重点建设骨干支撑类新型研发机构

骨干支撑类新型研发机构的择取要在一般性认定指标的基础上重点强调以下几个方面：①主责主业聚焦区域主导产业的关键技术和共性技术问题，机构建设有促进区域主导产业转型升级的意义；②在运营条件上具备与区域主导产业发展相匹配的行业领军人才、高素质的研发团队力量，以及行业领先的研发设备条件等；③在体制机制建设上，应具有实现自我发展循环的良性机制和市场化竞争发展的良好表现，能够在建设期完成后实现自我造血和运维。

基于一般性认定指标基础，对新型研发机构的战略分类建设指标可参考表8-5。

表 8-5　新型研发机构的分类指标参考

一级指标	战略领军类	骨干支撑类
1 主责主业	体现研发活动对未来产业和战略性新兴产业发展的国家意义	体现研发活动有解决区域主导产业共性和关键技术的意义
	有面向国家战略的研发活动开展	有组织区域重大科技攻关项目和活动
2 运营条件	开办资金或注册资金实缴需要满足一定额度要求	开办资金或注册资金实缴需要满足一定额度要求
	机构负责人或科研带头人须是机构所属行业领域内领军人才 年度从业人员需达到相应规模，博士学位与高级职称及以上人员需满足一定比例要求	机构负责人或科研带头人需是机构所属行业领域内领军人才 年度从业人员需达到相应规模，硕士、博士学位与高级职称及以上人员需满足一定比例要求

续表

一级指标	战略领军类	骨干支撑类
2 运营条件	研发费用支出占总收入的 50% 以上，且平均年度研发经费支出需要满足一定规模要求	研发费用支出占总收入的 30% 以上，且研发经费支出需要满足一定规模要求
	具有与开展科研活动相匹配的场所、设备条件	具有与开展科研活动相匹配的场所、设备条件
3 制度建设	机构应构建系统化的科技成果转化和产业化机制	机构应制定完善的自我维持和发展计划，以期在成立满一定年限后实现自我维持

注：表中虚指的数值可根据各地实际情况而定。

三、建立规范认定和备案制度

对新型研发机构的一般性认定应由地方政府（区县级）组织进行，对经认定并纳入新型研发机构范畴的机构应上报国家部委相关部门，并由国家相关部委统一建立全国新型研发机构的统计和备案制度。

其中，基础发展类新型研发机构由区县地方政府科技管理部门组织认定和上报，由地市级或省市级政府相关部门确认或授牌。

骨干支撑类新型研发机构由地市级政府向省市级政府相关部门推荐，由省市级政府相关部门组织会商、认定和授牌。

战略领军类新型研发机构则由省市级政府向国家相关部委组织推荐，由国家发展改革委、科技部及工业和信息化部等相关部委组织会商，统一部署战略领军类新型研发机构的发展建设，并统一冠以有"国家 ***** 创新中心"标识的机构名义。

要严肃认定和备案管理，改变现行新型研发机构上报统计中的"鱼龙混杂"和"是与非"不分状况，推动完善我国新型研发机构的建设规范。

第四节　全面推行评价管理

有效开展评价工作，能激励新型研发机构向更高目标发展，也为各级政府的各项政策支持提供依据，是各级政府对新型研发机构实施宏观管理的主要方式。因此，各级政府相关部门需要全面推行与促进发展相配套的评价管理制度。

一、评价导向

鉴于建设发展新型研发机构的目的是丰富和完善地方、区域乃至国家创新体系，对新型研发机构的评价主要在于反映其在各级创新体系中所扮演的角色和发挥的作用，这是开展新型研发机构评价工作的基本导向。

基于这种导向，各级政府需要结合自身创新体系建设的诉求建立评价指标体系。就评价指标体系而言，各级政府有一般共性要求，也有对不同组织类型和不同战略类型的差异化建设要求，这需要各级政府区分不同组织类型和不同战略类型新型研发机构，组织开展有针对性的评价。

作为参考，本文主要结合新型研发机构在各级创新体系建设中的共性要求和作用，提出可供一般性参考的"五力"评价模型，主要表现为作为一级指标设计的"创新驱动力、产业支撑力、生态组织力、改革示范力、自我成长力" 5 个维度。

1. 创新驱动力

该一级指标重在衡量新型研发机构创造创新能力。主要从开展研发活动的基础与能力、投入与产出效果的视角观察和评估。

2. 产业支撑力

该一级指标重在衡量新型研发机构对产业的赋能能力。主要观察评价新型研发机构以研发和研发服务为基础，支撑国家和区域的产业发展中的情况，主要包括传统产业的转型升级、新兴产业和未来产业的培育等。

3. 生态组织力

该一级指标设置重在衡量新型研发机构在区域创新生态中的组织能力和影响力。主要观察和评价新型研发机构作为政府支持，嵌入创新生态中的主体，依托其优势和资源在区域创新生态的成长和繁荣发展中的组织能力、赋能成效。

4. 改革示范力

该一级指标设置重在衡量新型研发机构围绕功能定位的实现，在建设模式、运营机制方面的创新探索和成效。重点在于评估新型研发机构围绕促进科技与产业融合目标，如何有效开展产业需求导向的创新、重大技术攻关、高端创新资源整合、人才激励等。

5. 自我成长力

该一级指标设置重在衡量新型研发机构作为公益与市场混成的组织，如何通过市场机制实现自我的可持续发展，并形成公益与市场良性协同的有效机制。

结合新型研发机构的战略分类，对不同类型的新型研发机构的具体评价工作可从 5 个维度的权重做差异化处理，相关参考建议如表 8-6 所示。

表 8-6 新型研发机构评价维度和分类权重参考

指标名称	战略领军类	骨干支撑类	基础发展类
创新驱动力	25%	25%	15%
产业支撑力	25%	25%	20%
生态组织力	20%	20%	15%
改革示范力	20%	15%	15%
自我成长力	10%	15%	35%

二、指标体系建立与指标选取

本课题结合各地实践，按"五力"模型对评价指向的重点方面、重点指标，以及战略分类下的权重考量开展了综合论证分析，提出下述可做一般性参考的二级指标设计和选取。

（一）创新驱动力维度

该维度需着眼人才队伍、研发条件、研发活动、成果产出 4 个方面。其中人才队伍主要用人员素质结构、研发人员规模和占比、领军人才等指标来衡量；研发条件主要通过科研设备原值、创新平台的级别、研发经费的规模和占比情况来衡量；研发活动主要从项目数量、项目金额、项目层级等维度进行指标设计；研发产出根据基础研究、应用研究和产业开发研究等研究活动成果产出的不同，从发表论文、技术攻关、专利、制定标准等维度设计指标。

按新型研发机构战略分类考量，指标及权重设计应有差异性。例如，对于战略领军类，更强调其开展具有国家产业战略意义的高水平研发活动及在此基础上的转化成效，由此对其研发条件的先进性、领军人才、原创性成果等指标设置较高权重；对于骨干支撑类新型研发机构，考核更加侧重其攻关行业关键共性技术、区域产业生态的组织能力等指标；对于基础发展类新型研发机构，更加侧重其为中小企业提供技术服务的能力和质量的考核评价，而对其基础研究能力、重大技术的攻关能力则不作要求，因此指标设计中不考核其项目层级、发表论文等情况，降低领军人才等指标的权重。

形成如表 8-7 所示的创新驱动力维度下的二级指标设计参考。

表 8-7　创新驱动力维度的二级指标设计 [①] 参考

说明	二级指标		战略领军类		骨干支撑类		基础发展类	
	指标	类型		权重		权重		权重
人才队伍	1.1　从业人员中具有硕士和博士学位占比	定量	√		√		√	
	1.2　期末研发人员数量+研发人员占从业人员比例	定量	√		√		√	
	1.3　领军人才	定性	√	1.5	√		√	0.5
研发条件	1.4　单价万元以上自有科研设备原值合计	定量	√	1.5	√		√	0.5
	1.5　省级和国家级创新平台数	定量	√	1.5	√			
	1.6　研发经费支出规模	定量	√		√		√	
	1.7　人均研发经费支出+研发经费支出占总收入比例	定量	√		√		√	
研发活动	1.8　科研项目数量+金额	定量	√		√			
	1.9　基础研究+应用研究+技术开发等科研项目结构布局	定性	√		√		√	
	1.10　国家级科研项目数量+经费	定量	√	1.5	√			
成果产出	1.11　国内外权威期刊论文发表数量	定量	√					
	1.12　有效发明专利拥有量+pct 专利申请量+集成电路布图设计专有权数+新药、新农药、新兽药数+动植物新品种数	定量	√		√		√	
	1.13　牵头或参与制定的国家标准数量+国际标准数量	定量	√	1.5	√		√	0.5
	1.14　原创性科技成果和重大技术突破	定性	√	1.5	√			

① 权重仅标注有分类差异的指标，无标记的指标权重均为 1。指标权重采取专家打分法获取。

（二）产业支撑力维度

该维度下的二级指标主要着眼于与企业的研发合作、成果转化与科技创业、产业创新人才培养3个方面。其中，与企业的研发合作主要用来自企业的研发合作经费规模和占比、开展研发合作企业数量、来自企业的研发项目数量、服务企业数量（检验检测等服务）等指标衡量；成果转化与科技创业主要用技术转让收入规模和占比、技术入股企业数量、专利实施率、孵化企业数量、从成果到转化应用的时间长短等指标来衡量；产业创新人才培养主要用培养应用型研究生人才等指标来衡量。

对于战略领军类新型研发机构，更强调其成果和技术在国家战略性产业的转化和应用情况，如技术创业对新兴产业成长的价值等；对于骨干支撑类新型研发机构，需要重点考察其技术成果在区域产业的转化应用情况；对于基础发展类新型研发机构，更强调其为区域产业企业的技术服务情况，如企业技术合同数等指标。

形成如表 8-8 所示的产业支撑力维度下的二级指标设计参考。

表 8-8　产业支撑力维度下的二级指标设计参考

说明	二级指标			战略领军类		骨干支撑类		基础发展类	
	指标	类型			权重		权重		权重
与企业的研发合作	2.1　企业委托研发项目数	定量		√	0.5	√		√	1.5
	2.2　来自企业的研发项目经费规模+占研发合同经费总额的比例	定量		√		√		√	
	2.3　服务企业数量（检验检测等服务）	定量		√		√		√	1.5
	2.4　与企业共建联合实验室的运行情况	定性		√		√	1.5	√	
成果转化与科技创业	2.5　技术转让收入规模和占总收入的比例	定量		√		√		√	
	2.6　重大技术产业化成效及效果	定性		√	1.5	√	1.5	√	
	2.7　技术入股企业数量+专利实施率	定量		√		√		√	
	2.8　孵化企业数量+孵化企业质量	定量		√		√		√	
	2.9　带动国家或区域产业升级发展的表现	定性		√	1.5	√	1.5	√	
产业创新人才培养	2.10　累计培养毕业技术应用型研究生人才数量	定量		√		√			

（三）生态组织力维度

该维度主要着眼机构的平台化、国际化、社会化3个方面。其中，平台化发展水平主要通过机构主导建设行业组织情况、集成和整合的创新创业资源和服务、提供的开放平台服务等指标衡量；国际化发展水平和影响力主要通过国际化的项目合作、国际化人才引进等指标进行衡量；社会化主要通过社会捐赠和行业满意度指标来衡量。

对于战略领军类和骨干支撑类新型研发机构，其平台化组织能力是发挥其产业创新支撑作用的重要条件。因此，其组织和运营产业创新生态的能力和成效是重要考察指标；对于基础发展类新型研发机构，鉴于其功能定位，国际化维度的指标权重可适当降低。

形成如表 8-9 所示的生态组织力维度下的二级指标设计参考。

表 8-9　生态组织力维度下的二级指标设计参考

说明	二级指标		战略领军类		骨干支撑类		基础发展类	
	指标	类型		权重		权重		权重
平台化	3.1　组建或加入产业联盟或行业协会并实际开展活动情况	定性	√		√	1.5	√	
	3.2　链接创新资源的丰富性和多样性（保持紧密合作的创业孵化服务机构+产业链上下游企业+高校和科研院所+产业基金）	定性	√		√	1.5	√	0.5
	3.3　提供的开放平台服务情况	定性	√		√		√	
	3.4　组织产业生态成员共同开展技术攻关活动情况	定性	√	1.5	√	1.5	√	0.5
国际化	3.5　与有国际竞争力的科研机构、企业开展项目合作情况	定性	√		√		√	0.5
	3.6　引进国际顶级人才和外籍人才数量和成效	定性	√		√		√	0.5
	3.7　组织和参与国际科技合作项目数量	定量	√		√		√	0.5
社会化	3.8　获得社会捐赠经费数量	定量	√		√		√	

（四）改革示范力维度

该维度主要着眼机构组织与治理模式的科学性和运行机制的有效性两个方面。其中，机构组织与治理模式的科学性主要考察机构着眼功能目标在多元融通业务开展方面的努力和突破，在多元主体组建、科学决策方面的有效探索等；运行机制的有效性主要考察新型研发机构在市场化运行、激励人才等方面开展的机制创新和突破。

该维度表现为定性指标，形成如表8-10所示的改革示范力维度下的二级指标设计参考。

表8-10 改革示范力维度下的二级指标设计参考

说明	二级指标			战略领军类		骨干支撑类		基础发展类	
	指标		类型		权重		权重		权重
机构组织与治理模式	4.1	决策机制建设情况	定性	√		√		√	
	4.2	多元业务布局和有效运行情况	定性	√		√		√	
运行机制	4.3	科技成果转化模式	定性	√		√		√	
	4.4	产业需求的及时发现和项目立项机制	定性	√		√		√	
	4.5	高水平人才吸引机制	定性	√		√		√	
	4.6	人才激励机制	定性	√		√		√	
	4.7	市场化运营与公益性活动的协同模式探索经验	定性	√		√		√	
	4.8	产业创新人才培养模式探索	定性	√		√		√	
	4.9	其他具有典型意义的探索（加分项）	定性	√		√		√	

（五）自我成长力维度

该维度主要着眼经营能力和财务效益2个方面。其中，经营能力通过总收入规模、竞争性收入占比进行衡量；财务效益通过人均总收入、净盈余指标进行衡量。在此基础上，还需要综合机构运营情况，对其可持续发展的未来进行预期研判。

按新型研发机构分类考量，战略领军类新型研发机构因其业务活动应有更强的公益属性，与其他类别相比，应降低对其竞争性收入的要求。而基础发展类新型研发机构由于更加靠近产业端，其市场盈利能力需要作重点强调。

形成如表 8-11 所示的自我成长力维度下的二级指标设计参考。

表 8-11　自我成长力维度下的二级指标设计参考

说明	二级指标		战略领军类		骨干支撑类		基础发展类	
	指标	类型		权重		权重		权重
经营能力	5.1　总收入	定量	√		√		√	
	5.2　主责主业收入占比	定量	√		√		√	
	5.3　竞争性收入占比（销售收入不计入）	定量	√	0.5	√		√	1.5
财务效益	5.4　人均总收入	定量	√		√		√	
	5.5　净盈余	定量	√		√		√	1.5
	5.6　净盈余占总收入比例	定量	√		√		√	
预期研判	5.7　机构整体展现出的可持续发展潜力	定性	√		√		√	

三、建立和完善评价管理制度

鉴于当前我国新型研发机构如火如荼般发展，各地和各级政府相关部门需要逐步建立起规范的评价管理制度。

（1）评价管理。各地政府需要把评价工作作为对新型研发机构实施宏观管理的主要抓手，评价结果的优劣应作为各地对新型研发机构建设投入和财政资金支持的主要政策依据。

（2）分类评价。鉴于新型研发机构的组织属性、目标功能和战略位势等都呈现很大差异，各地需要结合本地实际，开展有针对性的评价工作，如开展对不同组织类型和不同功能类型新型研发机构的分类评价。

（3）分级评价。从建设意义和与不同级别政府的关系程度着眼，应建立对不同建设层级新型研发机构的分级评价工作，如由部委、省市级政府和地方政府相关部门分别组织开展评价，逐步推进和完善对我国新型研发机构建设的分级管理。

（胡贝贝　韩思源　朱常海　王胜光）

参考文献

［1］杨雅南.高端创新：来自英国弹射创新中心的实践与启示［J］.全球科技经济瞭望，2017，32（6）：25-37，51.

第九章
新型研发机构促进政策与支持方式

第一节　促进政策的演进

一、演进脉络

我国新型研发机构的促进政策主要经历了地方政府自由探索和中央政府指导下央地协同促进两个阶段，目前正进一步向促进高质量发展的新阶段演进。

（一）地方政府自由探索阶段

改革开放以来，我国区域经济和产业经济蓬勃发展，并在 20 世纪 90 年代前后自东南沿海开始，陆续进入结构调整和转型发展阶段。新发展更加需要知识技术的有力支撑，由于我国科学技术领域与产业经济领域存在割裂现象，地方政府开始采取与高校院所等主体联合共建新载体的方式培育产业技术供给主体，由此开始了地方政府支持新型研发机构政策实践。2010 年北京市出台的《中关村国家自主创新示范区条例》中首次提出"支持战略科学家领衔组建新型科研机构"。2015 年 5 月广东省印发《关于支持新型研发机构发展的试行办法》，对新型研发机构进行了界定，并提出"新型研发机构是广东省区域创新体系的重要组成部分"，要"省、市、区多级联动"支持新型研发机构建设和发展，设计和实施了研发支出补助等一系列支持政策。自此开启了地方支持新型研发机构政策的实践。截至 2019 年 9 月，我国已有 8 个省市（广东省、福建省、重庆市、北京市、吉林省、江西省、河南省、天津市）出台了 11 份新型研发机构支持政策（表 9-1）。

表 9-1 2019 年 9 月前地方政府出台的新型研发机构支持政策

省市	政策名称	印发 /公开日期	主要内容
广东	《关于印发〈关于支持新型研发机构发展的试行办法〉的通知》(粤科产学研字〔2015〕69 号)	2015 年5 月	全国首个省级层面的新型研发机构支持政策,联合十个省直部门从人才政策、职称评审、科研用地、推进成果转化、进口设备减免税、专项补贴等方面给予机构建设支持
广东	《广东省科学技术厅关于印发〈广东省科学技术厅关于新型研发机构管理的暂行办法〉的通知》(粤科产学研字〔2017〕69 号)	2017 年6 月	全国首个省级层面的新型研发机构管理办法,从新型研发机构的功能定位、申报条件、管理与评估、权利与义务等方面对新型研发机构的规范发展提出要求
福建	《福建省人民政府办公厅关于鼓励社会资本建设和发展新型研发机构若干措施的通知》(闽政办〔2016〕145 号)	2016 年8 月	提出了新型研发机构的类型,申请条件,支持措施和监督管理措施
重庆	《重庆市科学技术委员会 重庆市发展和改革委员会 重庆市财政局 重庆市经济和信息化委员会 重庆市教育委员会 关于印发〈重庆市新型研发机构培育引进实施办法〉的通知》(渝科委发〔2016〕129 号)	2016 年10 月	规定了新型研发机构的基本条件、确认程序、税收政策、人才激励措施、科技金融保障等内容
北京	《北京市支持建设世界一流新型研发机构实施办法(试行)》(京政字〔2018〕1 号)	2018 年1 月	围绕完善科研体制机制、激发人员创新活力、下放科研自主权出台改革举措
江西	《江西省人民政府办公厅关于印发加快新型研发机构发展办法的通知》(赣府厅发〔2018〕19 号)	2018 年6 月	从资金资助、人才引进、科技创新券、税收政策、配套机制等多方面出台政策引导新型研发机构健康有序发展
江西	《江西省新型研发机构认定管理办法》(赣科发政字〔2019〕80 号)	2019 年6 月	规定了江西省新型研发机构的申报条件、申报程序和管理评价办法
天津	《天津市人民政府办公厅关于加快产业技术研究院建设发展的若干意见》(津政办发〔2018〕24 号)	2018 年8 月	提出了新型研发机构的功能定位与建设原则,建设目标,主要任务措施和组织保障等内容
天津	《天津市产业技术研究院认定与考核管理办法(试行)》(津科规〔2018〕7 号)	2018 年10 月	规定了新型研发机构申请条件与认定程序,绩效考核与管理办法
吉林	《吉林省人民政府关于印发吉林省加快新型研发机构发展实施办法的通知》(吉政发〔2018〕31 号)	2018 年12 月	规定了吉林省新型研发机构发展的总则、认定条件与程序、考核管理,并提出了资金支持、税费优惠、人才激励等支持政策
河南	《河南省科学技术厅 河南省财政厅关于印发河南省新型研发机构备案和绩效评价办法(试行)的通知》(豫科〔2019〕10 号)	2019 年1 月	规定了河南省新型研发机构申请与备案的条件和程序,以及绩效考核办法

注:根据各省市区政务公开网站整理。

需要指出的是，从中央和国家部委层面看，2014年科技部发布的《中共科学技术部党组关于深入学习贯彻十八届三中全会精神　加快推进科技创新的意见》（国科党组发〔2014〕1号）已提出"支持各类新型研发机构发展"，2015年中共中央办公厅、国务院办公厅印发的《深化科技体制改革实施方案》，以及2016年中共中央、国务院印发的《国家创新驱动发展战略纲要》、国务院印发的《"十三五"国家科技创新规划》也提出要"发展面向市场的新型研发机构"，新型研发机构已进入国家创新政策视野，只是这阶段还未形成统一推进建设的思路和路径，新型研发机构政策仍以地方探索为主。

（二）中央政府指导下央地协同发展阶段

2019年9月，科技部发布《科技部印发〈关于促进新型研发机构发展的指导意见〉的通知》（国科发政〔2019〕313号）（简称《指导意见》），提出了新型研发机构的核心功能、建设原则、基本运行机制等规范，促进了各省市更大力度建设和发展新型研发机构。在此文件指导下，各省市都加快制定和出台促进新型研发机构发展的政策与措施。例如，广东省、北京市、重庆市等6个省市结合《指导意见》精神，对已有新型研发机构政策进行更新完善，出台了新的政策文件；湖北省、安徽省、四川省等25个还未制定新型研发机构政策的省区市则基于《指导意见》要求，新制定了新型研发机构支持政策。这些政策文件相较于上一个阶段，对象更加明确、支持措施更加全面和体系化，同时注重政策效果的评估，以增强政策针对性和有效性。

这些政策措施助推了新型研发机构的繁荣发展，也使得新型研发机构群体影响力进一步增强，并自下而上引发国家层面的进一步关注。2019年以来国家发展改革委、工业和信息化部、中央网信办、科技部、教育部等各部委出台的28份政策文件中都涉及了对新型研发机构的支持，仅2020年就有9份部委政策涉及新型研发机构。从而进一步强化了新型研发机构在国家创新体系中的地位，2021年颁布的《中华人民共和国国民经济和社会发展第十四个五年规划和2035年远景目标纲要》和新修订的《中华人民共和国科学技术进步法》（简称《科技进步法》）均强调要鼓励和支持新型研发机构发展。尤其是新型研发机构写入《科技进步法》，标志着新型研发机构新型创新主体的法律地位正式确立。

中央和部委层面的政策精神进一步调动了地方支持和发展新型研发机构的积极性，截至 2024 年 5 月，除西藏外的其余省（自治区、直辖市）和计划单列市均已出台了促进新型研发机构发展的相关政策文件。

（三）向高质量发展新阶段的政策演化

近年来，随着新型研发机构的群体建设和规模发展，其在创新体系中的价值和作用更加凸显，成为促进科技与经济融合的重要力量。同时，随着新型研发机构数量的增长，诸多发展中的问题开始显现。例如，机构群体围绕区域产业创新发展的协同不够，研发能力和创新能级不够，可持续发展能力较弱，政府财政科技投入的有效、合力、合法使用的监管不足等。这些都需要通过进一步加强制度建设和制定政策进行引导和规范。为此，部分省市已开始了对新型研发机构更加务实和有针对性的政策设计。例如，广东省在 2023 发布了新的政策文件《广东省科学技术厅关于印发〈广东省新型研发机构管理办法〉的通知》（粤科规范字〔2022〕10 号），相较于 2017 年的政策文件，新的管理办法从申报条件、管理与评估等方面进行完善，如细化了研发基本条件，包括科研仪器设备原价总值不低于 200 万元、固定科研场地面积不低于 600 平方米等；明确了新型研发机构每年 3 月份前提交上一年度的年度执行报告，每 3 年组织一次动态评估等。

伴随我国国民经济全面进入高质量发展新阶段，对新型研发机构的促进和支持政策从国家顶层设计层面到地方的实践层面都在持续和稳步推进。

二、政策现状

（一）中央政府层面的政策

自 2014 年以来，中共中央、国务院及国家各部委发布了一系列政策，以促进新型研发机构的发展。具体来看，2014—2024 年 5 月，中央层面共出台 52 份涉及新型研发机构的政策文件（图 9-1），其中专项政策文件 1 份，涉及新型研发机构支持条款的政策文件 51 份（含 6 份国家规划和 1 部法律法规）。

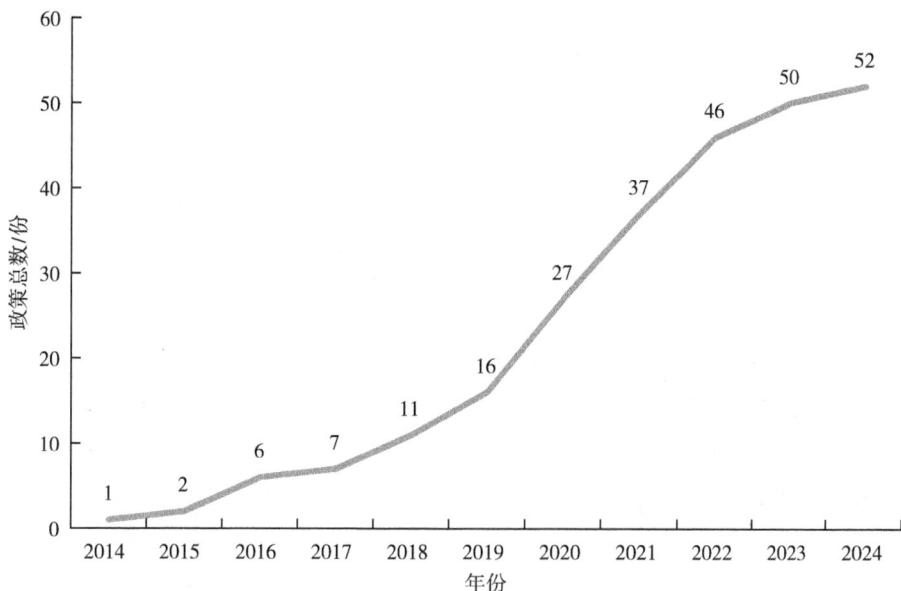

注：根据中央及国家部委网站资料整理，数据截至 2024 年 5 月。

图 9-1　中央层面涉及新型研发机构的政策文件累计发布数量情况

从发文机关看，中央层面的政策显示出跨部门、跨领域协同的特点。涉及新型研发机构的政策中，中共中央、国务院及全国人大出台 17 份，国家各部委出台 35 份。可以看出：一是国务院和科技部是制定政策的核心主体，其中国务院制定 10 份，科技部制定（牵头制定）23 份，二者占发文总数的一半以上（图 9-2）。二是政策涉及的部门广泛，58 个国家部委和相关机构参与了政策制定和发布。三是超过一半（56%）的政策由多部门联合发布。总体来看，政策的主要发文机关（科技部、国务院）在政策制定中起到了主导作用，而多部门的联合发文机制确保各个发文机关根据其职能和专业领域发布政策，为新型研发机构的发展提供了多方面的支持和保障。

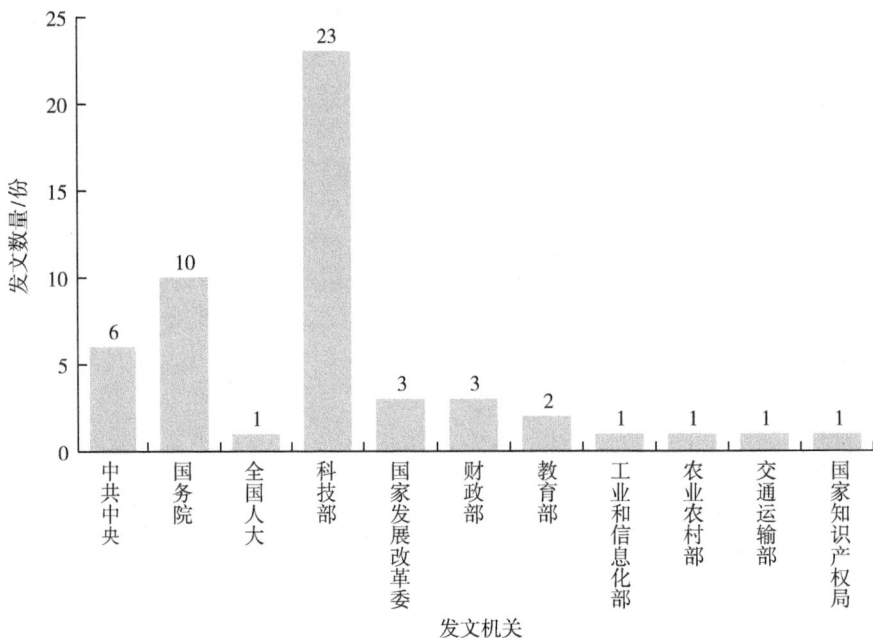

注：根据中央及国家部委网站资料整理，数据截至 2024 年 5 月。

图 9-2　牵头制定涉及新型研发机构的政策发文机关情况

　　从政策目标看，中央层面的政策主要集中在区域创新发展、产业和企业创新、创新生态建设，以及科技管理和制度创新 4 个领域。政策主体积极响应国家创新驱动发展战略，聚焦"高质量发展"，发挥新型研发机构在各自领域的作用。一是 25% 的政策聚焦区域创新发展，如依托新型研发机构，支持国家高新区、国家大学科技园、综合保税区、长三角 G60 科创走廊、北京国际科技创新中心、西部科学城、西部地区科技企业培育、中国特色社会主义先行示范区、中国（新疆）自由贸易试验区、贵州省科技合作等。二是 21% 的政策聚焦产业和企业创新。产业方面，主要依托新型研发机构，推动人工智能、先进制造业、现代服务业等战略性新兴产业和未来产业提升研发能力，推进农业科技创新；企业方面，主要依托新型研发机构，助力中央企业和科技型中小企业强化技术创新能力。三是 31%的政策聚焦创新生态建设，如发挥新型研发机构对基础研究、产学研协同、科技成果转化、创业孵化、人才培养、科技金融等方面的推动作用。四是 23% 的政策聚焦科技管理与制度创新，如发挥新型研发机构对国家科技体制改革、技术要素市场建设、技术体系转移建设、中央财政科研经费管理改革、人才发展体制机制改革、科技人才评价改革等方面的促进作用（表9-2）。

表9-2 中央层面涉及新型研发机构的政策的支持领域

序号	类别	份数	发文机关	支持领域
1	支持区域创新发展	13	科技部、国务院	国家高新区、国家大学科技园、综合保税区、长三角G60科创走廊、北京国际科技创新中心、西部科学城、西部地区科技企业培育、中国特色社会主义先行示范区、中国（新疆）自由贸易试验区、贵州省科技合作等
2	支持产业和企业创新	11	科技部、国家发展改革委、国务院、工业和信息化部、教育部、农业农村部等	未来产业、人工智能、先进制造业、现代服务业、农业，中央企业、科技型中小企业等
3	支持创新生态建设	16	科技部、国务院、财政部、教育部等	基础研究、产学研协同、科技成果转化、创业孵化、人才培养、科技金融等
4	支持科技管理与制度创新	12	中共中央、国务院、科技部、国家发展改革委、财政部等	国家科技体制改革、技术要素市场建设、技术体系转移建设、中央财政科研经费管理改革、人才发展体制机制改革、科技人才评价改革、科研人员激励等

注：根据中央及国家部委网站资料整理，数据截至2024年5月。

从支持内容看，中央层面的政策主要对新型研发机构的建设发展、体制机制创新、人才引进、创新平台搭建等方面进行支持。一是67%的政策提出鼓励或支持新型研发机构建设。二是23%的政策支持新型研发机构创新体制机制，如国务院出台政策支持新型研发机构实行"预算+负面清单"管理模式等。三是8%的政策文件支持新型研发机构引进和培养人才，如中共中央、国务院出台政策鼓励新型研发机构人才自主选择科研方向、组建科研团队，支持新型研发机构自主开展人才评价聘用（任）。四是4%的政策支持新型研发机构建设创新平台，如教育部出台政策鼓励新型研发机构建设面向重大研究方向或重点行业应用的人工智能开放创新平台、应用场景平台、联合实验室（技术研发中心）和实训基地。五是还有部分政策对新型研发机构申报科技项目、开展创新合作、构建产业联盟、探索应用场景等给予支持。这些政策是新型研发机构建设和发展的指南和保障，旨在激发新型研发机构的创新活力，提升新型研发机构的科技创新质量和效率，促进新型研发机构与社会经济发展的紧密结合。

（二）地方政府层面的政策

为贯彻落实国家关于新型研发机构的政策指引，各省区市根据当地实际情况，相继出台了一系列针对新型研发机构的政策措施。截至2024年5月，全国31个省（自治区、直辖市）和5个计划单列市共出台有效期内政策57份（另有2份政策未公开）。

从政策类型看，地方层面主要通过指导意见[①]、管理办法、支持办法等形式，构建支持新型研发机构的政策体系。一是12个省区市出台了发展新型研发机构的"实施/指导意见"，意见主要明确了地方政府发展新型研发机构的建设目标、任务举措、职能分工、保障措施等内容。二是31个省区市就新型研发机构的管理工作出台了"办法"，主要包括新型研发机构的管理办法（天津、河北、山西等27个省区市）、认定办法（贵州、内蒙古）、培育办法（云南）、评价办法（山西、江西、宁波）、经费管理办法（深圳），这也是地方政府指引和规范新型研发机构建设的主要政策形式。三是5个省市区出台了支持新型研发机构的"政策措施"，主要从经费、人才、平台、项目、成果等方面，对新型研发机构的运营给予支持。四是2个省区市还针对事业单位类、省校合作类新型研发机构出台了"专项支持政策"。通过以上方式，各省区市为新型研发机构的建设、运行、管理提供了全方位的政策保障（表9-3）。

表9-3　地方政府层面支持新型研发机构的政策数量

序号	省区市	实施意见/份	办法/份	政策措施/份	专项政策/份	总份数
1	北京		1（未公开）			1
2	天津	1	1			2
3	河北		1			1

---

① 此处为泛指。前文《关于促进新型研发机构发展的指导意见》（简称《指导意见》）表特指。

续表

序号	省区市	实施意见 / 份	办法 / 份	政策措施 / 份	专项政策 / 份	总份数
4	山西	1	2		2	5
5	内蒙古自治区		1			1
6	辽宁	1	1			2
7	吉林	1				1
8	黑龙江		1			1
9	上海	1	1			2
10	江苏			1		1
11	浙江	1				1
12	安徽	1	1			2
13	江西		2	3		5
14	福建		1			1
15	山东	1	1	1		3
16	河南		1	1		2
17	湖北	1	1			2
18	湖南		1			1
19	广东		1			1
20	广西壮族自治区	1	1	1		3
21	海南	1	1			2
22	重庆		1			1
23	四川		1			1
24	贵州		1			1
25	云南	1	1		1	3
26	西藏自治区		1（未公开）			1
27	陕西		1			1
28	甘肃		1			1

续表

序号	省区市	实施意见/份	办法/份	政策措施/份	专项政策/份	总份数
29	青海		1			1
30	宁夏回族自治区		1			1
31	新疆维吾尔自治区		2			2
32	深圳		1			1
33	青岛		1			1
34	宁波		2			2
35	大连		1			1
36	厦门		1			1
	合计	12	37	7	3	59

注：根据各省市区政务公开网站资料整理，数据截至2024年5月。

从政策对象看，地方层面主要按照机构能级、组建方式、成长阶段、功能定位等分类施策，支持符合条件的新型研发机构。大部分地区实行了"分类施策"，按照一定标准，将新型研发机构划分成若干类别，开展分类认定、分类评价、分类扶持，更加精准地引导和支持新型研发机构的发展。例如，安徽、江西、山东等省区市按照机构的能级，将支持对象划分成普通类、重大类或"一事一议"类新型研发机构；山西、湖南按照组建方式，将支持对象划分成省校合作类、产业技术协同创新类、产业联合创新类等类别；河北、重庆、云南按照成长阶段，将支持对象划分为初创型、成长型、高端型等类别；黑龙江按照功能定位，将支持对象划分为成果转化型、产业创新型等类别。

从政策工具看，地方层面的政策主要使用了环境面政策工具和供给面政策工具。一是环境面政策工具通过改善研发机构发展的外部环境，促进新型研发机构建设和发展。这些措施通常包括目标规划、规定管制、税收优惠、金融支持等工具。二是供给面政策工具的类型丰富，主要聚焦于强化资金、人才、平台、载体、服务、技术等资源要素的供给，以支持新型研发机构的研发和创新活动。例如，全国26个省区市明确提出，对通过认定、备案或绩效考核的新型研发机构给予资金支持；又如，安徽省通过"编制周转池"激励新型研发机构人才。三是地方政府对需求面的政策工具使用较少，主要涉及政府采购、技术对接等工具，如福建省支持新型研发机构产品加入国家节能产品、环境标志产品等政府采购清单，享受相应优惠政策。

从政策体系看，地方层面的政策主要覆盖了新型研发机构的建设与培育、运行与发展、认定与考核等环节。在建设与培育方面，地方政府鼓励各类创新主体合作建设新型研发机构，并给予财政支持和用地保障，通过基金保障和资金奖励，激励机构打造孵化载体和国家级平台。在运行与发展方面，地方政府高度重视人才引进和激励政策。例如，支持新型研发机构开展职称自主评审试点，为高层次人才提供专业技术职务"直通车"支持和医疗、安居、子女入学等方面的便利，营造良好的人才环境。通过发放创新券，鼓励企业购买新型研发机构的技术服务，支持机构的技术服务能力发展。在认定与考核方面，地方政府通过建立认定补助、考核奖励、容错免责等机制，促进机构的健康发展。例如，符合条件的机构在通过地方政府认定后，可以获得最高 100 万元的认定补助。根据考核结果，表现优秀的机构可获得省财政最高 1000 万元的奖励。此外，为了鼓励新型研发机构大胆创新，部分地方政府还设立了容错机制。

三、政策效果

在中央与地方政府政策的协同之下，新型研发机构支持政策在逐步完善，引导和支持了新型研发机构群体快速发展，并在促进科技成果转化和支撑产业创新发展中发挥出日渐重要的价值和作用。

一是得益于政策支持，新型研发机构快速壮大规模。"十三五"以来，我国新型研发机构进入快速发展期，机构数量快速增长。根据调查数据，截至 2020 年年底，我国共有新型研发机构 2140 家，分布在全国各地；从业人员 20.78 万人，研发人员 13.32 万人，成为创新体系中一支不可忽视的创新力量。

二是基于政策引导和支持，新型研发机构面向产业创新取得显著成效。根据调查数据，2020 年，有 75.98% 的新型研发机构开展了产业关键共性技术研发，65.98% 的新型研发机构开展了产业前沿技术研发；2020 年，新型研发机构科研项目总数 3.45 万项，承担的来自企业的科研项目占当年承担科研项目总量的 51.94%；2020 年度总收入 1925.3 亿元，其中总收入的 65.23% 来源于企业；通过合作研发、委托研发、技术转让等形式服务企业 11.9 万家；截至 2020 年年底，累计孵化科技企业近 2 万家。这充分说明新型研发机构在为企业、产业提供高质量技术供给和研发服务方面发挥了关键作用，对提升产业发展水平和企业技术创新能力做出了重要贡献。

三是基于政策引导，新型研发机构探索出了许多有示范引领作用的新型科研组织模式和体制机制运行。例如：①北京航空航天大学杭州创新研究院探索出了"点面体"产学研融通新模式。"点模式"即以重大攻关项目为牵引，通过与领军企业组成紧密的联合研发团队，探索共同立项、共同投入、共享收益的联合攻关模式，推动形成重大的具有引领性、变革性的成果；"面模式"即与企业共建联合实验室或研发中心等创新联合体，旨在通过联合实验室、研发中心等探索出与各类创新主体的长效合作机制。"体模式"即以开放式共性技术研发或服务平台为核心的创新共同体，通过规划建设无人系统安全控制演示与验证、工业机器人操作系统开源等共享技术平台，为企业、高校、科研院所等创新主体提供研发、转化所需的软硬件设备、技术服务，旨在依托现有技术基础平台发展形成共性技术研发与服务能力。"点面体"产学研融合模式，扩展了合作维度，实现了从项目攻关到院企长期合作到服务区域产业发展再到引领产业发展的全覆盖，形成了有效面向区域产业的成果转化体系；②广东粤港澳大湾区国家纳米科技创新研究院（简称"广纳院"）探索出了围绕产业链开展协同科技创新新机制。主要表现在广纳院对接和组织产业链科技创新的各环节，在 1～3 级的基础研究环节，与国家纳米科学中心、中国科学院香港创新研究院、华中科技大学、华南理工大学等高校与院所进行对接，促进产业需求导向的科学研究活动开展和成果向广纳院的转移。在 4～6 级的开发环节，广纳院利用自身平台，实现技术或产品创新。到 7～9 级产业化环节，广纳院依托产业化基地和园区，通过技术创业孵化和技术转移至企业等方式，实现技术产业化，培育纳米产业集群。

四、存在的问题

总体来看，当前我国促进新型研发机构发展的政策主要存在以下几个方面的问题。

（一）顶层设计方面

1. 政策对象不清晰

虽然科技部在 2019 年颁布了《关于促进新型研发机构发展的指导意见》（简称《指导意见》），但《指导意见》过于宽泛，尚不足以有效指导地方政府对新型研发机构建设实践。总体来看，目前我国尚未从国家和区域创新体系视角明确新型研发机构的功能定位，也未形成对新型研发机构这类主体的认定规范和指导其发展的框架逻辑。各省市目前更多地基于自身理解开展新型研发机构认定和政策支持工作，纳入政策支持的对象在功能内涵上差异巨大。例如，部分机构实则是以高新技术产品（服务）销售为主营业务的国家高新技术企业或科技型中小企业，部分机构是内置于企业（或集团）或仅服务于单一企业经营目标利益的企业研发组织，还有部分机构则是以基础研究为主业的传统科研院所，有些填报机构甚至存在研发经费内部支出为零的情况，这些都属于不需要纳入新型研发机构的建设类型。由于顶层设计方面政策范畴界定不清，导致目前新型研发机构群体整体呈现含混的状态。这对新型研发机构在国家创新体系中所扮演的角色造成了混乱，不利于新型研发机构群体的规范和可持续发展，同时也会带来政策资源的错位和浪费。

2. 中央、地方，部门间的政策协调性和协同性不够

表现为中央和地方之间缺乏协同。例如，在国家部委层面，目前正在推进建设的国家技术创新中心、国家产业创新中心等在功能内涵和组织形态上都属于新型研发机构，以及部分转制院所在功能内涵上也属于新型研发机构，但部委层面的推进建设和支持政策与地方政府的新型研发机构支持政策统筹协调不够，各自为政，互不衔接。同级政府相关部门间政策统筹协调不够。又如，在国家部委层面的国家技术创新中心由科技部负责认定和支持、国家产业创新中心由国家发展改革委负责认定和支持、国家制造业创新中心由工业和信息化部认定和支持，在地方政府层面的省（市）实验室、产业技术研究院、新型研发机构、科技创新平台等，其建设、管理和支持分属不同部门。这些机构的政策目标存在高度一致性，缺乏部门间的统筹协调往往导致了政策资源的浪费，也不利于新型研发机构的分级分类管理和有序发展。

3. 缺乏平衡区域差异的政策布局

我国区域经济发展存在不平衡问题，本来通过新型研发机构建设可以培育根植于地方的科技资源，起到削减区域发展不平衡的作用，但目前呈现的是反向趋势。目前，尽管我国大部分省市都将新型研发机构作为促进区域产业创新发展和科技创新体系建设的重要抓手，然而部分欠发达地区，尤其是中西部和偏远地区，一方面相对于东部地区的产业和创新资源不够丰富，缺乏新型研发机构承载的良好环境条件；另一方面地方政府在建设和促进新型研发机构发展方面存在财政和条件支撑方面的困难，在很大程度上制约了这些地区的新型研发机构发展。基于调查数据，目前我国新型研发机构有 60% 以上的新型研发机构集中在东部地区的 5 个省市，而中部、西部和东北地区分布很少。基于这种加剧区域发展不平衡的现实，发展新型研发机构需要加强着眼区域平衡发展的政策布局。

（二）政策建构方面

1.尚未着眼机构的多样性形成分级分类政策体系

新型研发机构虽然都是有研发功能且兼具公益与市场混成属性的科技创新组织，但微观个体在产业技术领域、成长阶段、目标定位、业务活动开展、法人性质等方面呈现多样性的特点，在发展水平、研发能级和影响力方面也存在巨大差异。因而，不可能完全采用相同的政策逻辑和政策工具。但目前从中央和地方都普遍缺乏基于机构多样性分级分类构建的政策逻辑和框架体系。

2.政策有效性和针对性不足

目前多数省市的支持手段较为简单，一方面，在有效促进新型研发机构融通"研发、转化、孵化和服务"全创新链条方面的系统性支持手段不足，如有些地方只侧重支持研发活动，有些则只侧重对转化孵化活动开展支持，这些情况不能有效契合新型研发机构的混成创新业务开展的特点，并往往把新型研发机构混同于其他类型的创新服务组织；另一方面，在针对新型研发机构特殊需求方面的支持又有欠缺，如在针对新型研发机构产学研协同的体制建立、科技与产业一体化运营的机制建立等方面的针对性支持措施明显不足，使很多新型研发机构的体制机制创新难以持续。

3.政策错位

如新型研发机构的核心价值在于以研发能力赋能产业创新发展，需要其在产业共性技术攻关、提升区域产业研发能力和促进科技成果转化等方面发挥作用。然而许多地方的促进政策过分强调对新型研发机构核心功能以外的目标要求，有些地方甚至完全混同于对孵化器的支持政策和产业招商政策。同时，部分地区在政策推进中存在重数量轻质量问题，引发各类机构为了迎合政府政策、获得政府补贴而成立新型研发机构的现象。这些情况都会造成政府政策目标的错位，也会带来政府财政资金的浪费。

（三）政策执行和跟进方面

1. 政策落实难

部分省市尽管出台了支持政策，但落实不到位。有的表现为支持政策的申请流程烦琐，导致申请主体因申请成本高而放弃申请；有的则表现为支持政策不能兑现、延缓兑现或降低兑现。这些情况都对新型研发机构的发展有严重影响，尤其在新型研发机构的发育成长阶段。

2. 政策评估制度和跟进机制不健全

目前，大部分省市都未有效建立政策的绩效评估制度和跟进监督机制，这使得在新型研发机构建设过程中投入了大量的财政资金，但对政策的执行情况或政策效果往往疏于监管。同时，大都缺乏对政策执行期的跟踪和研判机制，难以根据新型研发机构自身和形势的发展变化情况对政策进行及时调整跟进。

第二节　面向新发展阶段的政策建立

建立在上述梳理基础上，从有效促进新型研发机构发展着眼，需要进一步廓清新型研发机构这一新生类型创新政策的目标与逻辑，以便在新的发展阶段，制定出更加精准和高效的新型研发机构促进政策。

一、促进政策制定的基本逻辑

就我国科技体制和经济体制改革的大脉络而言，在改革开放上一阶段，我国创新体系建设的总体目标是促进科技与经济结合。历经40余年的持续推进，这一阶段的目标已基本达成。伴随国民经济进入高质量发展新阶段，新时期深化科技体制改革的目标在发生深刻转化。结合新时期国家科技创新体系建设，改革的方向和着力点已经从促进"科技与经济结合"转变到深度推进"科技与经济融合"。着眼科技与经济融合，当前我国创新体系建设存在一些需要着力解决的深层次矛盾和问题，这是新型研发机构政策建立的逻辑始点。

1. 科技资源供需在地域上错配的矛盾

历史原因，我国以高校科研院所为代表的科技资源在地域布局上与国民经济发展的地域关系不紧密，与区域性产业和经济发展的关联程度较弱，造成科技资源供给与产业创新需求在地域上错位。表现为新中国成立以来国家重要科技资源主要集中在局部地区和中心城市，而随着改革开放后市场经济的迅猛发展，一些具有产业优势的地区却面临科技资源的匮乏，这些地区亟须科技赋能推动经济转型升级，但往往难以获得传统科技资源的支持。这是当前在长三角、珠三角等产业集群发达地域更早催生新型研发机构的直接动因（如深圳和东莞）。

2. 产业技术研发力量薄弱问题

科技资源不仅在地域上有错配矛盾，也有与产业创新发展实际的脱节问题。长期以来，在我国产业科技创新领域，一方面产业端缺少足够规模的、建制化的技术研发力量；另一方面传统高校科研院所大多集中在学术领域和强调学科研究能力，不能有效转化为产业需要的技术供给。原有产业界以部属研究院所为代表的政府属性研究力量，大多也在科技体制改革时转变了性质。从整体上看，尽管我国现今构建起了庞大的产业基础，但产业内部极度缺乏研发力量支撑和源自科技组织的科技赋能能力，即便华为、比亚迪等科技领军企业，在研发需求上也无所依从而只能依靠自己。由此来看，新型研发机构在很大程度上可以看作是建制化产业技术研究力量在我国创新体系中的重建和复兴。

3. 传统高校院所管理僵化的弊端

虽然以往的科技体制改革使我国科研院所在借鉴国际经验和建立现代科研治理方面取得长足进步，但从国际视角来看，我国高校科研院所的管理仍然过度行政化，高校和科研院所缺少自主权和灵活性，人财物管理僵化、科研方向和科研活动与产业经济脱节的矛盾依然严重。目前我国传统高校科研院所普遍具有参与新型研发机构建设的积极性和主动性，虽然部分原因是为了通过衍生机构来争取经费和资源，但更深层次的动机是探索一种体制机制，旨在实现科技与经济的深度融合。

4. 面向未来的科研和产业布局问题

进入新时代，世界科学技术的发展日新月异，新的学科、新的研究领域和新的产业形态会持续涌现。从科技大国到科技强国的发展转变，必然要求对可引致未来产业发展的技术方向做超前科研布局。过往由于我国长期处在世界科技中心的边缘，在这些方面只能做跟随战略，而伴随我国产业经济日渐进入世界舞台中央，则必须要有建立在前沿科学和技术研发上的产业领先战略。目前，我国许多新型研发机构的建设，主要表现在地方政府通过新建科技创新组织的方式应对未来产业发展，通过建设新型研发机构加强面向未来的科研布局，并以科研与产业融合的方式强化"以科技创新引领现代产业"发展。

概括而言，新时代我国从工业大国向科技强国的发展转变，以及科技革命引发技术经济范式变革的趋势，都要求有适应新时代发展规律的新型科技创新体系，创新体系建设目标从"科技与经济结合"到实现"科技与经济融合"是新时代发展的必然要求和规律。新型研发机构正是这种"科技与经济融合"的组织或载体。因此，从新时代着眼，"建设和发展新型研发机构、促进科技与经济融合"，既是当前阶段新型研发机构政策的出发点，也是促进科技创新体系高层级演化的目标落脚点。这是建设和促进新型研发机构发展的大逻辑，也是制定和实施特殊促进政策的基本遵循。

二、政策目标与挑战

（一）政策目标

基于上述逻辑，新时期促进新型研发机构的政策目标需要着眼"宏观"和"微观"两个层面。

宏观层面的目标是促进国家、区域和地方创新体系转型。从国家、区域和地方层面看，新型研发机构的政策目标是要致力于促进创新体系转型，即促进创新体系从实现"科技与经济结合"到实现"科技与经济融合"。新型研发机构代表着创新体系中一类全新的"融合"形态的组织，这类组织高度浓缩了创新体系转型过程中的矛盾与问题，其演进的方向和代表的趋势正是新时期创新政策需要着力加强的重点。

微观层面的目标是要促进新型研发机构的高质量发展。当前，以"科技创新引领现代产业体系"有赖于发挥国家、省市和地方创新体系各构成主体的能动作用，新型研发机构作为新生创新主体的作用发挥首先取决于其是否能够健康成长和可持续发展。作为一种变革性力量，尤其在新型研发机构的早期阶段，需要与各种陈规旧俗和习惯势力博弈，发育和成长过程中有自身幼稚、水土不服和制度难容等各种问题，这就需要有来自国家和地方层面的政策支持，尤其要有针对性的政策供给让这个群体获得生存发展空间和保持勇于探索的活力，最终才能使其成为创新体系中的建制化和制度化创新主体力量。因此，政策制定和实施一方面要通过有效的措施和方式为新型研发机构健康和可持续发展提供系统支持；另一方面，要注重规范引导，防止盲目追求数量的政策设计，以高质量的政策措施促进新型研发机构群体向高质量发展新阶段迈进。

（二）政策挑战

从构建促进新型研发机构的政策而言，当前从中央到地方都面临诸多挑战。

1.财政压力对部署促进政策提出挑战

新型研发机构的建设和发展（尤其是早期阶段）需要政府财政资金的支持，以帮助机构发育和形成可持续发展能力。尤其侧重开展应用基础研究和关键技术攻关的新型研发机构，如面向未来产业开展研发活动的机构，更需要财政经费的大力支持。而当前国内财政收支矛盾突出、各地财政压力都不断加大，如何发挥政府财政资金对新型研发机构发展的支持作用，有效促进新型研发机构组织建设和业务活动开展，都提出了新的要求和挑战。

2.机构的多样化和复杂性对促进政策的支持目标和方式提出了挑战

新型研发机构定位的不同、组织属性的差异、目标的多样化和业务活动开展的复杂性，都对如何支持新型研发机构发展提出了挑战。这既涉及国家和地方层面的政策协同，也涉及科技政策、产业政策，乃至人才和资本等不同领域政策，还涉及与传统科技机构、大院大所、企业、社会等共生关系下的基础性和制度性的问题。这就导致政策模式不能局限于已有路径实践，从国家到地方政府必须要有政策创新和更加有效的促进方式。

3.新发展阶段对政策的针对性和有效性提出更高要求

着眼高质量发展新阶段，新型研发机构需要在践行国家创新驱动发展战略，尤其在发展新质生产力等方面发挥更大作用。而当前全球创新版图正在重塑，围绕重塑产业竞争优势的科技竞争空前激烈，以美国为代表的发达国家对中国的科技创新合作管制行动不断升级，这些都要求我国新型研发机构要在根植地方、面向产业的科技创新方面成为国家乃至地方政府的重要组织抓手，从中央政府到地方政府都需要全面加强对新型研发机构有针对性和有效性的政策设计。

三、推进思路与建设路径

（一）推进思路

总体而言，新时期新型研发机构的促进政策需要以习近平新时代中国特色社会主义思想为指导，以推进"科技创新引领现代产业体系建设"为目标促进新型研发机构高质量发展。要有效加强中央和地方协同，形成政策合力，促进新型研发机构汇聚高水平科技人才，不断增强"集研发、转化、孵化和服务等为一体"的业态发展，成为新时期推进创新链、产业链、人才链、资金链"四链融合"的有效组织。要发挥政策资源的引导和带动作用，引导社会各方力量合力投入建设，提升新型研发机构的研发能级和可持续发展能力，加速构建在国家和区域创新体系中发挥引领和支撑作用的创新主体。

（二）建设路径

1. 强化政府间协同，形成政策合力

中央层面要做好新型研发机构的顶层设计，明确新型研发机构发展方向和功能定位，营造新型研发机构发展的底层制度环境。地方政府要结合区域发展实际，建设、培育和发展新型研发机构，构建新型研发机构支持体系。各级政府间要统筹不同类型和不同层级新型研发机构的发展，并共同推进对其的支持工作，同级政府各部门间要形成协同机制，如战略引领类新型研发机构对国家在全球竞争中取得优势具有重大的战略意义，应纳入国家战略科技创新力量建设范畴，要针对其需求形成中央和地方协同支持的政策体系；骨干支撑类新型研发机构是区域创新体系建设的源头引领性组织，省市级政府要形成联动支持机制；基础类新型研发机构重点发挥着激发创新体系活力的组织功能，应主要由地方政府促进其发展。

2. 强调"有为政府"与"有效市场"结合，创新政策方式

新型研发机构具有公益性与市场性的混成属性，要探索"有为政府"与"有效市场"相结合的政策推进方式。政府政策应主要着眼于引导市场、纠正市场失灵和系统失灵、优化资源配置等重点环节，尤其要着眼于提升新型研发机构不断增强其根据市场规则进行资源整合的能力，以优化其建设和运营过程，充分调动"有效市场"，促进其加快形成遵循市场规律的自我可持续发展能力。

3.立足分类分级发展，增强政策的针对性和有效性

要结合新型研发机构的组织属性及在各级创新体系建设中的研发能级、功能定位和价值层级等，构筑分类分级发展的支持政策体系。例如，按组织分类，应分别构建对事业法人、民非法人和企业法人不同组织属性的新型研发机构促进政策；按建设层级分类，对战略领军类新型研发机构、骨干支撑类新型研发机构和基础类新型研发机构，应分别构建不同目标诉求的有针对性的政策支持。政策的制定和实施都要以促进和支持新型研发机构高质量发展为目标，在发挥政策引导性作用的同时，要强调政策的有效性和针对性效果。

4.着眼区域协调，促进欠发达地区新型研发机构建设

对欠发达地区新型研发机构的建设与发展，在国家层面要有政策、资源等方面的倾斜支持。要从强化东西部科技合作着眼，引导发达地区的高校、科研单位与欠发达地区合作，通过政策的引导和鼓励作用促进欠发达地区新型研发机构发展，尤其要重点支持欠发达地区建立基于本地资源优势的区域特色型新型研发机构。

第三节　政策框架与建设要点

一、明确政策对象

要确立促进新型研发机构发展的政策对象和政策边界。就新时期发展而言，尽管当前很多类型的创新政策都能够作用到新型研发机构，针对新型研发机构的政策也会涉及其他类型创新主体或关联方（如参与建设的机构及人才等主体），但着眼新型研发机构这一新生事物，专门建立针对这一特殊群体的促进政策是有必要的，这就需要明确新型研发机构的对象域和确立政策边界。

目前，各地普遍存在对新型研发机构界定不清和认定不规范、不一致问题，这需要各地在制定和实施促进政策的过程中不断完善和规范。一般而言，纳入政策支持范畴的新型研发机构要在主责主业、运营条件和制度建设方面满足一般性资质要求，例如：①具有独立法人资格，内控制度健全完善，是定位于支撑产业创新发展的研究和开发组织；②突出以研发为主的混合创新业务（如至少包含以下两类业务：基础研究和应用基础研究；产业技术开发；科技成果转化；科技创业孵化；研发和创新服务）；③机构负责人或科研带头人须是机构全职人员，且

研发人员数量占比不低于50%；④具备开展研究、开发和试验所需的科研仪器、设备和场地；⑤其他当地政府有特殊要求的重大事项等。

建立针对新型研发机构的促进政策，核心目的是促进建设有区域根植性的科技创新组织，使其能够作为政府建设创新体系的组织抓手，发挥其在各级创新体系建设中的引领性和支撑性作用，从而全面提升我国面向产业的技术供给和研发创新能力。

二、探索差异化财政支持方式

要基于新型研发机构的分类分级管理，构建差异化的财政经费支持方式。对基于新型研发机构的组织分类的政策逻辑在第七章第三节已有阐述，在此重点强调基于新型研发机构战略分类的政策要点。

1.战略领军类新型研发机构

由于此类机构有较强的公益属性和国家战略意义，在财政经费支持方面，除建设期的经费支持外，在运营过程中，应形成中央和地方相配合的经费支持方式。具体包括"政府拨款（非竞争性经费）"+"政府科研项目（竞争性经费）"相配合的经费支持方式。同时，对"政府拨款（非竞争性经费）"的支持需要加强监管，尤其应加强对机构的绩效评估，将机构的自我造血功能或竞争性经费收入情况（包括政府竞争性项目收入及来自企业的研发合同收入等）作为绩效评估的重要指标。

2.骨干支撑类新型研发机构

这类机构肩负"推动区域科技创新和产业发展"的重要使命，特别需要平衡好对公益属性和市场属性两类科技创新活动的支持。其要点是：在新型研发机构的建设期，地方政府应给予相应的财政经费（非竞争性经费）支持，以支撑机构构建可持续发展能力和条件；在新型研发机构发展运营过程中予以财政经费支持，各级政府应主要采取科技立项项目的竞争性经费支持方式，以及采取根据其发展绩效评价结果的后补贴方式。对发展绩效的评价应重点考察这类机构在推动和赋能区域产业创新方面的价值和作用，以及其自身的创新组织能力和创新价值贡献，如实现重大行业技术突破、完成重大成果转化和卓越创业孵化等。

3.基础类新型研发机构

这类机构是夯实地方创新体系和活化"科技创新引领产业发展"的根植性组

织，因其距离市场更近，更多需要面向市场和依靠市场机制维持自我发展。地方政府重点可采取创新券和后补贴等方式进行支持，即根据这类机构为区域企业提供的研发服务、转化和孵化、创新服务等的性质、质量和数量情况，为其提供补贴性和奖励性支持。

三、强化体制机制创新和混成功能发展

促进新型研发机构发展，要加强对机构体制机制创新的支持，强化其"集研发、转化、孵化和服务等为一体"的混成功能发展能力。

1.要鼓励高校科研院所、国企央企和科技领军企业等积极参与新型研发机构建设

对高校、科研院所参与新型研发机构建设的情况和业绩表现，应纳入高等学校学科评估、科研事业单位绩效评价。对企业投入新型研发机构的建设经费予以支持，可按一定比例计入研发加计税前扣除。

2.设计和拓展支持新型研发机构税收优惠政策

原则上，经各级政府认定的事业法人和民非法人类型新型研发机构，应享有与传统事业单位科技机构同等的各类税收优惠政策，经政府认定的企业法人新型研发机构应享有与高新技术企业同等的税收优惠政策，有孵化功能的新型研发机构应享有与国家级孵化器同等的税收优惠政策。

3.要支持新型研发机构提升科研组织能力和科技攻关水平

在国家层面上，对新型研发机构申请各类科技计划项目，应享有与高等院校、科研院所同等待遇，包括支持符合条件的新型研发机构纳入国家自然科学基金依托单位名录。在省市和地方层面上，应对新型研发机构承担各类省市级别的科技创新项目和任务做倾斜支持。

4.支持新型研发机构探索建立促进科技成果转化新机制

新型研发机构与高校、科研院所同等适用《中华人民共和国促进科技成果转化法》及相关规定，在法律框架内，支持新型研发机构探索建立"三权分置"（处置权、收益权、使用权）新型关系，尤其是开展科技成果所有权或长期使用权赋权改革的试点示范。

242

四、支持机构人才队伍建设

人才是立身之本，各级政府部门都要高度重视新型研发机构的人才队伍建设和人才培养。

1. 支持新型研发机构引聚高层次人才

战略领军类新型研发机构应纳入国家级人才计划支持范畴；骨干支撑类和基础类新型研发机构应分别纳入省、市人才计划支持范畴。尤其需要出台专门规制，支持新型研发机构与高校、科研院所、科技领军企业间的人才柔性流动。

2. 支持新型研发机构选拔和培养人才

应结合地方实际，对发展相对成熟的新型研发机构纳入本地职称认定序列，并给予自主或联合开展职称评审的权力。鼓励和支持新型研发机构与高校和科研院所联合开展研究生培养、建立博士或博士后工作站，以及联合开展实用型人才的专科或本科实习及教育。

五、加强政策实施与监督

1. 促进建立新型研发机构的认定、备案、统计和注销等制度

支持各地方搭建新型研发机构的认定、备案和注销等统一管理平台，逐步建立起国家级新型研发机构备案登记工作，建立全国统一数据库，完善对新型研发机构的信息统计和动态监测。地方政府相关部门应全面加强对本地区新型研发机构的宏观管理，会同各层级政府协同开展对新型研发机构的政策促进工作。

2. 促进建立新型研发机构的评价、考核、审计和财政经费监管等制度

支持各级政府建立对新型研发机构的评价考核机制、建立审计和财政经费使用管理制度。评价考核或审计不过关的新型研发机构应动态清退，对拨付新型研发机构的财政经费，应实行"预算+负面清单"管理，严肃各类新型研发机构对政府财政经费的使用管理。

第四节　重点建议

着眼新时期国家和区域创新体系的发展转型，尤其是着眼"以科技创新引领的现代产业体系建设"，对在新阶段高质量建设和发展我国新型研发机构有如下

重点建议。

建议1：设立国家产业技术研究院

借鉴美国制造业创新研究院网络建设模式，在全国布局和设立国家产业技术研究院。旨在新时期的国家创新体系建设中，以新的机制和方式重建我国建制化的产业技术研发力量，全面引领我国科技创新组织发展。

国家产业技术研究院应按产业维度和区域维度（产业集群的发展基础和程度）做建设布局。目前在我国新型研发机构群体中的战略领军类可以作为建设国家产业技术研究院的备选对象，部分省市实验室建设应择优纳入国家产业技术研究院建设范畴。

国家产业技术研究院应有"政、产、学、研"联盟性质的决策架构、"事业法人+公司法人"合二为一的体制和治理、"财政经费支持+市场化收入"相结合的运营机制。

建议2：倡导推行GOCO（政府所有，合同管理）模式

对各级政府认定的新型研发机构，不论其属于何种组织类型都应建立与政府的合同管理关系。尤其对"三无"事业单位属性的新型研发机构，应普遍借鉴一些发达国家"政府所有、合同管理（goverment-owend and contractor-operated）"的制度安排和政策实践，广泛推行GOCO模式。

目前在各地的建设实际中，尽管有协议形式（如地方政府与新型研发机构共建单位签订的共建协议），但政府往往缺少合同管理的理念和经验，要么协议内容含混和笼统，要么实际管理缺位。这就经常导致对国有资产或政府财政资金使用存在权责不清问题，也经常存在与现行法规制度的冲突，有些甚至导致不良的寻租行为。

为此建议在全国新型研发机构建设中倡导和推行新型研发机构GOCO建设模式。中央政府、相关部委应出台文件（指导意见），组织开展GOCO建设试点。地方政府应结合本地实际，逐步建立起对本地新型研发机构相对规范的GOCO管理。

建议3：建立"专项经费＋竞争性经费＋绩效奖励"的财政资助体系

鉴于新型研发机构所兼具的公益和市场双重属性，以及"集研发、转化、孵化和服务为一体"的混成功能，各级政府的财政支持政策应有目标针对性。原则上，建议各级政府建立"专项经费＋竞争性经费＋绩效奖励"三元构成的资助体系：

①专项经费即非竞争性经费应主要用于该机构基础条件建设、公益性或前瞻

性研发活动补贴、能力建设和基本运行基本经费补贴;

②竞争性经费应主要表现为政府部署的科技项目经费,需要新型研发机构通过竞争性机制获得,如争取获得各类科技和产业创新计划项目;

③绩效奖励主要用于对取得重大科技创新成果(如取得重大技术突破、实现高价值转化和高质量孵化等)的奖励,以及用于对机构评估考核达成政府目标绩效后的奖励,因此绩效奖励也可以看成是履约后的政府补贴。

资助大小和比例应根据新型研发机构的类型和不同发展阶段确立,总的原则是,要通过政府支持不断增进新型研发机构的自我造血功能。

建议4:建立新型研发机构的公用资源池和预孵化制度

现阶段,大部分新建新型研发机构希望政府在设施、人才和资金等方面予以支持,政府面临是否应该或能否为这些机构提供支持的决策难题。其经常面对的困惑是,如果机构失败会造成政府配置资源的浪费,而不配置资源机构会更容易遭遇失败。因此,需要建立新的机制降低政府"投入"风险。为此,建议主要由地方政府建立新型研发机构的公共资源池和预孵化制度。

(1)公共资源池

指由政府建立包含场地、设备、编制、经费和服务(人力、财务、法务)的公共资源池,通过给新型研发机构设立虚拟账户,动态分配额度的方式,给新型研发机构使用("编制池"地方已有实践)。设立公共资源池的目的在于提高政府配置资源的使用效率和避免重复投入。

(2)预孵化

在公共资源池基础之上,可对新型研发机构的建设采取预孵化方式(即把公共资源池堪比为孵化器)。新设立的新型创新组织可通过虚拟账户申请使用公共资源池,发育成熟后则逐步减少对公共资源池的使用,如建设失败,则需要返还所占用的公共资源。

目前,在我国已经有许多地方政府在开展类似方面的探索。

建议5:构建有利于新型研发机构发展的制度和环境

随着创新经济和知识社会的深入演化,政府、市场和社会力量参与创设新型科技创新组织的现象越来越普遍,科技创新也愈发需要这些异质性的新生组织力量参与,新型研发机构的蓬勃发展正是这种趋势的体现。

面对这些新生的和异质性的科技创新组织,我国现行的制度、规则和习惯,要么停留在由政府包办和管理科技机构的时代，要么存在任由市场驱使的片面认知，这些都不利于此类新生科技组织的良性发展。

因此，需要聚焦这些新生科技创新组织在与政府的关系、与市场的关系、资源配置方式，以及组织治理等方面，按"新型举国体制"思维，构建有利于其生存和发展的制度和环境，支撑具有中国特色的新型研发机构高质量发展。

（朱常海　胡贝贝　韩思源　王胜光）

第四篇

新型研发机构建设研讨专题

第十章

新型研发机构的问题与发展策略探讨

专题 1　新型研发机构旨在解决哪些问题

新型研发机构的兴起和发展是我国地方政府在推动创新驱动发展中的新兴实践，也是在新的科技创新范式和国家科技发展方针下，我国国家创新体系转型发展的突出表现。根据科技部火炬中心对全国新型研发机构的统计调查，截至 2021 年年底，全国各类新型研发机构已经达到 2412 家。新修订的科学技术进步法更是赋予了新型研发机构法律地位，标志着新型研发机构成为国家创新体系的正式一员。可以说，新型研发机构正在成为能够与传统科研院所分庭抗礼的一股新生力量，并同样承载着实现科技自立自强和建设科技强国的使命和希望。

那么，新型研发机构在我国的兴起和蓬勃发展，到底解决了哪些问题，在哪些方面发挥了正向作用？对于这一问题的探讨，不仅有助于增进对新型研发机构的认识，还对进一步规范和引导新型研发机构发展，完善新型研发机构的治理体系，有重要的政策启示意义。综合来看，新型研发机构的发展，主要在解决四个方面的问题。

一、缓解了我国科技供需的空间错配矛盾

当前对于新型研发机构的讨论，多放在与传统科研机构的比较视域中，强调新型研发机构对传统科研机构的制度和模式创新。然而，考察新型研发机构的早期发展史，催生新型研发机构诞生的主因，却不是对传统科研机构的改革意愿。新型研发机构发展出新的形态和模式，是在成立之后经历较长一段时期探索才出现的。新型研发机构的成立，直接原因是科技资源稀缺又存在旺盛科技需求的地方政府引聚科技资源、增强科技供给的需要，而这种需要之所以存在，则根本上

源自我国整体上科技供给与需求在空间上的错配矛盾。

所谓空间上的错配，就是我国的科技资源（代表科技供给）与我国的高科技产业集群（代表科技需求）在空间上离得太远。这一现状是历史发展路径塑造的。一方面，我国的科技资源布局基本是在改革开放之前形成的，其较为均衡地集中在省会城市（三线建设等运动又加重了科技资源在中西部地区的布局）；另一方面，我国的现代高科技产业集群，则基本是在改革开放之后依靠承接全球产业转移、参与全球分工而形成的，因此主要分布在东南沿海地区。经粗略统计，我国东部五省市（浙江、江苏、上海、广东、深圳）的高技术产业营收是西部五省市（四川、陕西、湖南、湖北、重庆）的 3.83 倍，而高校和科研院所的 R&D 人员数量却基本和西部五省市持平，只是西部五省市的 1.13 倍。

距离上的遥远客观阻碍了产学研合作关系的形成，导致东部地区在向产业链高端爬升、亟须技术升级的时候，面临科技资源匮乏、技术供给不足的困境。其中最突出的就是深圳，于是深圳就成为深圳清华大学研究院、中国科学院深圳先进技术研究院等新型研发机构"始祖"的发源地。即使到现在，从全国范围的数量分布来看，新型研发机构也主要集中在东部产业发达的省份。这里有必要捋清一个事实，那就是新型研发机构作为缓解我国整体科技供需空间错配的解决方案，其实是一种妥协的、"曲线救国"的方案。因为在当时，最理想的方案，应当是跟我们之前三线建设一样，由国家统筹动员，加大在东部地区的科技资源布局，让我国的科技资源更靠近产业集群。而正是因为这种解决方案就一个地方政府而言几无可行性，因此以深圳为代表的地方政府，才以新型机构（不需要部委审批）的名义，变相地引聚和建设科研组织。在当时来看，新型研发机构更像是个"减配"的科研院所，所谓"四位一体"的模式创新，则是发展了一段时期的后话。

需要强调的是，一旦认识到新型研发机构的兴起，指向的是我国整体上科技供需空间错配的大问题，就必须相应认识到，这个大问题只靠新型研发机构是难以彻底解决的，需要在国家层面，有更加彻底和系统的解决方案。例如，是不是要重新考虑大学和国立科研院所的布局，使其整体上更加贴近产业集群。

二、提升了我国产业技术水平和研发能力

我国新型研发机构的建设广泛参考了国际上产业技术研究院，还有我国台湾地区工业技术研究院的模式经验。新型研发机构在实际发挥的功能上，也基本上

是产业技术研究院的功能。虽然我国新型研发机构的主流叙事是科技成果转移转化，但在实际组织的研发活动上，更多是顶着科技成果转化的名义，从事国外先进技术的引进消化吸收或更为直接的合同研发。从实际发展来看，新型研发机构的大规模建设发展，显著提升了我国的产业技术供给水平和产业技术研发实力，有效助力我国现代产业向产业链高端的转型升级。

新型研发机构主要通过这样几个途径提升产业技术研发能力。一是人才引进。新型研发机构积极引进有海外留学经历，同时在高科技跨国公司有工作经历的高层次人才，帮助人才创立对标国际的高科技企业，实现国产替代。这其实是以人才的流动实现国际先进技术的引进、消化和再创新。二是联合研发。新型研发机构广泛通过与企业开展合同科研，或者共建联合研发中心等形式，从事企业技术需求导向的研发，实现新型研发机构的人才（智力）优势与企业需求的结合，提升产业技术供给水平。在与企业合作研发的过程中，新型研发机构还通过人才流动等形式，发挥"孵化"企业研发机构的功能，一些新型研发机构的人才团队在承担企业研发任务或与企业开展联合研发的过程中，整建制地流动到企业，成为企业的研发中心，这实际上是一种企业研发能力的孵育和形成机制。三是对于前沿的技术领域方向，新型研发机构还通过科技成果转化和创业孵化的形式，从无到有培育新兴科技企业和未来产业。

本质上作为产业技术研究院的新型研发机构，实际上是一种"外挂"的，或者说是科研机构形态的企业研发组织。这种产业研发能力之所以以这种政府支持的科研机构的形式存在，而不是以纯粹的企业内设研发机构的形式存在，是因为我国企业还相对弱小，难以负担自建研发机构的成本，企业研发机构对高水平人才也缺乏足够的吸引力。总而言之，新型研发机构在提升产业技术创新能力方面，通过一系列制度创新，充当了人才和技术资源从高校科研院所或国际大企业向国内中小科技企业"导流器"的功能，实现了政府力量、高校科研院所力量向企业的有效投射，克服了我国中小科技企业越弱越需要研发，越弱越难以研发的困局，在短时间内显著提升了我国产业技术研发能力。

三、增强了我国科研机构的自主性和灵活性

新型研发机构发展的第三个正向作用，体现在对我国现有科研机构管理运行的冲击和革新意义上。其中最显著的结果，就是提升了我国科研机构的自主性和

灵活性。这种自主性和灵活性是如何实现的呢？答案在新型研发机构与政府的关系上。实际上，关于新型研发机构，当前公众和学界还没有意识到但却非常重要的一点，是新型研发机构其实代表了新的一类与政府是契约关系而非隶属关系，靠合同法律协调而不是行政权力管理的科研机构，这其实是新型研发机构的本质特征或最重要的意义之一。正是由于新型研发机构与政府是契约关系，所以新型研发机构才拥有更大的自主性和灵活性。考虑到新型研发机构多依托传统高校和科研机构创建，与传统机构存在组织或个体层面直接或间接的关联，这种自主性或灵活性是可以传导或是为传统机构所用的。新型研发机构对自主性和灵活性的追求，除了从事科技成果转化和产业技术研发活动的需要，另一个同样重要，但更应该引起关注的原因，是我国过度行政化的科研体制和相对迟滞的现代科研院所治理体系改革。

我国的科研机构，包括大学内部的科研组织，基本都是事业单位（或事业单位内设机构）属性，按照事业单位进行管理。一方面，放在全球的坐标系中，我国的事业单位更像是政府行政力量的延伸，在管理上行政化色彩突出，自主性较弱（而发达国家的科研机构和政府更像是甲乙方的契约关系）。另一方面，就科研机构这种知识型组织而言，天然地对自主性、自治水平的要求更高。发达国家在发展过程中，基本都建立了针对科研组织的特殊管理制度（如日本的独立行政法人改革），而我国虽然近年来大力推动科技体制改革，但在构建符合科研活动规律的现代科研院所治理体系方面却进展迟缓。

因此，新型研发机构在很大程度上，就是某些组织包括个体，对僵化科研体制的突破和对现代科研院所治理体系的自发探索。例如，新型研发机构普遍实施理事会领导下的院长负责制，落实法人治理。在内部管理上，新型研发机构在实验室管理、人才培养体制方面也多与国际接轨。可以说，新型研发机构是以"另起炉灶"和"增量改革"的模式，实现现代科研院所治理体系在中国大地上的构建和完善。虽然从实际发展来看，某些新型研发机构存在过度自主、过度灵活的问题，但总体来看，这一探索和变化，对于我国科技体制改革是有进步意义的。虽然新型研发机构在探索构建现代科研院所治理体系方面做出了积极的探索，但必须认识到，构建符合科研基本规律、新兴科研范式，能够有效激发科研人员创造力的现代科研院所治理体系，是我国科技体制改革的关键议题和目标，必须在国家层面有整体的、系统的，涉及所有相关主体的推动，仅靠新型研发机构的探索示范和"边缘革命",是难以有效实现的。

四、探索了有效的科技经济融合发展模式

促进科技与经济相结合一直是我国科技体制改革的核心目标。但以往在以促进科技与经济相结合的科研院所的改革实践上,采取的都是比较极端的改革路径,要么是大规模地设立公立科研机构,要么大规模地将公立科研机构推入市场,在纯粹公立和纯粹市场之间摇摆;而新型研发机构的发展,实际探索出了一条中间道路。因为新型研发机构实际上是一种混成组织,兼具公立和市场属性,能够综合政府和市场的力量。这是在机构层面新型研发机构所代表的一种促进科技与经济融合发展的模式。在具体的创新活动开展上,尤其是科技成果转移转化上,新型研发机构还探索出了一种根植于中国国情的,不同于传统科研机构和产业技术研究院的,可以称之为"创新内部一体化"或"微生态"的科技成果转化模式(深圳先进院将这种模式总结为"微创新生态"模式)。

所谓"创新内部一体化"或"微生态"的科技成果转化模式,具体而言,就是新型研发机构在促进科技成果转化上,不断通过业务和功能扩展,试图覆盖创新链条的更多环节,将整个创新链条"内部化",最终形成包含应用技术研发、创业投资、孵化、人才培养,乃至基础科学研究的多位一体的功能矩阵。这种"一体化"的创新模式,将创新链条上不同环节的机构层次的合作,转为同一机构内部部门之间的合作,由于内部部门之间可以更好地共享信息,且接受统一领导,因此显著降低了协作成本,具有更高的创新效率。这种模式同时也导致新型研发机构具有了"重资产""集团化""联合体"的特征,对新型研发机构的综合管理能力和财务能力提出了更高的要求。

这种"内部一体化"、试图覆盖创新链条更多环节的创新模式,固然从逻辑上拥有更高的创新效率,但同时也应当认识到,我国新型研发机构之所以采取这种"什么都自己做"的模式,除了源自创新活动本身的不确定性,也源自于我国科技服务产业发育不足,市场上缺少聚焦特定环节的、专业化的机构,因此新型研发机构才不得已"什么都自己干"。这也是为什么说新型研发机构的这种模式创新,是根植于中国国情的创造。与此同时,也要认识到,新型研发机构的这种模式可能是阶段性的,随着中国科技服务产业的发育和分工深化,新型研发机构会将一些功能退出或与专业机构合作,而自身则更加聚焦于研发环节。

以上是新型研发机构的发展所主要解决的 4 个方面的问题，起到的 4 个方面的作用。对于这些问题的认识，既帮助我们更准确全面地认识新型研发机构，也应当引发这样一个思考：新型研发机构是不是解决这四个方面问题的最佳方案或是唯一方案，针对这些问题是不是需要更加彻底或配套的改革举措？而针对这些问题更加综合和彻底的改革举措，实际上对于新型研发机构的健康发展也非常重要。

（朱常海）

专题 2　如何看待新型研发机构业务运行与法人属性的矛盾[①]

本专题针对新型研发机构业务运行与法人身份的属性矛盾问题，构建了"法人身份–行动环境–组织行为–组织绩效"的理论分析框架，探讨这对矛盾影响机构运营绩效的内在机理，并采用科技部 2022 年对全国 2412 家新型研发机构的调查数据，对理论分析结论进行实证检验。总体来看，新型研发机构基于《科技进步法》界定的多元业务运行要求具有公益和市场混成属性，基于《中华人民共和国民法典》法人身份规则仅具有公益或市场的单一属性，两者之间存在矛盾。这对矛盾制约了新型研发机构多元业务的开展，进而具有导致新型研发机构在发展中偏离原始功能定位，回归单一功能属性组织的可能性。政府应着眼于新型研发机构群体的长期、健康、可持续发展开展制度创新，构建基于新型研发机构功能定位，以及兼顾公益和市场混成属性特征的针对性制度规范和系统性支持政策。

一、引言

新型研发机构是在我国科技体制下产生和发展起来的新型创新主体。这类机构由我国产业经济发达地区萌芽和兴起，并快速发展至全国范围，成为具有显示度的研发力量群体。

[①]　胡贝贝,张秀峰,于磊.新型研发机构业务运行与法人身份的属性矛盾 [J/OL].科学学研究,1–20[2024–09–09].https://doi.org/10.16192/j.cnki.1003–2053.20240223.002.本文已于 2024 年 2 月 23 日在《科学学研究》期刊网络首发。

由于在促进科技与经济融合发展方面的重要价值，新型研发机构受到了各级政府部门的大力支持和推动。在国家层面，2016 年中共中央、国务院印发了《国家创新驱动发展战略纲要》，提出要"发展面向市场的新型研发机构"。2019 年 9 月科技部印发了《关于促进新型研发机构发展的指导意见》，以专项文件的形式提出要鼓励和支持新型研发机构建设与发展。十九届五中全会以来，国家着眼于科技自立自强和高质量发展，进一步加大了对新型研发机构的关注和支持。2021 年颁布的《中华人民共和国国民经济和社会发展第十四个五年规划和 2035 年远景目标纲要》和新修订的《中华人民共和国科学技术进步法》均强调要鼓励和支持新型研发机构发展。截至 2021 年年底，我国新型研发机构总量达到 2412 家，分布于全国 30 个省份，从业人员 22.18 万人，研发人员 14.33 万人，2021 年在研科研项目总数 3.49 万项，年度实现总收入 1807.4 亿元。

新型研发机构在繁荣发展的同时也面临一系列的问题和挑战。一个重要议题就是，新型研发机构业务运行的混成属性与其法人身份的单一属性之间存在矛盾，由此带来这类机构运营绩效和长期可持续发展的诸多矛盾。多位学者针对此问题开展了相关研究工作。如周泽兴等提出，由于新型研发机构具有多样化的法人身份，导致不少机构以新型研发机构为名，套取优惠条件的行为无法得到有效遏制[1]。张潇等通过研究发现，新型研发机构法定身份不明确使得这类机构面临着机构注册困难、职能定位不清、扶持政策不到位等困境[2]。何慧芳等通过研究指出，由于当前新型科研机构的"身份"还没有明确的界定，使得这类具有较强技术创新能力的科研机构隐蔽在多种载体背后，未能发挥其基础研究、应用开发与产业化相结合的创新实力[3]。其他相关学者也从新型研发机构的法人性质、混成属性、运营绩效等方面开展了理论和实证研究[4-9]。这些研究成果为该问题的进一步深入探讨奠定了基础。但总体来看，现有研究成果主要是对现实发展问题的归纳，在理论和实践层面缺乏系统性的分析和探讨。

针对现有研究存在的不足，本节在对新型研发机构业务运行混成属性与法人身份单一性属性之间的矛盾进行分析的基础上，尝试从组织身份的视角构建理论分析框架，揭示这对矛盾影响新型研发机构运营绩效的机制，进而开展实证检验，对理论推理结论进行验证。研究成果对我国促进新型研发机构健康发展，完善关于新型研发机构的相关法律法规提供了思路与证据支撑。

二、新型研发机构的属性特征

（一）新型研发机构业务运行的混成属性

2021 年第十三届全国人民代表大会常务委员会第三十二次会议修订通过的《中华人民共和国科学技术进步法》在第五章"科学技术研究开发机构"中将新型研发机构列入其中，并指出新型研发机构要"完善投入主体多元化、管理制度现代化、运行机制市场化、用人机制灵活化的发展模式"，并要引导新型研发机构"聚焦科学研究、技术创新和研发服务"。这实则是明确了新型研发机构在业务运行方面的混成属性。

新型研发机构之所以要具有混成属性，在于混成属性有利于其"支撑产业创新发展，促进科技与产业融通融合"功能目标的实现。一方面，新型研发机构立足产业需求，开展投入大、风险较高，但对区域发展具有重要意义的产业关键共性技术、竞争前技术研发活动[9-10]，为行业整体发展提供技术支撑；另一方面，新型研发机构面向市场开展研发服务和市场化经营活动，获得可持续发展的收益。两类活动相辅相成，互相支撑。具有公益属性的科学研究活动为市场化经营活动的开展提供了技术成果来源和知识支撑，市场化活动中机构与市场保持紧密对接，为产业需求导向的公益性研发活动提供方向及资金支持。从而新型研发机构既能够通过面向"需求"获得自身的可持续发展[11]，也能为产业、行业提供企业或市场不愿意或不能提供的公益性科研成果和服务，有效弥补"政府失灵"和"市场失灵"。同时，新型研发机构强调运行机制的市场化，在科研人才雇佣、科研经费使用、科研活动和项目组织等方面都具有较高的灵活性[12]，能够有效集成创新资源开展业务。

（二）新型研发机构基于法人身份的单一属性

根据调查数据，目前我国各地方政府认定和备案的新型研发机构包括三类法人身份。一是企业法人性质的新型研发机构，目前纳入我国各地方政府认定和备案的新型研发机构中，有 70% 左右属于此种类型。二是事业单位法人性质的新型研发机构，目前纳入我国各地方政府认定和备案的新型研发机构中，属于事业单位法人的占比 20% 左右。三是社会服务机构法人性质（原民办非企业单位）的新型研发机构，目前纳入我国各地方政府认定和备案的新型研发机构中，属于社会服务机构法人的占比在 8% 左右。

根据《中华人民共和国民法典》，企业法人属于营利性组织，事业单位法人和社会服务机构类法人属于非营利组织。企业法人身份的新型研发机构在运行中要遵从营利性组织导向下和市场逻辑的系统性制度要求，包括公司法、企业会计制度、企业所得税制度、企业破产制度，以及在基本制度之下的各类法律法规。事业单位法人和社会服务机构类法人则属于非营利组织，以"非营利"和公益属性为基本出发点，并结合事业单位的政府举办和社会服务机构的社会举办的组织特征，我国形成了事业法人和社会服务机构法人所需遵从的制度规范，如事业单位会计制度、事业单位人事管理条例、事业单位财务规则、事业单位登记管理暂行条例，民办非企业单位登记管理暂行条例、民间非营利组织会计制度、非营利组织税收制度等。

由此，新型研发机构业务运行上兼顾公益与市场的混成属性与法人身份下公益或市场的单一属性之间存在矛盾。

三、属性矛盾对运行绩效的影响及实现机制

（一）分析框架

组织身份理论为研究法人身份类型与新型研发机构的业务运行关系问题提供了理论基础。

2008 年，King 和 Whetten 对组织身份进行了结构化分解，将组织身份分为向下兼容的三个层级，即社会身份、关系身份和个性身份。①社会身份位于组织身份结构中三个层级的最高层，表明组织在社会制度框架下的所属分类，如企业、医疗机构、教育机构和政府等。它将社会中的一个部门与另一个部门区分开来[13]，是组织行为合法性的基础，构成了组织在权利义务、所需遵循的规章、主营业务等方面的基本约束。②关系身份位于中间层，体现了组织与利益相关者之间的关联关系。③个性身份位于组织身份三个层级的最底层，体现了组织独特和个性化的特征。在组织身份的三个层级结构中，组织高层级的身份约束下一层级身份的选择，低层级的身份又可以对高层级身份起到细化或澄清的作用[14-15]。

借鉴 King 和 Whetten 的关于组织身份三层结构的划分，本节构建了新型研发

机构法人身份与业务运行的基本分析框架,即"法人身份 – 行动环境(制度规范与资源网络) – 组织行为 – 组织绩效"的分析框架(图 10 – 1)。①法人身份是新型研发机构社会身份的核心,也是分析的起点。法律赋予了不同性质的法人组织差异化的属性和特征,构成了新型研发机构需要遵循的制度规范、获取资源与政策、开展运营活动的基础。②制度规范和资源网络是新型研发机构行动环境的核心内容。不同法人身份的新型研发机构在隶属关系、职能定位、权利义务、所需遵循的规章制度等方面都存在差异性,也必然影响新型研发机构的运营行为。同时,不同法人身份的新型研发机构也需要在法律制度的框架下构建利益相关者网络并获取资源,为其运营活动的正常开展提供资源保障。③组织行为是新型研发机构在环境框架下的个性化活动。④组织绩效是新型研发机构在环境框架下业务运营活动的结果呈现,是组织对自身努力所达到的运营发展状态和水平的评价。新型研发机构法人身份约束下的制度规则和资源网络框架对其运营行为产生影响,必然会进一步带来其组织绩效的差异化表现。

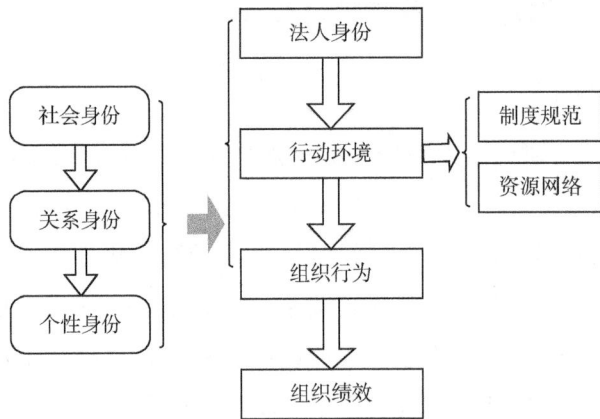

图 10 – 1　基于组织身份视角的新型研发机构法人身份与业务运行关系分析框架

(二)影响机制分析

新型研发机构的法人身份确立了机构运行的制度环境基点。如上文所述,各类法人身份的新型研发机构需要遵循不同的基础制度。基础制度要求会影响新型研发机构外部资源网络的构建和其所能够获取的外部资源,进而影响机构运行的组织行为与运营绩效。

（1）事业单位法人的新型研发机构。在事业单位法人的制度框架下，事业单位类型新型研发机构在链接政府资源、科研资源方面具有较强的便利性，获得财政拨款、科技计划项目支持、进口科研仪器免税等支持的制度通道相对更加顺畅，如事业单位类型的新型研发机构多数享受财政拨款支持，2021年事业单位类型新型研发机构的财政拨款收入占这类新型研发机构总收入的52.14%。与此同时，事业单位类型的新型研发机构在组织运营过程中受到的行政性约束较高，在用人机制灵活化等方面存在不足，在市场资源获取、市场化业务活动开展等方面则存在较多约束[1]。部分地区的新型研发机构在人才引进和待遇、财政资金使用、固定及无形资产评估等仍参照传统事业单位要求实行。由此可以推断，事业单位新型研发机构在业务运行的公益属性和市场属性中，公益属性的业务活动开展较为顺利，但市场属性的业务活动则会受到较强制约。即事业单位性质的新型研发机构在从事创新链前端的活动时具有较为良好的环境支撑和激励，但面向市场的经营动力则会相对不足。

（2）社会服务机构法人的新型研发机构。在社会服务机构法人的制度框架下，新型研发机构的市场化发展网络建设会受到较强约束。例如，根据《民办非企业单位登记管理暂行条例》的规定，此类新型研发机构"不得从事营利性经营活动""不得设立分支机构"，在很大程度上制约了其市场和资源网络的建设拓展，也使得这类机构难以获得社会资本的支持，进而影响其面向市场开展技术研发等业务活动开展。又如，按照非营利组织免税资格认定管理的要求，社会服务机构类型新型研发机构申请免税资格认定需满足"工作人员平均工资薪金水平不得超过税务登记所在地的地市级（含地市级）以上地区的同行业同类组织平均工资水平的两倍"的具体要求，这对此类法人性质新型研发机构吸引和使用高水平创新人才形成制约。由此可以推断，社会服务机构类新型研发机构在业务运行中，虽然能够更多地聚焦于研究开发活动和转化孵化活动，但研发活动的层级整体不高，同时市场化经营活动开展会相对受限，进而影响其绩效表现。

（3）企业法人的新型研发机构。根据企业法人所处的环境框架，这类新型研发机构具有很强的自主性和灵活性，在利用市场机制吸引人才、拓展产业资源等方面具有优势。但与此同时，作为营利性组织，在部分科技资源的获取方面存在劣势。例如，虽然部分企业法人性质的新型研发机构具有较强的研发能力和水平，并开展了基础研究和应用基础研究活动，但《国家自然科学基金依托单位注册管理实施细则》认为，自然科学基金依托单位必须具备"公益性"的基本条件，企业性质机构属于营利性机构，不具备注册自然科学基金依托单位的资格。同时，在市场机制的倒逼之下，企业类型新型研发机构会更加关注成本收益问题，在创新链前端的业务活动方面投入积极性不高，而趋向于将更多资源放置于经营性活动。

基于上述分析可以推断，新型研发机构的法人身份决定了新型研发机构运行所处的基础制度环境和资源网络环境，进而对新型研发机构的研究开发、转化孵化和市场化经营性活动开展产生影响，最终将这种影响传递至新型研发机构的运营绩效层面[16]。总体来看，事业单位类和社会服务机构面临市场经营活动开展和持续性发展的制度性制约，企业类型新型研发机构公益属性活动的开展具有制度性障碍。三类新型研发机构在混成属性的业务运行中都面临制度冲突。

四、实证检验与结果分析

为验证上述推理结论的科学性，开展以下实证分析进行检验。

（一）模型设计

考虑到所用数据为截面数据，本节采用 OLS 回归模型并构建如下回归方程，验证法人属性对新型研发机构业务运行的影响：

$$Y = \alpha_1 + \beta_1 \cdot Z + \sum_{i=1}^{m} \gamma_{1i} X_i + \varepsilon_1, \qquad (10\text{-}1)$$

其中，Y 为因变量，代表新型研发机构的运营绩效。Z 为自变量，该自变量将新型研发机构的法人身份划分为企业类、事业单位类和社会服务机构类 3 种不同类型，以企业类新型研发机构作为参照组设置虚拟变量。X 表示控制变量，ε_1 表示误差项。

为降低回归计量过程中数据的异方差性，进一步对因变量和控制变量取对数，再加上误差项，得到回归方程（10-2）：

$$\ln Y = \alpha_2 + \beta_2 \cdot Z + \sum_{i=1}^{m} \gamma_{2i} \ln X_i + \varepsilon_2 。 \qquad (10\text{-}2)$$

本节采用回归方程（10-2）进行计量回归。

（二）指标设计

因变量：结合新型研发机构的属性特征，将新型研发机构的运行绩效分三个部分，即研究开发活动绩效、转化孵化活动绩效和市场化经营活动绩效。其中，研究开发活动绩效选取基础研究项目数量、应用研究项目数量和国家级项目数量三个指标进行衡量；转化孵化活动绩效选取技术性收入和孵化企业数量两个指标进行衡量；市场化经营性活动绩效选取竞争性收入、净盈余和竞争性收入占总收入比重三个指标进行衡量。

自变量：将新型研发机构按照法人身份划分为企业法人（BE）、事业单位法人（PI）和社会服务机构法人（PNE）3种类型。在计量分析中，以企业类新型研发机构作为参照组，分析3种类型法人身份的新型研发机构运营绩效的差异。

控制变量：结合新型研发机构的运营活动特征和数据的可获得性，文章共选取3个基础性控制变量和两个扩展性控制变量。其中基础性控制变量包括研发经费投入和研发人员投入，扩展性控制变量包括机构规模、机构成立年限和建设投入主体类型，以剔除机构研发条件、规模、发展年限、建设投入主体资源支持等因素的影响。具体来看，研发经费投入（rde）采用研发经费支出总额指标衡量；研发人员投入（rdh）采用机构期末研究与试验发展人员总数指标衡量；机构规模（siz）采用新型研发机构从业人员期末人数指标衡量；机构成立年限（age）采用从新型研发机构注册成立到数据调查年份（2021年）的时间跨度衡量；机构投入主体类型（typ）采用新型研发机构投入主体的种类衡量，包括地方政府、科研院所和高校、企业、个人等。以上指标均取自然对数值。

（三）数据来源

本节采用科技部在2022年对全国新型研发机构的调查数据作为研究样本，共包含了我国30个省（自治区、直辖市）2412家新型研发机构截至2021年年底的基本情况数据及2021年年度运行数据。

（四）实证分析结果

基准实证回归分析结果如表10-1至表10-3所示。整体上来看，在控制了机构研发经费和研发人员两个基础性控制变量的影响之后，不同法人身份类型的新型研发机构在研究开发、转化孵化、市场化经营活动等三方面的运营绩效存在显著差异，也即法人身份对新型研发机构的业务运行具有显著影响。

表 10 - 1　基准回归结果（研究开发绩效）

变量	指标		
	基础研究项目	应用研究项目	国家级项目
ln *rde*	0.019** （0.009）	0.057*** （0.010）	0.014* （0.007）
ln *rdh*	0.111*** （0.023）	0.199*** （0.027）	0.189*** （0.020）
PNE	0.048 （0.052）	0.002 （0.067）	0.112*** （0.042）
PI	0.300*** （0.048）	0.361*** （0.056）	0.267*** （0.041）
_cons①	−0.289*** （0.064）	−0.568*** （0.075）	−0.579*** （0.061）
N	2411	2411	2411
r2	0.067	0.117	0.155
F	21.302	60.037	40.052
p	0.000	0.000	0.000

注：$* p < 0.10$，$** p < 0.05$，$*** p < 0.01$。

表 10 - 2　基准回归结果（转化孵化绩效）

变量	指标	
	技术性收入	孵化企业数量
ln *rde*	0.276*** （0.030）	0.082*** （0.012）
ln *rdh*	0.569*** （0.071）	−0.030 （0.032）

① _cons 代表回归方程中的截距，用于在回归分析中确定模型的起点，提高模型的拟合度。

续表

变量	指标	
	技术性收入	孵化企业数量
PNE	-0.790^{***} （0.204）	0.200^{**} （0.096）
PI	-1.880^{***} （0.146）	0.443^{***} （0.073）
_cons	0.558^{***} （0.215）	0.383^{***} （0.104）
N	2411	2411
r2	0.191	0.039
F	168.077	19.743
p	0.000	0.000

注：$* p < 0.10$，$** p < 0.05$，$*** p < 0.01$。

表 10-3　基准回归结果（市场化经营绩效）

变量	指标		
	竞争性收入占总收入比重	竞争性收入	净利润
ln rde	0.011^{***} （0.003）	0.377^{***} （0.035）	0.243^{***} （0.032）
ln rdh	0.009 （0.006）	0.527^{***} （0.077）	0.471^{***} （0.069）
PNE	-0.099^{***} （0.022）	-1.087^{***} （0.206）	-1.642^{***} （0.214）
PI	-0.222^{***} （0.013）	-1.292^{***} （0.151）	-2.668^{***} （0.151）
_cons	0.348^{***} （0.022）	0.745^{***} （0.256）	0.585^{**} （0.235）
N	2411	2411	1751

续表

变量	指标		
	竞争性收入占总收入比重	竞争性收入	净利润
r2	0.124	0.210	0.291
F	93.978	128.123	183.220
p	0.000	0.000	0.000

注：* $p < 0.10$，** $p < 0.05$，*** $p < 0.01$。

在研究开发绩效方面，法人身份因素对机构具有显著的影响。事业单位类型的新型研发机构在基础研究项目、应用研究项目和国家级项目 3 个指标上均在 1%水平，显著高于企业类新型研发机构。社会服务机构类型新型研发机构在基础研究项目和应用研究项目两项指标方面与企业类新型研发机构相比差别不显著，但国家级科研项目数量指标在 1% 水平上显著高于企业类新型研发机构。这与三类法人性质新型研发机构的科研项目均值、国家级科研项目均值、发明专利申请量均值表现具有一致性（表 10-4）。

表 10-4　三类法人性质新型研发机构研发开发相关指标比较　　单位：项

新型研发机构法人类型	基础研究和应用基础研究项目均值	应用研究项目均值	国家级科研项目均值
事业单位法人	4.67	6.99	3.89
社会服务机构法人	1.20	2.36	0.79
企业法人	0.86	2.48	0.53

在转化孵化绩效方面，不同法人身份新型研发机构各具优势。具体来看，事业单位类型和社会服务机构类型的新型研发机构在孵化企业数量方面在 1% 水平上显著高于企业类新型研发机构。但同时事业单位类型和社会服务机构类型的新型研发机构在技术性收入方面在 1% 水平上显著低于企业类新型研发机构（表 10-5）。

表 10 – 5　三类法人性质新型研发机构转化孵化相关指标比较

新型研发机构法人类型	开展研发服务的机构占比	技术性收入均值 / 万元	开展创业孵化服务的机构占比	累计孵化企业数量均值 / 家
事业单位法人	64.06%	791.49	58.63%	22.35
社会服务机构法人	75.28%	1565.11	58.43%	7.19
企业法人	66.30%	2499.88	52.59%	5.67

　　市场化经营性活动绩效方面，法人身份对机构同样具有显著影响。企业类型的新型研发机构表现最优，特别是机构净盈余指标方面企业类型新型研发机构在 1% 水平上，显著优于事业单位类型和社会服务机构类型的新型研发机构。与此同时，在竞争性收入占总收入比重和竞争性收入两项指标方面，企业类型新型研发机构均在 1% 水平上，显著优于事业单位类型和社会服务机构类型的新型研发机构。而社会服务机构类型新型研发机构经营性活动绩效表现不乐观（表 10-6）。

表 10 – 6　三类法人性质新型研发机构市场化经营活动相关指标比较

新型研发机构法人类型	机构竞争性收入占总收入比重	机构竞争性收入 / 万元	机构净盈余均值 / 万元
事业单位法人	28.14%	2277.93	426.38
社会服务机构法人	41.99%	1216.80	190.57
企业法人	71.96%	5607.94	838.33

　　整体上来看，上述分析结果很好地佐证了本节的分析推理结论，即在创新价值链前端，事业单位类型和社会服务机构类型的新型研发机构的绩效优于企业类型新型研发机构绩效；在创新价值链中端，不同法人性质的新型研发机构的绩效各有优劣；在创新价值链后端，企业类型新型研发机构绩效优于事业单位类型和社会服务机构类型的新型研发机构绩效。

（五）稳健性检验

　　为保证实证结果的稳健性，本节在基准回归的基础上，进一步加入扩展性控制变量，包括机构规模、机构成立年限和机构投入主体类型。加入扩展性控制变量之后的计量回归结果如表 10-7 至表 10-9 所示。对比基准回归结果来看，自变量的回归系数及其显著性并未发生显著变化，表明不同的法人类型对新型研发机构绩效的影响具有较强的稳健性。因此，本节的实证研究结果是稳健的。

表 10-7　稳健性回归结果（研究开发绩效）

变量	指标		
	基础研究项目	应用研究项目	国家级项目
ln rde	0.019** (0.009)	0.055*** (0.010)	0.013* (0.007)
ln rdh	0.143*** (0.028)	0.187*** (0.035)	0.117*** (0.021)
ln siz	−0.038 (0.027)	0.017 (0.037)	0.088*** (0.021)
ln age	0.030* (0.017)	0.047** (0.021)	−0.017 (0.012)
ln typ	0.015 (0.055)	0.123 (0.079)	0.078* (0.043)
PNE	0.044 (0.053)	0.018 (0.068)	0.135*** (0.042)
PI	0.285*** (0.050)	0.345*** (0.060)	0.283*** (0.042)
_cons	−0.319*** (0.090)	−0.773*** (0.118)	−0.699*** (0.080)
N	2411	2411	2411
r2	0.069	0.120	0.161
F	12.912	36.359	26.357
p	0.000	0.000	0.000

注：$* p < 0.10$，$** p < 0.05$，$*** p < 0.01$。

表 10 - 8 稳健性回归结果（转化孵化绩效）

变量	指标	
	技术性收入	孵化企业数量
$\ln rde$	0.260*** （0.031）	0.072*** （0.012）
$\ln rdh$	0.135 （0.120）	−0.025 （0.061）
$\ln siz$	0.550*** （0.130）	0.011 （0.057）
$\ln age$	−0.261*** （0.061）	−0.051* （0.028）
$\ln typ$	1.552*** （0.229）	0.992*** （0.099）
PNE	−0.547*** （0.206）	0.297*** （0.097）
PI	−1.534*** （0.152）	0.613*** （0.073）
_cons	−0.862** （0.345）	−0.413*** （0.146）
N	2411	2411
r2	0.219	0.083
F	122.464	30.978
p	0.000	0.000

注：* $p < 0.10$，** $p < 0.05$，*** $p < 0.01$。

表 10 – 9 稳健性回归结果（市场化经营绩效）

变量	指标		
	竞争性收入占总收入比重	竞争性收入	净利润
ln *rde*	0.010*** （0.003）	0.361*** （0.033）	0.234*** （0.033）
ln *rdh*	−0.002 （0.012）	−0.230* （0.127）	−0.156 （0.117）
ln *siz*	0.014 （0.012）	0.929*** （0.129）	0.791*** （0.124）
ln *age*	0.040*** （0.005）	0.507*** （0.057）	−0.130** （0.058）
ln *typ*	−0.004 （0.020）	0.587*** （0.214）	0.909*** （0.232）
PNE	−0.096*** （0.022）	−0.850*** （0.207）	−1.423*** （0.214）
PI	−0.251*** （0.013）	−1.632*** （0.151）	−2.530*** （0.165）
_cons	0.270*** （0.032）	−1.507*** （0.319）	−0.783** （0.355）
N	2411	2411	1751
r2	0.148	0.270	0.315
F	69.406	127.234	133.940
p	0.000	0.000	0.000

注：* $p < 0.10$，** $p < 0.05$，*** $p < 0.01$。

五、结论与建议

本部分构建了"法人身份–行动环境（制度规范与资源网络）–组织行为–组织绩效"的理论分析框架，以分析新型研发机构业务运行与法人身份之间的属性矛盾，以及这对矛盾影响机构运营绩效的内在机理。进而采用科技部 2022 年对全国2412家新型研发机构的调查数据，开展实证分析和结论验证。研究结果显示，企业、事业单位和社会服务机构3种不同类型法人身份下的制度环境和资源网络环境对新型研发机构业务运行具有显著影响。注册为事业单位和社会服务机构法人的新型研发机构研究开发、转化孵化、市场化经营活动开展水平和绩效依次减弱；注册为企业法人的新型研发机构，市场化经营活动绩效更为突出，创新链前端的研究开发活动则表现较弱。

由此，在新型研发机构发展过程中，如果过于强调其法人身份下的机制与制度约束，有进一步导致新型研发机构在发展中偏离原始定位的，回归单一功能属性组织的可能性。其中，企业类型的新型研发机构趋向于市场化经营活动和成本控制，向创新链前端拓展业务的积极性不足，具有偏离"研究开发和转化孵化"的主业定位，向以科技产品生产和销售为主业的科技企业转变的风险。这也是诸多技术开发类科研机构企业化转制后，"在营利性目标与公益性目标之间出现矛盾"，关系行业发展的基础研究工作被逐渐弱化的重要原因[17]。而事业单位类型的新型研发机构如若在市场化运行机制方面难以突破，其面向产业的研发活动和可持续发展的能力都将受损，进而面临退回原有科研事业单位体制的风险。社会服务机构类型的新型研发机构如果无法突破扩大和提升发展的制度限制，其发展积极性和发展能级的提升将难以实现。

基于上述研究结论，提出如下政策建议。

（1）着眼《中华人民共和国科学技术进步法》关于新型研发机构"聚焦开展科学研究、技术创新和研发服务"的主业要求，以及"投入主体多元化、管理制度现代化、运行机制市场化、用人机制灵活化"的建设和运行机制要求，从兼顾公益性和市场属性的混成组织属性特征出发，构建与之相适应的体制机制和制度环境，明确规定其权利和义务，促进新型研发机构长期健康可持续发展。

（2）研究制定针对新型研发机构的系统性、精准化支持政策。围绕新型研发机构的主责主业，从目标导向、人员管理、奖励激励、项目承担、税收减免等方面，研究制定支持新型研发机构发展的针对性政策，支持新型研发机构在国家创新体系中发挥其独特作用和重要价值，解决我国高质量发展中科技和产业融通融合不足的突出问题。

（3）加强对新型研发机构建设发展的动态监测和评价管理。完善新型研发机构的统计与评价指标体系，开展全国新型研发机构的统计入库工作和示范性机构认定，引导新型研发机构规范发展。

（胡贝贝　张秀峰　于　磊）

专题 3　新型研发机构如何做好人才引进、培养和使用工作

2021 年 9 月 27 日，习近平总书记在中央人才工作会议上强调，要集中国家优质资源重点支持建设一批国家实验室和新型研发机构，为人才提供国际一流的创新平台，加快形成战略支点和雁阵格局。新型研发机构因其体制活、机制新、链路广，在极大程度上有效破除了人才发展的体制机制障碍，其实践探索具有显著的示范效应。

本专题试图探索当前新型研发机构在人才"引进、培养、评价、激励"上的创新机制与模式，在鲜活案例实践中总结经验和启示，以期对新型研发机构和传统科研院所提升内部治理水平与激活科创活力提供参考借鉴。

一、人才引进

人才是科技创新的关键，新型研发机构高度依赖核心科研人才与团队的作用，引进更多高端人才加入研发团队是新型研发机构的首要课题。同时，新型研发机构在"引才"过程中还需面临本地、同行业机构之间及与传统高校院所之间因人才竞争而形成"零和博弈"等诸多问题。在此背景下，部分新型研发机构"披荆斩棘"，创新引才理念，加强柔性引才，在人才招引上取得了一定的发展成效。笔者将通过"引进怎样的人才""怎样引进人才"两个问题为引子来进行详细阐释。

一是引进怎样的人才。新型研发机构的主责主业是"研发"，即科学研究和技术开发，其使命是支撑产业技术创新。为实现新型研发机构的功能目标，其人才引进要围绕自身需求，结合业务活动与研发领域、创新链位置，以价值创造、社会贡献为导向，破除"唯论文、唯职称、唯学历、唯奖项"的评价标准，杜绝重文凭轻能力、重数量轻质量、重眼前轻未来、重外才轻内才等问题。比如北京石墨烯研究院，旨在解决未来石墨烯产业发展的"卡脖子"技术问题，其在人才

引进时提倡"科学精神"和"工匠精神",积极吸纳各类基础研究人才、工程化人才、产业化人才、管理人才,不唯"文章"、不唯"帽子",目前已形成由领军科学家、青年拔尖人才、孵烯学者、研发工程师组成的四级人才体系。

二是怎样引进所需人才。在引才机制上,多家机构积极探索、创新实践。笔者将这些优秀实践概括为以下两种模式。

(一)"柔性"引才

对高端人才,与其"抢人",不如共享资源。柔性引才正适应了当今人才流动的新形势新变化。柔性引才即打破地域论、归属权,以及户籍、身份、档案、人事关系限制等条条框框,采取挂职、兼职、项目合作等形式,探索建立起更加灵活、开放、有效的引才机制。比如之江实验室与国内顶尖高校院所建立了联合引才与人才互聘工作机制,探索新型"共享引才",兼聘兼薪,开设特聘专家、访问学者等专项通道,对关键领域鼓励团队整体导入。

(二)"动态"引才

动态引才指的是新型研发机构在不同发展阶段采取不同的引才方式,并进行动态性调整。因为不同阶段,机构的任务目标和运营情况不同,在初始阶段的首要诉求是"活下来",而不是规模扩张。因此,引才方式的确立要与机构阶段性发展需求紧密结合。典型例子是华科工研院独具特色的"近亲—远亲—远邻"人才汇聚模式。华科工研院刚刚成立时,团队规模较小,此时采取"近亲"策略,引进的30多名员工大多是华中科技大学院士教授牵头的技术团队;随着规模和品牌的壮大,采取"远亲"策略,开始引进非华中科技大学的其他高校科研院所系统的人才,包括华南理工大学、中国科技大学、哈尔滨工程大学、西安交通大学等全国各大高校优秀人才;在上述人才储备的基础上,采取"远邻"策略,积极引进中国香港、美国等地的创新团队共同为地方经济服务。

二、人才培养

新型研发机构作为国际化的科技创新平台和人才发展平台,以其"创新之势",充分发挥了连接产业界与学术界的桥梁纽带作用,其在全方位优化创新创业人才培养上的成功探索,是值得探讨的重大课题。

一是与大学联合育才。诸多新型研发机构致力于打破大学围墙和知识边界，与全球一流大学联合培养高端创新创业人才。以北京协同创新研究院（简称"北京协同院"）的"四双"人才培养模式为例，"四双"分别为："双课堂"，学生不仅需要在大学学习专业理论课程，还需在北京协同院学习创新创业课程；"双导师"，学生将会受到两位导师的联合指导，其一是所在大学的学术导师，负责指导理论学习；其二是来自北京协同院及企业的创新导师，负责指导课题研究或创业训练；"双身份"，一方面以学生身份学习知识技能，另一方面在北京协同院牵头或参与真实项目科研转化或创业项目训练；"双考核"，除专业理论成绩外，北京协同院也将科技成果产业化成效作为考核标准，双达标后授予学位。

二是与企业定向育才。例如，北京航空航天大学杭州创新研究院与华为、网易等互联网公司开展定向联合培养，与15家企业共建"北航专业硕士研究生实习实践基地"，探索产教融合新模式。又如北京大学信息技术高等研究院用北大平台帮助企业招引高端人才、培养技术骨干，与企业共同组建研发团队并全职入驻研究院办公。联合实验室团队在项目成功开展后，逐步向企业输送人才，将项目的核心成员培养为未来企业的中高级管理人员。

三是坚持实战育才理念。例如，山东产业技术研究院在2020年成立研究生院，采取校内校外"双导师"制，培养贴近科研、贴近生产的复合型专业技术人才。又如之江实验室大胆起用青年人员担当重任，通过重大项目历练快速提升科研能力。

三、人才评价

人才评价机制是促进机构高质量发展的有力杠杆，在机构建立之初就应匹配以创新能力、价值和贡献为导向的分类评价制度。

一是坚持市场化方向，以实际贡献为导向。人才评价相比资历更看重潜力、看重能力，以"能力、业绩"为导向的市场化考评机制既让创新人才脱离于频繁的考评事务，又能强化他们的进取意识，更利于专注干事、潜心钻研的人才脱颖而出，成为各自领域的知名专家。

二是实行分类考核、差别评价。比如深圳先进院针对科技研发、产业化、支撑和管理四种不同岗位、不同学科特点，设计了四套不同的指标体系对员工的表现进行综合考量。以及之江实验室对基础研究、应用研究、成果转化等不同类型人才采取分类考评模式。差别化的评价标准使各类人才能够专注自身工作岗位，积极作为。

三是保持评价维度的多元化。新型研发机构要"不拘一格降人才"，在考察创新人才时，除了业务技能、科研能力外，其他影响人才发展潜力的因素，如人才的诚信度、创造力、实践力等也应列入考量的范围。例如，华科工研院组建了技术专家委员会、产业专家委员会、投资专家委员会，对人才和团队进行多角度考评。

四、人才激励

新型研发机构的发展绩效，本质上来自于平台上人才的聪明才智，谁能够更有效地激励人才，谁才有可能将人才价值转变为产业价值、经济价值和社会价值。因此，新型研发机构要持续探索人才激励的"好办法"，建立相对灵活的收益分配机制，充分激发人才的积极性。

一是对标市场化薪酬，建立明确的成果利益分配关系，坚持物质激励和精神激励并重、短中长期激励相结合，确保一流成果有一流报酬，增强"能者""优者"获得感。以深圳清华大学研究院为例，其致力于构建"以人为本"的人才激励机制，坚持"研发团队分享技术股权，管理团队合法持有股权"，在知识产权转让中，70%～90%的产权归个人所有，通过股权收益、期权确定等方式，充分调动科研人员研发的积极性，使其"名利双收"。

二是打破编制界限，建立"岗位能上能下"的用工机制。以浙江省特种设备科学研究院为例，其建立并完善了公开透明的"科研分"考评制度，全员按岗位设置竞聘，彻底打破编内编外身份界限。中层干部以公开竞聘和目标制竞聘方式选拔，破除任命制。根据项目验收、论文刊发、专利获取、制定标准等内容，对科研人员赋分排名，实施按比例末端淘汰的"评聘分离"机制，从而激发科研人员活力，保障多劳多得。

三是探索末位淘汰等负向激励措施，确保人才队伍活力。以深圳先进院为例，其对员工的考核结果分为A、B、C三个等级。其中C级员工为分数最低的一类，这类得分的员工根据深圳先进院制定的制度将受到不同程度的减少薪水甚至是淘汰的惩罚。深圳先进院通过末位淘汰制的考核办法来提高员工的工作积极性和工作效率，但是针对特定重大项目，实施期内可以不以申报项目、发表论文为考核指标，鼓励科研人员专心攻克科研难题。

（魏洋楠）

专题 4　新型研发机构如何做好创新的资本赋能

科技创新的实现，离不开资金的有效供给。一方面创新链的各阶段——尤其是早期研发阶段和成果转化阶段，需要大量资金支持，另一方面创新主体需要"自我造血"，以构建创新再投入的"闭环"。本专题基于深清院、华科工研院、江苏产研院、北京协同院等"先行者"的有益实践，从"应对早期研发阶段的资金困境""赋能科技成果转化和产业化""实现自我造血"三个方面，介绍新型研发机构发挥金融资本作用的"他山之石"。

一、如何应对早期研发阶段的资金困境？

早期研发阶段需要导入科研资源和项目，但往往存在以下"痛点"。一是传统的高校和科研院所存在投融资限制，难以有效利用各类金融工具；二是早期研发阶段的募资市场机制失灵，使科研团队承受较大资金压力；三是早期项目的价值评估机制未建立，存在先进性难以研判、市场化前景不明等制约。为此，深清院、江苏产研院、北京协同院等新型研发机构运用"新的范式"破局。

（一）组建投融资平台公司，构筑资本运作体系的底座

具备科技金融功能是新型研发机构有别于传统高校院所的特征之一。传统高校和科研院所对外投资面临诸多限制，难以有效利用各类金融工具。新型研发机构凭借其灵活的体制机制，运用"研究院＋运营公司"的模式，组建投融资平台公司，为开辟多样化的融资渠道、分享研发成果收益、实现"自我造血"奠定基础。投融资平台公司作为新型研发机构资本运作体系的底座，主要用于投资下设的业务单元、运营投资基金、开展资产管理等，并赋予专业研究所基金功能，形成"一所一基金""一产业一基金"的创投模式。

比如深清院成立的力合科创集团有限公司，为科技成果转化、国际技术转移及企业成长提供包括技术、人才、载体、资金支持在内的投资服务；又比如江苏产业技术研究院成立的江苏省产业技术研究院有限公司，主要用于专业研究所投资、海外平台投资、引导基金投资等。

（二）与政府建立协调机制，发挥"看得见的手"的引导和扶持作用

早期项目对资金的需求量大，风险高、周期长，且不产生直接经济效益，难以满足金融机构的资本报酬要求，这使得早期募资市场存在机制失灵，让科研团队承受较大的资金投入压力。新型研发机构与政府建立风险分担机制，获取政府资金支持，弥补了天使投资不敢投的"0—1"市场失灵环节。主要有两种方式。

一种是江苏产研院建立的"拨转投"项目支持机制。所谓"拨转投"，是指针对有前瞻性、引领性的技术创新项目，在立项前实行同行尽调评估，依托财政资金支持，以科技项目立项拨发资金，帮助团队承担早期研发风险，发挥政府财政资金在创新项目中的引导和扶持作用。另一种是成都岷山先进技术研究院的"揭榜挂帅"政策支持机制。通过成都高新区"揭榜挂帅"政策选拔团队和项目，在政府职能部门和"岷山先进技术研究院"的组织下，聚焦当地主导产业和未来产业"卡脖子"环节，与产业部门共同拟定需求榜单，团队揭榜后，享受最高1亿元政策扶持资金，支持其设立新型研发机构。

（三）靠前评估市场化前景，适当引入市场化基金

传统的科技金融投资往往是在项目成果形成后，对其市场化前景进行评估，使得早期项目缺乏有效的评估手段，出现先进性难以研判、市场化前景不明等问题。而新型研发机构通过成立知识产权基金等方式，组建专业化团队，在早期研发环节，对项目市场化前景进行靠前评估和决策咨询，利用市场化方式来确定项目支持强度，使资本较早地介入、赋能创新。

如北京协同院为寻求资本评估的靠前介入，建立了三元耦合模式。课题首先经由协同创新中心论证及推荐，再由子基金联合中心评估、领投，研究所根据任务需要，灵活组建攻关团队，加速进行中试放大和产业化，形成了中心遴选"荐项目"—基金决策"投项目"—研究所"开发项目"的三元耦合模式，实现了产学研用的紧密结合和市场化配置资源。

二、如何赋能科技成果转化和产业化？

在科技成果转化和产业化阶段，需要大量转化资金支持，将研发成果转化为实际的商业价值和社会效益，主要面临以下问题。一是成果转化需要多类创新主体的参与，整合与协同难度较大；二是针对科技成果和转化风险的评价机制不完善；三是创新主体与金融主体之间信息不对称，使资金低水平配置。新型研发机构通过创新科技金融机制，提供了一整套的成果转化服务。

（一）建立多元投入机制，提升协同效应，分担转化风险

科技成果转化不仅需要机构内部的创新、管理、技术、投资等人才参与，还需要协同外部"政产学研金介"等多类创新主体。但不同主体存在功能定位上的差异（表 10-10），协同难度较大。

表 10-10　不同创新主体的定位差异

	政府	新型研发机构	金融服务机构
导向	以区域发展战略为导向	以研发为导向	以市场为导向
功能	引导基金	项目决策、技术研发、孵化服务、项目投资等	投资、决策、咨询等
定位	不以营利为目的，发挥财政资金杠杆放大效应	自我造血、循环发展	资本增值
多元主体投资的作用：从资本要素层面，促进战略共通、风险共担、收益共享			

多元投入机制是新型研发机构提升协同效应、分担转化风险的重要手段。一方面新型研发机构自身由多元投资主体设立，另一方面新型研发机构联合自有基金和各类人才，投资成果转化项目，在资本要素层面，强化投资主体、研发团队及所孵化企业"目标一致、风险共担、利益共享"的"硬连接"。如深清院项目投入由技术专家、投融资专家共同参与，发明人、责任人带头投入，通过"利益捆绑"激发各方动力。

随着新型研发机构的成长壮大，需要协调更多的外部资源开展成果转化。为此，新型研发机构联合"政产学研金介"等外部的创新主体，控股或合资组建投资基金，提升资源的整合能力，进一步分担风险、共享收益，解决普通创新合作

不紧密的问题。如华科工研院（表 10-11），早期采用自有基金进行投资，成长期则采用控股组建基金的模式，联合企业、高校设立两家投融资平台公司，其中"东莞华科制造工程研究院公司"主要由华科工研院和华中科技大学持股组建，各占股 40%，"东莞松湖华科产业孵化公司"由东莞市国有资产监督管理委员会（简称国资委）和华科工研院组建，两家各占股 50%。

表 10-11　新型研发机构的不同发展阶段的基金类型

类型	自有基金	控股组建基金	合资管理基金
阶段	初创期新型研发机构	成长期新型研发机构	成熟期新型研发机构
目标	为项目提供资金	整合更多外部资源，提高成果转化率	进一步提升基金的开放性，分散成果转化风险
特点	新型研发机构为基金唯一投资方	新型研发机构对基金进行控股，吸收外部投资入股，为循环发展提供充足资金支持	创投基金采取开放式管理，为新型研发机构内部运营提供信息支持
基金公司	东莞华科工研高新技术控股有限公司	东莞市华科制造工程研究院有限公司；东莞松湖华科产业孵化有限公司	东莞华科松山湖创业投资有限公司
控股公司	华科工研院	华科工研院、华中科技大学、个人企业；华科工研院、东莞市松山湖工业发展有限公司	东莞市国资委、华科工研院、个人企业
股权结构			

资料来源：根据任志宽（2019）文献整理。

（二）搭建成果转化估值机制，支撑多元化金融工具的使用

科技成果转化的金融服务与有效的科技成果评价相辅相成。一方面科技金融服务依赖于科技成果的评价结果，另一方面科技成果评价能够扩大转化项目的融资规模。但部分地区的无形资产评估机构发展相对滞后，评估的能力、标准等方面都有不确定性，影响了投资决策，进而限制了质押融资、股权投资等多元化工具的运用。

为破除科研成果转化的"价值难题"，新型研发机构强化科技成果评价与金融服务机构、投资公司的联动，建立了成果转化的价值评估机制，对科技成果的发展前景、潜在经济价值和转化风险等进行商业化评价，并根据可行性，加大对科技成果转化和产业化的投资支持。

如山东省工业技术研究院自建科技成果评价及转移转化中心，组建专业化团队，建立专业化模型，形成科技成果评价与转移转化中心服务清单、对接机制、评估标准、服务流程等工作制度，能够针对科技成果给出估值，提供科技成果商业化的策划方案，使成果转化"能估价"。此外，山东省工业技术研究院还与济南人力资本产业研究院合作，打造人力资本产业公共服务平台，通过团队、专家身价评估，提供投贷联动的金融一体化解决方案，解决企业和个人成果转化中融资方面的需求。

（三）建立信息共享机制，寻找与资本市场的"联结点"

以往科技金融工具创新最大的难点是信息不对称导致的风险难预测和收益难保障[18]。由于资金供给与资金需求双方总是会存在大量客观或主观的信息不对称，使资金供给方不敢投或贷，资金需求方错失生存、成长机会。

新型研发机构通过"融通融合"方式，与金融服务机构建立信息共享机制，从金融信息层面，促进金融单元和创新单元对彼此的熟悉。金融单元具有广泛的社会信息网络，能协助创新单元与技术需求方、产品供应商等核心主体建立联系，并定期对优惠政策、市场环境、产业需求等多维度信息进行动态更新，帮助研发人员找到与资本市场的"联结点"，提高创新单元的市场敏锐度和转化成功率；而创新单元对自己的技术、财务、需求信息进行及时共享。

如松山湖材料实验室与同方证券合作成立了产业金融研究中心，通过对市场需求的深入研究和把握，为实验室各研究团队的技术进行市场匹配，也为技术研

究提供方向指导，帮助研发团队找到一个有重大价值或者有重大竞争力的产品，提升成功切入市场的可能性。又如北京大学信息技术高等研究院与多家风险投资机构达成战略合作，通过风投机构的渠道，引进经过市场化验证的科技型企业，构建科创项目储备库。

三、如何实现"自我造血"？

新型研发机构主要依靠"投资回报"（包括技术或服务入股、基金投资）和"服务回报"（包括研发、咨询、检验检测和人才培训等服务）两个途径，实现"自我造血"。本文主要讨论"投资回报"部分。

（一）获取投资回报的方式

新型研发机构运用以下方式，开辟了多元化的投资途径，克服传统金融投资收益难以反哺研发，并对研发人员激励效果不足等问题（专栏10-1）。

一是技术换股权。以"先投后奖"模式为例，新型研发机构通过科技成果作价方式，入股所孵化的企业，再将持有的股权按照一定比例（一般为70%以上）奖励给研发人员。在激励研发人员的同时，新型研发机构能够获得股权存续期收益，并在企业并购或上市后，获取资本增值收益，以实现投资"反哺"研发。据科技部统计[①]，2021年，我国新型研发机构中有144家开展了技术作价入股活动，当年技术作价入股企业数为268家，比2020年增长14家。截至2021年年底，我国新型研发机构累计技术作价入股企业数为876家。

二是服务换股权。新型研发机构绑定科技金融和服务，为研发团队及所孵化企业提供团队搭建、载体支持、政策对接、法律咨询等服务，获取所孵化企业一定的股权（一般小于20%）。如早在1998年，深清院就"用租金换股权"孵化了"清华深讯公司"，这家公司后被微软出价2000万美元收购，使深清院获得了几十倍的回报。此外，部分新型研发机构还可以拿出5%～10%的股权，奖励给管理服务人员，进一步激发他们的积极性。如中国科学院合肥技术创新工程院将70%的股权奖励给研发团队，再拿出10%的股权奖励给技术管理人员组建的持股平台，目前，已有20余名技术管理人员进入了持股平台，孵化落地企业达14家。2023

[①]　资料来源：《2022年新型研发机构发展报告》。

年 7 月，广州市出台了支持意见①，明确"科技成果转化净收入的 5% 以上，或者科技成果形成的股份、出资比例 5% 以上可以奖励给为成果转化作出贡献的人员"。

三是基金投资收益。新型研发机构利用自有资金发起或联合社会资本共同设立天使投资等科创基金，通过对早期研发项目的投资、创业期企业直接投资，参与成果转化和产业化的分配。比如 1999 年，深清院联合社会上的产业资本，共同组建了深圳力合创业投资有限公司，2004 年研究院全资成立了深圳清研创业投资有限公司，解决了科技创业企业的资金需求问题，实现了对科技企业的投资服务功能。

专栏 10-1 新型研发机构和传统投资机构在投资活动上的异同

一是投资目标不同。新型研发机构的投资致力于将研发成果转化为实际的商业价值，实现科技与经济的有机结合，更加强调公益性和社会效益。传统投资机构则强调营利性，目标大都是短期上市并实现投资的短期快速变现，"重投入轻发展""重短期效应轻长期战略"现象突出。

二是投资阶段不同。新型研发机构能够面向天使投资不敢投的"0-1"市场失灵环节进行投资，提供更多前沿性、基础性、早期性的金融支持，并构建起从"启动投资、天使投资、创业投资延伸到战略伙伴投资"的全生命周期投资体系，伴随研发团队的早期研发、创建期、成长期、并购上市全过程。传统投资机构更多则是"重后期轻早期"，并且天使投资、创业投资、私募投资等基金，仅单独面向特定阶段的企业，难以开展接力培育。

三是投资对象不同。新型研发机构的投资多为处于发展阶段早、前期投入大的高新技术孵化项目和创新创业企业，以机构内部项目为主，更有助于成果转化和发挥协同效应。传统投资机构所有项目均来自外部，可能会面临信息不对称等问题。

四是管理方式不同。新型研发机构主要开展科技创新全周期的创新管理。传统投资机构则主要开展企业管理和财务管理，创新管理的专业性不足。

五是回报方式相同。新型研发机构和传统投资机构都是为科技企业提供资金支持，获得存续期收益，并在企业并购或上市后，获取股权退出的资本增值收益。

---

① 资料来源：《广州市人民政府办公厅关于促进新型研发机构高质量发展的意见》（穗府办〔2023〕12 号），https://www.gz.gov.cn/gkmlpt/content/9/9091/post_9091241.html#12624.

（二）财政资金参与的投资如何"自我造血"？

依靠"拨转投""揭榜挂帅"等政府科技项目和政策支持形成的成果，由于使用了财政资金，与完全基于产权的事后回报机制相比，面临复杂的产权问题，使财政资金"取得适度回报再投资"变得困难。

因此，新型研发机构与政府搭建了巧妙的"股权回馈机制"：财政资金投入早期研发后，政府通过国有平台公司，获得一部分股权（一般为不高于20%），通过阶段性持有股权和适时退出，获得合理回报和股权收益，并进行再投入。这一机制实现了财政资金的良性循环，提升了财政资金使用效率。

比如江苏产研院在"拨转投"项目进展到市场认可的技术里程碑阶段进行市场融资时，将前期的科技项目资金投入，按市场价格转化为投资，参照市场化方式进行管理和退出。通过阶段性持有股权、适时退出获得合理回报、股权收益再投入，实现了财政资金的良性循环、保值增值。又比如成都岷山先进技术研究院建立了"政府资金－研究院－平台公司－政府资金"股权回馈机制（图10-2）。研发团队成功"揭榜"后，享受最高1亿元政策扶持资金，并组建新型研发机构。国有平台公司将无偿获得机构的部分股权，后期进行市场融资时，国有资本退出，取得股权变现收益并缴回财政，实现政府扶持政策的滚动支持。

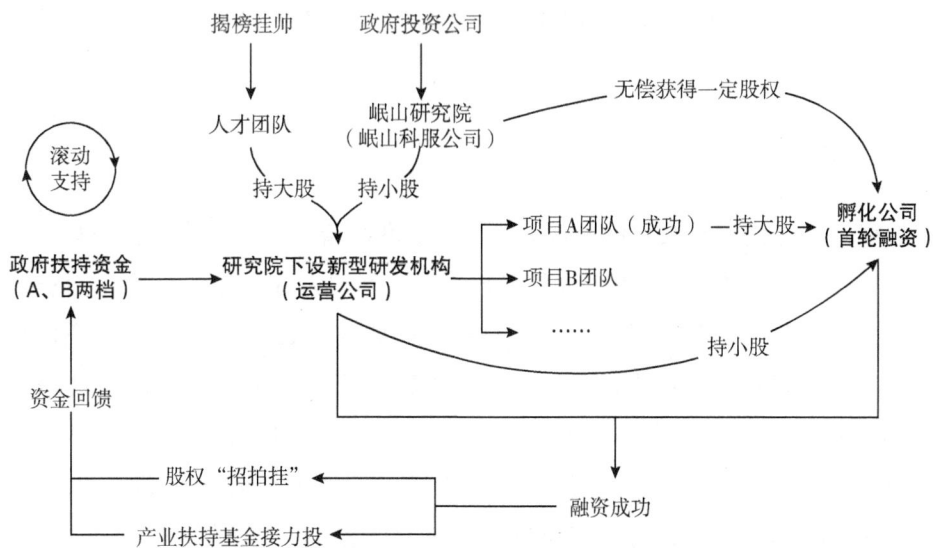

图10-2　岷山先进技术研究院股权回馈机制

最后需要认识到，财政资金参与的研发项目投资，面临法律依据缺乏、管理体系不健全、退出机制不完善等制约，目前还处于界限模糊的状态。新型研发机构协同政府在金融投资上的探索，仅仅是在制度框架不完善的状况下的一种"权宜之计"。

（韩希萌　周婷婷　张钰婷）

专题5　新型研发机构如何构建创新生态[①]

通过整合互补资源打造创新生态已然成为新时代背景下科技创新组织提升创新绩效的重要途径。本专题以新型研发机构为对象，基于创新生态核心组织及互补组织两个维度，分析其在创新生态构建中互补创新参与者的类型及功能，着重探讨不同参与者形成创新生态的资源化过程及协调机制。研究发现，创新生态不同参与者分别利用构建式前瞻资源化、嵌入式前瞻资源化及协作式前瞻资源化方式构建创新生态；通过研发支撑的共同战略导向机制、政府引导的协同转化机制及兼具公益目标的市场化运营机制使得创新生态能够有效运行；由此归纳出围绕新型研发机构形成的创新生态参与者角色、前瞻资源化类型及协调机制的逻辑框架，以期为中国科技创新组织整合互补资源进行生态化创新提供新的思路。

一、引言

数字经济时代，研发和创新行为跨界融合和综合集成的特点日益凸显。在此背景下，构筑创新平台，培育和发展开放创新生态成为各类科技创新组织的选择，新型研发机构是其中的典型代表。科技部相关部门2022年对全国新型研发机构摸底调查数据显示，在各省市上报的2412家新型研发机构中，其投入建设主体涉及地方政府、高校/科研院所、企业两类及以上的1134家，占比47.01%；建立理事会（董事会）多主体参与的决策机构的新型研发机构2067家，占比85.70%；同时开展科学研究、产业技术开发、转化孵化和研发服务，打通创新全

[①]　本文已刊发于《中国科技论坛》2024年第5期。

链条的新型研发机构 590 家，占比 24.46%。可以看出，无论从新型研发机构投入建设主体、决策机构还是其从事的创新活动，都涉及具有互补功能的多样化组织。但是，集成多种互补组织使新型研发机构面临新问题，包括市场逻辑和科学研究逻辑的碰撞、公益性与私益性的冲突及不同组织身份导致的功能目标差异等。因此，如何有效整合并协调新型研发机构创新生态的参与者，降低创新资源在不同互补组织之间流动的成本，使新型研发机构获得长远发展并拥有持续整合创新资源的能力，是新型研发机构迫切需要解决的问题。文章以典型的新型研发机构打造的创新生态为例，围绕"新型研发机构创新生态参与者如何进行互补创新并有效运行"这一问题展开讨论，分析新型研发机构整合互补资源的过程机理，识别新型研发机构进行生态化创新的运行机制，为中国式现代化背景下科技创新组织建设发展提供一定的借鉴及参考。

本文的边际贡献在于：①从微观层面出发，分析科技创新组织生态不同参与者的构成及作用。以往研究[19]倾向于独立探讨参与者在创新生态系统中的作用，本研究在将新型研发机构创新生态互补组织纳入分析框架的同时，将新型研发机构这一核心组织进行解耦，弥补了以往研究对科技创新组织内部参与者关注不足的缺口。②为新型研发机构等科技创新组织寻求和培育潜在互补资源提供新思路。生态系统学者[20]已经意识到科技创新组织利用互补资源可降低创新成本，提高创新效率，但当前理论[21]关注如何利用现有或即存资源，本研究利用"前瞻资源化"理论说明新型研发机构建设、整合潜在互补资源的过程，阐释互补资源不是静态且提前预知的，互补资源的寻找和利用是一个需要生态构建者与潜在互补组织交互的动态过程。③打开新型研发机构创新生态形成过程及运行机理的黑箱。构建创新生态互补者类型、创新生态形成路径、创新生态运行机制三者之间的相互关系，阐释互补资源的异质性对创新生态形成路径及运行机制的影响，为学界理解科技组织创新生态的形成及运行提供新的研究视角。

二、概念界定与文献综述

（一）新型研发机构及其创新生态

新型研发机构首先出现在我国政府文件中，在国内外文献中，其亦被称为应用导向的公共科技组织[22]、产业技术研究院[23]等。当前，学者主要从实际案例出发，总结提炼出"创新综合体"[24]等概念模型，学界对新型研发机构内涵并未形成统一认识。就新型研发机构建设发展来看，其产生区别于传统的科研院所，不是中央层面根据实际需要主导设计[25]，而是萌芽于广东省部分地市，基于地方政府的政策支撑发展壮大，因此，新型研发机构背后有区域产业和经济的发展诉求，发展类型呈现多样化态势。总体看来，新型研发机构具有以下特征：①新型研发机构与传统科研机构相比，在组织建设和发展模式上有明显的差异；②新型研发机构有科学研究、技术开发和成果转化等功能，相比于完全的知识探索，更加强调知识的应用过程；③新型研发机构有官方赋予的目标使命，强调其有一定的公共属性。

围绕新型研发机构形成的创新生态是指通过协调具有互补功能的参与者，建立对整个生态系统参与者有利的机制，促进参与者通过互补创新实现价值的系统[26-27]。具体而言，新型研发机构的共建组织、与新型研发机构有嵌入关系的组织，以及形成利益共同体的合作组织等，都属于其创新生态的成员组织。新型研发机构创新生态的研究主要从两个方面展开。一是通过实证方法研究生态构成主体如何通过协同合作提升创新效率[28]。周君璧等[29]对我国1458家新型研发机构进行实证研究，证实了新型研发机构平台创新生态的类型、开放程度等对价值创造的影响。但是现有研究缺乏对新型研发机构创新生态参与者之间互补和相互依赖性分析，以及不同参与者在系统中的位置和作用的刻画。二是从创新网络出发，探寻主体间合作关系及协调机制，实现创新生态系统稳定运行[30]。但是，由于新型研发机构创新生态的开放性导致组织边界有一定模糊，当前对其协调机制的研究主要局限在新型研发机构组织内部[31]，对于外部互补组织的协调机制还需进一步深入研究。

（二）创新生态参与者分类与互补

创新生态参与者主要分为核心组织及互补组织两种类型[32]。为了对创新生态互补要素关系所蕴含的协同效应进一步探寻，学者[33]意识到核心组织中的内部参与者作为独立的个体，在创新生态中发挥重要作用，因此将核心组织进一步解耦为内部核心组织及内部互补组织；还有学者[34]将互补组织按照功能分为范围互补组织和深度互补组织。范围互补组织又称为"独特互补组织"，指能够通过汇集任务所需的不同类型资源，降低不同组织间知识、信息等交易成本，提升创新价值产出的组织；深度互补组织又称为"超模互补组织"，指通过汇集相同类型的资源，实现规模报酬进而提高创新效率的组织[35]。关于创新生态核心组织的解耦及互补组织的细分研究尚处于起步阶段。

创新生态整合多样的互补参与者的路径，当前有学者[28]研究认为是创新生态核心组织的管理层通过其认知及其所在的创新网络，形成识别"具有互补功能合作者"的能力，即管理层找出对组织有利的互补资源并整合到创新生态中。创新生态形成的社会网络会增强其对外部互补资源的探寻和认识[36]。随着科技创新的演进，以上方式受到越来越多挑战。一方面，组织间的互动不仅有知识信息的交流，还有各种非数字化资源的交互，导致资源组合的因果关系模糊，对于科技创新组织而言，如何寻找互补组织是一个难题。另一方面，科技创新组织即使找到需要的互补资源，但若互补资源与其自身的内部资源差距非常大，则难以将他们整合到能够实现创新目标的组合中去。

（三）静态资源观和前瞻资源化

静态资源观及前瞻资源化都来源于 Preffer 在 1972 年提出的资源依赖理论。资源依赖理论认为没有组织能够完全自给自足，都需要与其他组织进行资源交换[37]。依据资源依赖理论，科技创新组织打造创新生态的最大的优势是从外部组织获得自身没有但是生产需要的资源[29]。静态资源化和前瞻资源化对于获取互补资源的方式具有一定的差异。在静态资源观视角下，互补资源是指一个组织在特定领域活动所获得的一切资源[38]，其将互补资源看作固定实体，认为资源是静止的，资源的互补性是可预知的。静态资源观秉持者认为寻找互补资源的过程就像一个拼图游戏，组织管理者只需要找到缺失的部分即可。

实践理论家认为资源的价值源于其相互关联的实践意义，这些学者[39]在静态资源观的基础上提出前瞻资源化理论。前瞻资源化是指参与者将潜在的互补资源以新颖的方式重新组合为可用对象，并将其转化为能够实现目标资源的过程[40]。前瞻资源化理论将组织的能动性与具体资源进行区分，即强调资源的价值取决于组织与潜在合作者对资源的利用，不仅仅局限于资源天生的性质，所有参与者可能采取行动的对象都被看成潜在的互补资源，资源具有与任何组织"形成互补"的潜力，但前提是需要核心组织发挥自身能动性，跨越双方壁垒，达成合作意向。相较于静态资源观，前瞻资源化视角意识到核心组织在将潜在的互补资源（技术、知识、物质对象等）转化为其实际利用的互补资源过程中的重要性。

三、案例选择及数据收集

文章采用嵌入式多案例研究。对案例的选择主要基于 3 个原则：①匹配性原则，为了契合研究主题，选择的案例均有发育完整的创新生态；②典型性原则，学界对新型研发机构创新生态没有形成统一认识，因此选择的案例要具有代表性和典型性；③极化原则，选择的 3 个案例主导机构各异，案例之间的差异可以增加研究结果的严谨性。基于以上 3 个案例选择标准，综合考虑案例数据可获得性等因素，选取深清院、西安光机所产业化平台（简称"西光所平台"）及北京协同院 3 个典型案例，案例基本信息如表 10 - 12 所示。

表 10 - 12　案例基本信息

| | 建立时间 | 构建组织 | | 法人性质 | 代表性 | 发育完整的创新生态 |
		主导机构	参与机构			
深清院	1996 年	清华大学	深圳市政府	事业法人	中国可追溯的最早的新型研发机构，2015 年获得"广东省科学技术特等奖"	成立 70 多个实验室和研发中心；投资孵化企业 400 多家，培养上市企业 25 家，打造形成"产学研深度融合"的科技创新生态体系
西光所平台	2006 年	西安光机所	西安市政府、科协等	企业法人为主	受到当地政府和企业的广泛赞誉，中央领导人也给予高度评价	培育 200 余位知名创业者，攻克超快激光加工装备等"卡脖子"技术，孵化和培育 353 家硬科技企业；初步形成以西科控股为主的投融资、以"中科创星"为主的科技孵化、以"先导院"为代表的企业及产业服务科技创新生态系统
北京协同院	2014 年	北京科创委	北大等 13 所高校及科研院所	民办非企业单位	落实习近平总书记"将北京建成全国科技创新中心"的指示，打破大学围墙和知识边界	转化 100 多项技术，组建 100 多家企业，与多家龙头企业建立了联合研发机制。打造"北京统筹、全球研发、全国转化"格局，形成三位一体的产学研协同创新生态

数据收集过程遵循"三角验证"的要求。在研究过程中，以一手资料为主导，对 3 家典型案例进行了深度访谈（表 10-13）；二手资料和观察材料作为补充。

表 10-13 3 个典型案例访谈人员编码

案例名称	访谈人员部门	人员	编码	二手资料
深清院	科技成果转移转化中心	副主任	A1	A2
西光所平台	政研室	主任	C1	C4
	中科创星	副总经理	C2	
	政研室（补充调研）	主任	C3	
北京协同院	科学工作部	部长	D1	D5
	北京协同创新投资管理有限公司	总经理	D2	
	研究院办公室部门	主任	D3	
	行政部门	科员	D4	

四、案例分析

（一）新型研发机构创新生态参与者类型

基于创新生态参与者的分析主要沿寻核心组织解耦及互补组织解耦的思路，文章将两条研究思路进行整合，如图 10-3 所示。核心组织可分为内部核心组织及内部互补组织，外部互补组织可分为外部范围互补组织及外部深度互补组织。

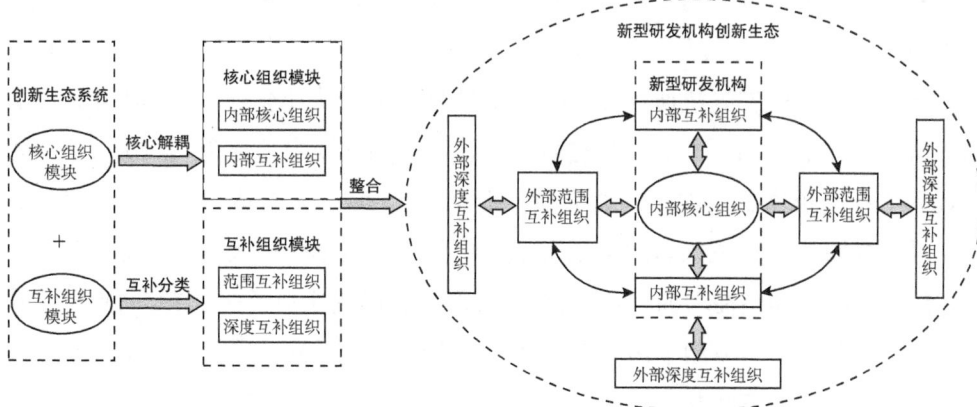

图 10-3 新型研发机构创新生态系统参与者类型

内部核心组织位于新型研发机构内部，具有战略导向性，是新型研发机构核心组织能力的供给者[41]。在 3 个典型案例中，内部核心组织主要是以研发中心、实验室、工程中心为代表的具有技术研发功能的组织，其负责新型研发机构的核心技术攻关和前沿技术开发，新型研发机构对这些组织的建设及发展方向具有绝对控制权。以北京协同院为例，"我们最重要的实体组织是研究院下设的 7 个实体研究所，这些研究所有高水平科学家、双聘教授及专门的工程师团队（D4）"。其他典型案例的核心组织如表 10-14 所示。典型案例都具有以技术开发为核心的实体组织，这是其构建新型研发机构创新生态的基础。

表 10-14 新型研发机构内部核心组织构成

案例	典型证据	示例
深清院	在先进制造领域、生命健康领域等其他战略新兴领域建立了 70 多个实验室和研发中心（A2）	光机电实验室
西光所平台	拥有 5 个工程制造中心，与企业共建 15 个新型工程研究中心（C4），依托相关领域科研优势，构建专业化服务平台（C1）	光电子集成专业化成果转化平台
北京协同院	研究院自身建设 7 个实体研究所，这些研究所有高水平的科学家、双聘教授及专门的工程师团队（D4）	电子信息研究所

内部互补组织是指新型研发机构除了内部核心组织外，自身所具有的投融资组织、孵化组织等其他组织。内部互补组织在弥补创新资源缺口的同时，使得新型研发机构对类似资源的潜在价值具有更加深入的认识，为其识别、构建其他互补组织奠定基础[40]。西光所平台构建的"西科天使""中科创星"是典型的内部互补组织。在西安光机所进行科技成果转化初期，"社会上的资本根本不'识别'研究所技术（C1）"，即社会资本认识不到西光所科研成果的价值，在无法有效利用社会资本的情况下，西光所产业化平台 2012 年打造了"西科天使"这一投融资模块为科技成果转化提供资金；在科研人员创业过程中，社会机构无法给科研人员提供满足需求的技术孵化服务，西光所产业化平台在 2013 年创办了"中科创星"。其他三个典型案例的内部互补组织构成如表 10-15 所示。新型研发机构之所以创设投融资机构、孵化器等互补组织，一方面由于市场上的企业不了解科研院所的技术及科学家的思维，无法有效提供资本和服务；另一方面科技创新

需要长期耐心资本，市场资本不愿冒险，新型研发机构为了实现自身科技创新理念，打造了具有投融资及孵化功能的互补组织。

表 10 – 15　新型研发机构内部互补组织构成

案例	典型证据	示例
深清院	成立创新中心和孵化基地，为初创企业提供服务、金融支持（A2） 形成了较为系统的投融资基金，包括基金投资、科技担保、科技小贷、融资租赁等（A2）	东莞创新中心 深圳力合金融控股有限公司
西光所平台	社会资本不敢、不愿投入早期科技成果转化的背景下，发起"硬科技"成果产业化天使基金——"西科天使"（C4） 创办了专业从事高新技术产业孵化＋创业投资的中科创星（C1）	西科天使 中科创星
北京协同院	北京协同院出技术，社会上招募创业团队，审核通过就成立公司共同孵化项目（D1） 在工程技术产业化方面，有自己的知识产权基金（D2）	协同创新孵化器 知识产权基金

外部范围互补组织是指非隶属于新型研发机构，且在新型研发机构中没有与其行使相同或近似功能模块的组织。新型研发机构整合外部范围互补组织的目的是填补其执行创新任务过程中缺失的创新资源及与各方资源阵容之间的差距[42]。在新型研发机构的创新生态中，主要包括国内外的高校及科研院所。新型研发机构具有明确定位，如"我们进行以产业为导向的技术开发，只做创新过程的 3 ～ 6 阶段（C1）"，即新型研发机构不以纯粹的基础科学研究为目的，但是科学研究是技术开发的基础，其需要与高校、传统科研院所进行深度合作。北京协同院是在北京市科学技术委员会引导下，整合北京大学、清华大学、中国科学院等 13 家高校、科研院所共同建设，深清院及西光所平台都是脱胎于高校及科研院所。其他案例的情况如表 10 – 16 所示。

表 10 - 16　新型研发机构外部范围互补组织构成

案例	典型证据	示例
深清院	研究院会派老师到清华大学，大学也会派老师到研究院，探索定期轮换机制（A1） 先后创立北美（硅谷）、英国等七个海外中心，在海外的高校和科研院所挖掘项目（A2）	清华大学 海外研究中心
西光所平台	与西安光机所共享瞬态光学研究室等 26 个研究室及研究中心合作（C4）	西安光机所
北京协同院	北京协同院在相关学科，找到最好的高校，建设国际协同实验室（D1）派专门团队到北京大学等高校、科研院所找项目（D2）	国际协同实验室、北京大学等共建机构

外部深度互补组织是指非隶属于新型研发机构且新型研发机构拥有与其具有相同或近似功能模块的组织。新型研发机构整合外部深度互补组织是由于自身组织模块无法完全胜任其战略需求，其为了实现规模报酬需要整合同类型的互补功能组织[35]。新型研发机构中较为典型的外部深度互补组织主要是投融资机构及企业。新型研发机构具有自身的投融资机构及孵化企业，为了形成参与者更加丰富的创新生态，其还会整合其他投融资机构及大型企业。以北京协同院整合其他基金组织为例，北京协同院指出自身的知识产权基金"起一个引导或衔接作用（D2）"，为了有效整合创新全过程，需要引导社会资本投入到回报周期长的科技创新项目中。其他案例外部互补组织情况如表 10 - 17 所示。新型研发机构自身创新资源只能满足创新过程的部分需求，若要打通"创新链"全过程，需要新型研发机构在自身已有资源基础上，整合外部资源丰富创新生态参与者数量。

表 10 - 17　新型研发机构外部深度互补组织构成

案例	典型证据	示例
深清院	力合科创在建设发展过程中，得到深圳市投资控股有限公司支持（A1）	深圳市投资控股公司
西光所平台	我们的产品通过企业能有更明确应用场景，同时企业依托我们进行进一步的研发（C1）	维视智造
北京协同院	我们还与其他的基金合作，我们出一部分资金进行引导（D2）海淀区和北京市政府资金，以及国有企业的"耐心资本"投创新的前端（D2）	金服基金、黑马基金政府资本

（二）前瞻资源化视角下新型研发机构创新生态的构建

通过进一步对创新生态系统参与者和新型研发机构进行资源互补的过程分析，发现由于参与者类型差异，涌现出三种不同前瞻资源化类型，分别为构建式前瞻资源化、嵌入式前瞻资源化和合作式前瞻资源化。前文已经说明，互补资源不是一种静态的资源，核心组织在整合互补资源的过程中，需要突破两个障碍，一是发现互补资源，二是要将资源整合到自身生态中。此外，意识到与互补伙伴的资源组合潜在价值也是他们面临的主要挑战之一。基于以上认识，本文借鉴 Fleur 等[40] 前瞻资源化模型，将创新生态构建过程分为资源探索—资源感知—资源重构 3 个阶段进行分析。

1.构建式前瞻资源化

构建式前瞻资源化是指新型研发机构自身有新的互补资源的需求，但现实场景中没有直接可以使用的互补组织资源，新型研发机构被动构建所需的互补组织资源的过程。构建式前瞻资源化主要针对的是内部互补组织，西光所产业化平台构建的创投基金——西科天使就是通过构建式前瞻资源化打造内部互补组织的典型案例，其他案例详情如表 10-18 所示。

在资源探索阶段，新型研发机构在实现自身战略目标的过程中，发觉有资源缺口，现有高校、科研院所及市场资源无法满足其战略需求。例如，2010 年，赵卫所长提出"拆除围墙、开放办所"的发展理念，为了实现这一目的，研究所鼓励具有转化能力的教师创办企业。但企业需要资金成长时，却发现社会上的资源根本不"识别"这些技术。一是因为科学院研发多年的成果，社会上的资本不了解；二是 10 年前的资本更倾向于投资房地产或互联网领域，不愿意做长周期的研发（C1）。

在资源感知阶段，新型研发机构以实现其战略导向为目的，在自身现有资源基础上，提出构建内部互补组织的方案或措施。例如，西光所平台自己筹资服务科技企业，企业无法从社会融资，研究所只好卖掉所办企业，注册西科控股（C3）。在感知到需要投融资基金后，西光所通过卖掉所办企业的方式创建基金。

在资源重构阶段，新型研发机构利用外部资源，构建满足自身需求的互补功能组织。西光所自身的资金无法完全满足企业创新发展需求，于是开始整合外部资源。例如，"西光所从西安高新区、陕西省政府引导基金进入，第 1 期募集了 1.3

亿元，后来又发了第 2 期、第 3 期（C4）"。在这个过程中，西光所平台在自筹资金的基础上，吸收了外部政府资金，最终整合成为自身所用、服务科技型企业的基金——西科天使。

表 10－18　内部互补组织的建设发展过程

案例	内部互补组织示例	资源探索阶段	资源感知阶段	资源重构阶段
深清院	清华信息港、力合科技园	高校好的科技成果无法及时有效转化（A1）	科研人员有技术，但是没有资本、场地，不懂怎样办企业（A2）	培养服务人员、打造场地，形成一批创新、孵化基地（A2）
西光所平台	中科创星	社会资本不识别技术（C1）	意识到问题后，西光所卖掉所办企业，拿出500万发基金（C3）	吸收西安高新区、陕西省政府引导基金，共同投资孵化企业（C4）
北京协同院	协同创新基金	社会资本不投研发前端（D2）	耐心资本由政府主导，社会资本为辅（D2）	成立第一家知识产权基金，引导社会资本成为耐心资本（D4）

2.嵌入式前瞻资源化

嵌入式前瞻资源化是指新型研发机构在转移科学知识和技术技能过程中，为了降低创新资源由于缄默性、嵌入性及新旧技术在融合过程中的冲突等特性所导致的隐形壁垒[41]，将自身组织逐步嵌入"被转移组织"以提高知识、技术转移效率的过程。嵌入式前瞻资源化主要针对外部范围互补组织，此分析以北京协同院构建的国际协同实验室为例，其他示例如表 10－19 所示。

在资源探索阶段，新型研发机构意识到自身进行的技术开发活动，需要高校、科研院所深厚的科学研究积累作为支撑。以北京协同院的目前探索为例，在这个阶段，其已经明确了自身战略导向，即"北京不缺普通的科研机构，基础研究不是我们的强项，我们要做颠覆性技术，让高校的教师给我们做基础研究（D4）"。

在资源感知阶段，新型研发机构明确创新资源的自身特性使其不像是"找替代拼图"拿来就可以安装使用，这个过程需要新型研发机构付出自身的努力，探寻长期合作。在此阶段，北京协同院会围绕选定的 6 个战略研究方向，同时依托自身整合的北京大学、清华大学、中国科学院等高校、科研院所资源，挑选在自身研究方向最好的高校进行谈判并合作，实现高校、科研院所资源为其所用的目的。"我们首先要做的就是把每个学科做得最强的高校找到并去谈判，让每个学校组建协同实验室，同时让他们出 1 ～ 2 名院士级别的科学家，担任学术委员会主任或技术委员会主任（D1）"。

在资源重构阶段，新型研发机构向外部范围组织派专业人员、团队甚至建立专门机构的方式，形成合作互补关系。在构建的组织中，通过利益绑定、设定目标、绩效考核等方式，使得合作组织为新型研发机构自身的战略目标服务。例如，"我们会派驻专门人员，要求他们研发世界上还没有或需求还没有充分被满足的技术，并且该技术与产业化有一定衔接，产业化一定要放到国内（D4）"。

表 10 - 19　外部范围互补组织建设发展过程

案例	外部范围互补组织示例	资源探索阶段	资源感知阶段	资源重构阶段
深清院	清华大学海外研发中心	清华大学聚焦教学和科研，科技成果转化需要依托科技创新体系（A1）	研究院会派老师到清华，大学也会派老师到研究院（A1）	打造服务人员及场地，形成一批创新、孵化基地（A2）
西光所创新平台	理化所等北京高校及科研院所	现在高校、科研院所转化的项目都不到5%，挖掘潜力非常大（C2）	派驻专门人员去高校、科研院所挖掘项目（C2）	专业人员经过一段时间后，了解高校、科研院所的研发情况，挖掘项目（C2）
北京协同院	国际协同实验室	希望做颠覆性技术（D4）不做 1 ～ 3 阶段的事（D1）	找每个学科最好的学校去谈，让学校出 1 ～ 2 名院士级别专家（D1）	要求科学家研发现在没有的或需求还未被满足的技术（D4）

3. 协作式前瞻资源化

协作式前瞻资源化是指新型研发机构为了实现"规模效应"进而提高创新绩效的目的，通过利益共享等方式继续吸收互补科技创新组织进入创新生态的过程。协作式前瞻资源化主要针对的是外部深度互补组织，其中较为典型的是北京协同院与大型企业构建的"企业联盟"，其他示例如表 10-20 所示。

在资源探索阶段，新型研发机构意识到市场上已经具有相对成熟的组织机构，虽然自身已经建立了相应的互补组织，但仍无法完全满足其创新发展的需求，还需要与大型企业进行合作明确技术应用场景。在此阶段，"要找行业内做得最好的高科技企业，与企业一起规划在这个领域内，我们究竟应该做什么（D4）"。通过与大企业合作，明确自身的研发方向。

在资源感知阶段，新型研发机构根据自身产业发展的需要，寻找并挑选合适的企业。在这个过程中，北京协同院为使得自身的研究方向能够"立地"要与该领域企业合作。"我们将行业内做得最好的高科技企业找到，如在先进制造领域，就选择海尔作为合作伙伴之一，整合相应领域的企业形成一个初步的校企联盟（D1）"。

在资源重构阶段，新型研发机构在已有组织的支撑下，能够对外部互补组织实现深层次的识别，并且通过利益绑定等方式，实现利益合作和资源共享。"为了克服校企联盟既不是责任主体，也不是利益主体的情况，我们要求加入联盟的企业提供一定资金，实现风险利益共担（D4）"。

表 10-20　外部深度互补组织建设发展过程

案例	外部深度互补组织示例	资源探索阶段	资源感知阶段	资源重构阶段
深清院	人民医院	深清院的产业化本就有立足深圳、服务深圳的含义（A1）	与深圳的企业及其他组织共同合作（A1）	与深圳市第三人民医院等机构合作，补全深圳"抗体药物研发—GMP 生产—临床转化"全链条（A2）
西光所平台	维视制造	做技术攻关也需要了解市场动态（C1）	企业需要我们对其进行持续的研发支持，进而实现"硬科技"（C1）	我们做科研，企业做实施，共同进行技术的攻关和产业化（C3）
北京协同院	海尔集团	与企业一起规划在这个领域应该做什么（D4）	将行业内做得最好的企业找到，形成校企联盟（D1）	要求加入联盟的企业拿出资金，实现风险利益共担（D4）

（三）新型研发机构创新生态不同参与者协调机制

基于上述对新型研发机构创新生态参与者前瞻资源化过程的分析，本文发现创新生态参与者类型和前瞻资源化活动会共同影响新型研发机构对于参与者的协调机制。案例中涌现的协调机制分别是研发支撑的共同战略导向机制、政府引导下的协同转化机制及兼具公益目标的市场化运营机制。

1.研发支撑的共同战略导向机制

新型研发机构核心组织主要是实验室、研究中心等具有技术研发功能的组织模块，其内部互补组织即投融资机构及孵化机构的建设及运行过程中主要运用的是研发支撑的共同战略导向机制。

内部互补组织与内部核心组织两者作为一个整体，具有一致的战略目标，并且组织建设、人员安排要遵循新型研发机构的统一协调。新型研发机构之所以自建内部互补组织，是由于市场的孵化组织或投融资机构无法满足其战略需求；新型研发机构之所以能够建设市场和政府无法建设的互补组织，是由于内部核心组织的支撑。其内部核心组织具备雄厚的研发实力，甚至部分人员源自高校、科研院所，所以"天生懂得科研人员的优势和短板（C1）"。其在自身能够懂技术、有效"识别"科技型成果的同时，还能为创业人员尤其是高校、科研院所科研人员提供服务。因此，核心组织技术赋能加上专业的服务，使得内部互补组织能够拥有区别于市场现有组织的优势，从而进行有效运作。

2.政府引导下的协同转化机制

新型研发机构外部范围组织主要是指高校及传统的科研院所，在政府引导下通过共建或共同出资等直接方式成为新型研发机构成果转化的供给者或"母体"，或者让新型研发机构到其内部构建分支机构或研发中心，形成协同转化机制。

新型研发机构能够将高校、科研院所引导成为外部范围互补组织，政府扮演了引导者的角色。在宏观层面，中国自20世纪80年代开启的科技体制改革，就是要通过科技成果转化解决科技、经济"两张皮"的问题，但是直到现在这一问题依然没有彻底解决，深清院的建设发展本身是中国科技体制改革的产物，也是中国推动科技与经济结合的成果。所以说，政府有推动两者合作的动机。在微观层面，政府通过经济、技术政策及基础设施建设来引导新型研发机构创新生态的构建，决定新型研发机构"怎样开始"[43]。同时，高校、科研院所依托新型研发机构进行科技成果转化的需求也是多方有效协同的重要基础。新型研发机构自身不会做纯粹的基础研究，其长远的发展需要高校及科研院所作为支撑；高校、科研院所也需要通过新型研发机构形成成果转化的出口，使得其科技成果能够从"实验室"走向"市场"。以西光所平台为例，其产生的动因就是践行原所长赵卫"拆除围墙、开放办所"的理念，将西安光机所"沉淀"的科技创新资源用于民众。深清院及北京协同院的创建均有推动高校、科研院所科技成果转化、实现科技经济融合的现实需要。总体而言，政府的推动及高校、科研院所自身成果转化的需求，使得外部范围组织依托政府引导下的协同转化机制有序运行。

3.兼具公益目标的市场化运营机制

新型研发机构的外部深度互补组织主要是大型企业及投融资机构。新型研发机构拥有的市场化运营的体制机制优势使其突破传统科研机构桎梏，与其他科技创新组织实现利益共享，进而构建更为稳固的合作关系。

新型研发机构多是混合体制，在性质上，有事业单位、民办非企业法人和企业；在设立主体上，有高校、科研院所、企业、投资机构[44]。使得新型研发机构可以不受传统事业单位的限制，让其他机构不被鼓励或允许的行为在新型研发机构的运行中得以被允许和支持，如国有科研仪器的市场服务行为、财政资金的投资行为等。具体而言，一方面，无论是研发还是科技型企业的培育，需要大量资本投入到创新活动中。就3个典型案例而言，其均以培育科技型企业为主，尤其是西光所平台，更是突出"硬科技"企业的挖掘和培育，在依靠其自身的投融资基金无法满足企业的需求的情况下，西光所平台"西科天使"采用"完全市场化"运作的同时，与其他资本进行合作，使得其培育企业能够获得更为长期和稳定的资金支持。另一方面，新型研发机构需要了解产业化动向，为企业提供研发服务、资金支持收取经济利益的同时，还能实现了解市场发展方向的目的。总体而言，深度互补组织能够在创新生态发挥积极作用，与新型研发机构自身兼具公益目标的市场化运营机制密不可分。

（四）案例总结

新型研发机构创新生态参与者类型决定了前瞻资源化互补过程（生态构建方式），两者又共同影响着新型研发机构参与者进行赋能或资源控制方式（协调选择机制），即新型研发机构创新生态的参与者类型、构建方式及协调机制是一一对应的，三者之间的逻辑框架如图10-4所示。具体体现在以下3个方面。

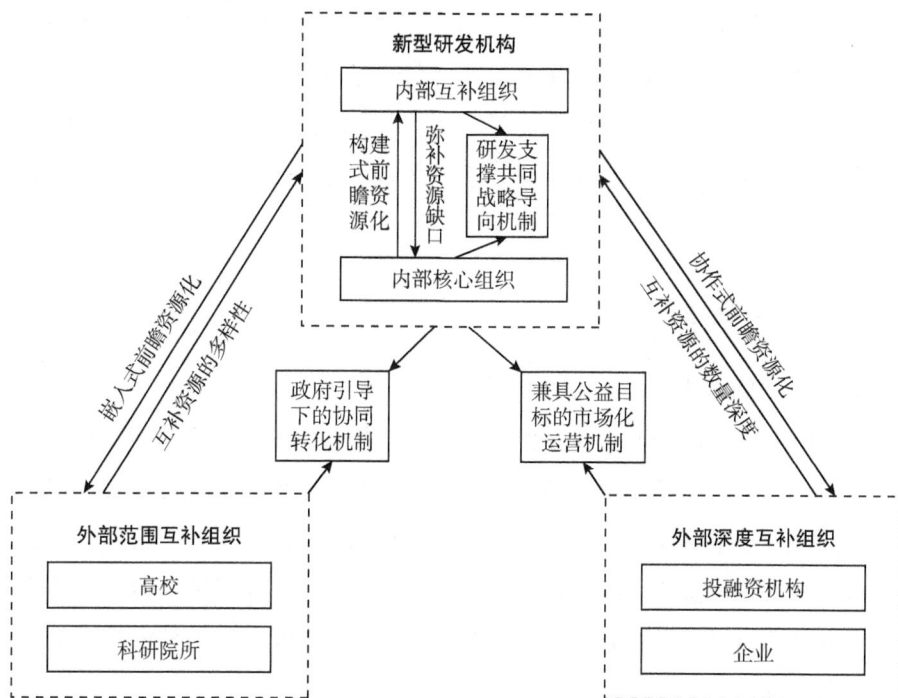

图 10-4 逻辑框架

（1）在围绕新型研发机构形成的创新生态系统中，内部核心组织及内部互补组织共同构成创新生态的核心组织——新型研发机构，内部核心组织是新型研发机构创新生态的形成及演化动力的提供者，也是其区别于其他组织能够进行技术识别及赋能的基本条件。内部互补组织是新型研发机构基于构建式前瞻资源化形成的互补科技创新组织，其在创新生态中的有效运行有赖于新型研发机构的战略目的及内部核心组织的技术赋能；其建设发展又为新型研发机构弥补了市场无法提供相应互补资源的缺口。

（2）外部范围互补组织使得新型研发机构创新生态增加互补资源种类多样性。外部范围互补组织是新型研发机构为了应对知识、技术缄默性、嵌入性等特性，通过派遣专业人员、派驻专门机构等嵌入式前瞻资源化方式所构建。外部范围组织在创新生态中能够有效运行，既有政府破解"科技经济两张皮"的政策导向支撑，也与高校、科研院所自身科技成果转化诉求息息相关，多方的协同合作是其能够建设发展的基础。

（3）外部深度互补组织使得新型研发机构创新生态能够提升互补资源的数量深度。新型研发机构基于自身的制度优势，通过市场化改革、与合作单位利益共享等方式，实现了协作式前瞻资源化。外部深度互补组织在创新生态中的有效参与，是在新型研发机构自身灵活的体制机制下，通过市场化运营的机制实现的。

五、结论与启示

文章通过案例分析，得出以下结论。

（1）厘清新型研发机构创新生态互补参与者类型并阐释其功能作用。新型研发机构创新生态包括内部核心组织、内部互补组织、外部深度组织及外部范围互补组织四种类型。内部核心组织具有确定战略导向及提供技术供给的作用，内部互补组织能够弥补创新资源缺口并提升新型研发机构资源识别能力。高校等外部深度互补组织及企业等外部范围互补组织通过"范围效应"及"规模效应"提升创新生态的产出绩效。

（2）研究发现新型研发机构创新生态系统中的参与者不是先存的，而是通过动态涌现过程逐步形成。新型研发机构与潜在合作者进行"前瞻资源化"活动打造并培育创新生态。具体而言，创新生态的互补参与者是新型研发机构基于构建式前瞻资源化方式内生于创新生态、基于嵌入式前瞻资源化方式引入到创新生态、基于协作式前瞻资源化的路径融入创新生态。

（3）创新生态参与者类型对于新型研发机构创新生态协调机制的选择有一定的影响。新型研发机构创新生态通过研发支撑的共同战略导向机制协调内部互补组织创新资源，通过政府引导下的协同转化机制整合外部深度互补组织创新资源，通过兼具公益目标的市场化运营机制利用外部范围互补组织创新资源。

基于以上研究结论，提出如下政策建议。

一是新型研发机构整合互补资源并保持竞争力的基础源自内部核心组织形成的独特的技术开发能力。新型研发机构创新生态在建设发展过程中需遵循技术开发本身具有的渐进性及累积性等特质，避免短视行为。同时，明确自身在创新链中以技术开发为主的功能定位，与高校、科研院所关注创新链前端基础科学研究错位发展，在创新资源的利用及科研项目的申请上形成创新合力。

二是新型研发机构创新生态参与者建设发展需要灵活自主的管理及运营模式。这需要新型研发机构保持市场化的运营机制，通过"共同建设""利益共享"等方式，不断拓宽与外部创新资源进行链接的渠道，引导参与各方在擅长领域发挥优势，享受更多创新资源。

三是新型研发机构等科技创新组织人员在寻找、探索互补战略合作伙伴过程中摒弃拿来主义的思想，即在互补资源的发现及整合过程中，创新生态的构建者需要付出努力去探索互利的合作模式，甚至自身建设相应机构弥合市场及政府不能提供相应支撑的裂痕。

文章基于 3 个典型案例得出结论，案例间的相互验证提升了研究结论的准确性。然而，新型研发机构创新生态的建设仍在不断发展之中，需要通过持续观察其演化过程和案例分析来增强研究结论的稳健性。需要注意的是，为了提升创新绩效，新型研发机构创新生态整合了不同的互补参与者，但是互补参与者的数量与新型研发机构创新生态绩效之间是线性关系还是存在一定的阈值，需要更为深入的理论及实证研究。

（马文静　胡贝贝　王胜光）

参考文献

［1］周泽兴，刘贻新，张光宇.法人身份视角下的新型研发机构创新阻碍及对策研究［J］. 广东工业大学学报，2020，37（1）：95-102.

［2］张漪，YANG E J X.新型科研机构创新保护机制的扎根研究：以中山大学深圳研究院为例［J］.科技管理研究，2017，37（24）：10-18.

［3］何慧芳，龙云凤.国内新型科研机构发展模式研究及建议[J].科技管理研究,2014,34(13):16-19.

［4］廖颖宁.我国新型研发机构探析：以广东为例［J］.中国科技产业，2016（8）：70-76.

［5］周君璧，陈伟，于磊，等.新型研发机构的不同类型与发展分析[J].中国科技论坛,2021(7):29-36.

［6］马文聪，范明明，张光宇，等.双元创新理论视角下新型研发机构运行机制的多案例研究［J］.中国科技论坛，2021（4）：64-74.

［7］何西杰，杨国梁．新型研发机构中的公共属性与市场属性［J］．发展研究，2023，
40（6）：45－51．

［8］周君璧，汪明月，任洁．新型研发机构的组织视角：一个 SCGP 理论框架［J/OL］．科学学
与科学技术管理，1－19［2024－09－06］．http：//kns.cnki.net/kcms/detail/12.1117.G3.
20230927.0853.002.html.

［9］张玉磊，张光宇，马文聪，等．什么样的新型研发机构更具有高创新绩效？基于 TOE 框架
的组态分析［J］．科学学研究，2022，40（4）：758－768．

［10］MOUTINHO R，AU－YONG－OLIVEIRA M，COELHO A，et al. Determinants of
knowledge－based entrepreneurship：an exploratory approach［J］．International
entrepreneurship and management journal，2016，12：171－197．

［11］DAS T K，TENG B S. A resource－based theory of strategic alliances［J］．Journal of
management，2000，26（1）：31－61．

［12］HOLMES S，SMART P. Exploring open innovation practice in firm - nonprofit engagements：
a corporate social responsibility perspective［J］．R&d Management，2009，39（4）：
394－409．

［13］FRIEDLAND R，ALFORD R R. Bringing society back in：symbols，practices，and
institutional contradictions［J］．Chicago University of Chicago，1991．

［14］KING B G，WHETTEN D A. Rethinking the relationship between reputation and
legitimacy：A social actor conceptualization［J］．Corporate reputation review，2008，
11：192－207．

［15］肖咪咪，卢芳妹，贾良定．中国科技体制改革中的组织身份变革［J］．管理世界，2022，
38（3）：106－125．

［16］ROTHAERMEL F T，BOEKER W. Old technology meets new technology：
Complementarities，similarities，and alliance formation［J］．Strategic management
journal，2008，29（1）：47－77．

［17］赵捷．转制科研机构功能定位的相关问题与建议［J］．中国科技论坛，2008（6）：8－12．

［18］房汉廷．中国科技金融发展未来之像［J］．科技与金融，2023（5）：3－7．

［19］杨升曦，魏江．企业创新生态系统参与者创新研究［J］．科学学研究，2021，39（2）：
330－346．

［20］TEECE J D．Profiting from innovation in the digital economy：Enabling technologies，
standards，and licensing models in the wireless world［J］．Research policy，2018，47（8）：
1367－1387．

［21］魏江，刘嘉玲，刘洋．新组织情境下创新战略理论新趋势和新问题［J］．管理世界，
2021，37（7）：182－197．

［22］BALÁZS B．The Balanced State of Application－oriented Public Research and Technology
Organisations［J］．Science and Public Policy，2021，48（5）：612－629．

［23］陈良治．国家与公共研究机构在产业技术升级过程中的角色及演化：台湾工具机业［J］．人

文及社会科学集刊，2012，24（1）：19-50.

［24］孙伟，高建，张帏，等.产学研合作模式的制度创新：综合创新体［J］.科研管理，2009，30（5）：69-75.

［25］张光宇，刘怡新，马文聪，等.新型研发机构研究：学理分析与治理体系［M］.北京：科学出版社，2021.

［26］王节祥，陈威如，江诗松，等.平台生态系统中的参与者战略：互补与依赖关系的解耦［J］.管理世界，2021，37（2）：126-147.

［27］PATRUCCO P P.The evolution of knowledge organization and the emergence of a platform for innovation in the car industry［J］.Industry and innovation，2014，21（3）：243-266.

［28］钟琦，杨雪帆，吴志樵.平台生态系统价值共创的研究述评［J］.系统工程理论与实践，2021，41（2）：421-430.

［29］周君璧，汪明月，胡贝贝.平台生态系统下新型研发机构价值创造研究［J］.科学学研究，2023，41（8）：1442-1453.

［30］米银俊，刁嘉程，罗嘉文.多主体参与新型研发机构开放式创新研究：战略生态位管理视角［J］.科技管理研究，2019，39（15）：22-28.

［31］于贵芳，胡贝贝，王海芸.新型研发机构功能定位的实现机制研究：以北京为例［J］.科学学研究，2024，42（3）：563-570.

［32］SU Y S，ZHENG Z X，CHEN J，et al.A multi-platform collaboration innovation ecosystem：the case of China［J］.Management decision，2018：125-142.

［33］KWAK K，KIM W，PARK K.Complementary multiplatforms in the growing innovation ecosystem：evidence from 3D printing technology［J］.Technological forecasting and social change，2018，136：192-207.

［34］王凤彬，王骁鹏，张驰.超模块平台组织结构与客制化创业支持：基于海尔向平台组织转型的嵌入式案例研究［J］.管理世界，2019，35（2）：121-150，199-200.

［35］JACOBIDES G M，CENNAMO C，GAWER A.Towards a theory of ecosystems［J］.Strategic Management Journal，2018，39（8）：2255-2276.

［36］WANG Y，RAJAGOPALAN N.Alliance capabilities：review and research agenda［J］.Journal of management，2015，41（1）：236-260.

［37］吴丰，徐顽强.政府主导型校地共建新型研发机构市场化转型演化研究：基于资源依赖视角［J］.科技进步与对策，2024，41（1）：1-12.

［38］FELDMAN S M.Resources in emerging structures and processes of change［J］.Organization science，2004，15（3）：295-309.

［39］SONENSHEIN S.How organizations foster the creative use of resources［J］.Academy of management journal，2014，57（3）：814-848.

［40］FLEUR D，HANS B，GERDA G，et al.Strategizing and the initiation of interorganizational collaboration through prospective resourcing［J］.Academy of management journal，

2018，61（5）：1920-1950.

[41] 马文静，胡贝贝，王胜光.基于新型研发机构的知识转移逻辑［J］.科学学研究，2022，
40（4）：665-673.

[42] JOSÉ N.Evaluating the role of government collaboration in the perceived performance of
community-based nonprofits：three propositions［J］.Journal of public administration research
and theory，2021，31（4）：634-652.

[43] 毛义华，曹家栋，方燕翎.基于ISM的新型研发机构影响因素分析［J］.科研管理，
2022，43（8）：55-62.

[44] 周君璧，陈伟，于磊，等.新型研发机构的不同类型与发展分析［J］.中国科技论坛，
2021（7）：29-36.